上海出版资金项目
Shanghai Publishing Funds

创新应用型数字交互规划教材
机械工程

互换性与技术测量

U0341443

朱文峰 李晏 马淑梅 · 编

上海科学技术出版社

国家一级出版社
全国百佳图书出版单位

内 容 提 要

本书以我国产品精度设计新的国家标准为依据进行编写。全书共9章,内容包括绪论、孔与轴的极限与配合、长度测量基础、几何公差及几何误差检测、表面粗糙度轮廓及检测、光滑极限量规、滚动轴承的公差与配合、普通螺纹的精度与检测、渐开线圆柱齿轮精度及检测。各章末附有涵盖该章知识要点的思考与练习。本书依托增强现实(AR)技术,将视频、图片等数字资源与纸质教材交互,为读者和用户带来更丰富有效的阅读体验。为了方便教学使用,在出版社网站(www.sstp.cn)"课件/配套资源"栏目提供免费电子课件,供教师用户参考。

本书可供高等院校机械类各专业师生在教学中使用,也可作为继续教育院校机械类各专业的教材,以及供从事机械设计、机械制造、标准化、计量测试等工作的工程技术人员参考。

图书在版编目(CIP)数据

互换性与技术测量 / 朱文峰,李晏,马淑梅编. —上海:上海科学技术出版社,2018.1(2018.6重印)

创新应用型数字交互规划教材. 机械工程

ISBN 978 - 7 - 5478 - 3694 - 1

Ⅰ.①互… Ⅱ.①朱…②李…③马… Ⅲ.①零部件-互换性-高等学校-教材②零部件-技术测量-高等学校-教材 Ⅳ.①TG801

中国版本图书馆 CIP 数据核字(2017)第 208759 号

互换性与技术测量

朱文峰 李晏 马淑梅 编

上海世纪出版(集团)有限公司
上海科学技术出版社 出版、发行

(上海钦州南路 71 号 邮政编码 200235 www.sstp.cn)

常熟市兴达印刷有限公司印刷

开本 787×1092 1/16 印张 15.5
字数:370 千字
2018 年 1 月第 1 版 2018 年 6 月第 2 次印刷
ISBN 978 - 7 - 5478 - 3694 - 1/TG·97
定价:55.00 元

支持单位

德玛吉森精机公司

东华大学

ETA（Engineering Technology Associates，Inc.）中国分公司

华东理工大学

雷尼绍（上海）贸易有限公司

青岛海尔模具有限公司

瑞士奇石乐（中国）有限公司

上海大学

上海电气集团上海锅炉厂有限公司

上海电气集团上海机床厂有限公司

上海高罗输送装备有限公司技术中心

上海工程技术大学

上海理工大学

上海麦迅惯性航仪技术有限公司

上海麦迅机床工具技术有限公司

上海师范大学

上海新松机器人自动化有限公司

上海应用技术大学

上海紫江集团

上汽大众汽车有限公司

同济大学

西门子工业软件（上海）研发中心

浙江大学

中国航天科技集团公司上海航天设备制造总厂

丛 书 序

———

在"中国制造 2025"国家战略指引下,在"深化教育领域综合改革,加快现代职业教育体系建设,深化产教融合、校企合作,培养高素质劳动者和技能型人才"的形势下,我国高教人才培养领域也正在经历又一重大改革,制造强国建设对工程科技人才培养提出了新的要求,需要更多的高素质应用型人才,同时随着人才培养与互联网技术的深度融合,尽早推出适合创新应用型人才培养模式的出版项目势在必行。

教科书是人才培养过程中受教育者获得系统知识、进行学习的主要材料和载体,教材在提高人才培养质量中起着基础性作用。目前市场上专业知识领域的教材建设,普遍存在建设主体是高校,而缺乏企业参与编写的问题,致使专业教学教材内容陈旧,无法反映行业技术的新发展。本套教材的出版是深化教学改革,践行产教融合、校企合作的一次尝试,尤其是吸收了较多长期活跃在教学和企业技术一线的专业技术人员参与教材编写,有助于改善在传统机械工程向智能制造转变的过程中,"机械工程"这一专业传统教科书中内容陈旧、无法适应技术和行业发展需要的问题。

另外,传统教科书形式单一,一般形式为纸媒或者是纸媒配光盘的形式。互联网技术的发展,为教材的数字化资源建设提供了新手段。本丛书利用增强现实(AR)技术,将诸如智能制造虚拟场景、实验实训操作视频、机械工程材料性能及智能机器人技术演示动画、国内外名企案例展示等在传统媒体形态中无法或很少涉及的数字资源,与纸质产品交互,为读者带来更丰富有效的体验,不失为一种增强教学效果、提高人才培养的有效途径。

本套教材是在上海市机械专业教学指导委员会和上海市机械工程学会先进制造技术专业委员会的牵头、指导下,立足国内相关领域产学研发展的整体情况,来自上海交通大学、上海理工大学、同济大学、上海大学、上海应用技术大学、上海工程技术大学等近 10 所院校制造业学科的专家学者,以及来自江浙沪制造业名企及部分国际制造业名企的专家和工程师等一并参与的内容创作。本套创新教材的推出,是智能制造专业人才培养的融合出版创新探索,一方面体现和保持了人才培养的创新性,促使受教育者学会思考、与社会融为一体;另一方面也凸显了新闻出版、文化发展对于人才培养的价值和必要性。

中国工程院院士

丛书前言

进入 21 世纪以来,在全球新一轮科技革命和产业变革中,世界各国纷纷将发展制造业作为抢占未来竞争制高点的重要战略,把人才作为实施制造业发展战略的重要支撑,改革创新教育与培训体系。我国深入实施人才强国战略,并加快从教育大国向教育强国、从人力资源大国向人力资源强国迈进。

《中国制造 2025》是国务院于 2015 年部署的全面推进实施制造强国战略文件,实现"中国制造 2025"的宏伟目标是一个复杂的系统工程,但是最重要的是创新型人才培养。当前随着先进制造业的迅猛发展,迫切需要一大批具有坚实基础理论和专业技能的制造业高素质人才,这些都对现代工程教育提出了新的要求。经济发展方式转变、产业结构转型升级急需应用技术类创新型、复合型人才。借鉴国外尤其是德国等制造业发达国家人才培养模式,校企合作人才培养成为学校培养高素质高技能人才的一种有效途径,同时借助于互联网技术,尽早推出适合创新应用型人才培养模式的出版项目势在必行。

为此,在充分调研的基础上,根据机械工程的专业和行业特点,在上海市机械专业教学指导委员会和上海市机械工程学会先进制造技术专业委员会的牵头、指导下,上海科学技术出版社组织成立教材编审委员会和编写委员会,联络国内本科院校及一些国内外大型名企等支持单位,搭建校企交流平台,启动了"创新应用型数字交互规划教材丨机械工程"的组织编写工作。本套教材编写特色如下:

1. 创新模式、多维教学。教材依托增强现实(AR)技术,尽可能多地融入数字资源内容(如动画、视频、模型等),突破传统教材模式,创新内容和形式,帮助学生提高学习兴趣,突出教学交互效果,促进学习方式的变革,进行智能制造领域的融合出版创新探索。

2. 行业融合、校企合作。与传统教材主要由任课教师编写不同,本套教材突破性地引入企业参与编写,校企联合,突出应用实践特色,旨在推进高校与行业企业联合培养人才模式改革,创新教学模式,以期达到与应用型人才培养目标的高度契合。

3. 教师、专家共同参与。主要参与创作人员是活跃在教学和企业技术一线的人员,并充分吸取专家意见,突出专业特色和应用特色。在内容编写上实行主编负责下的民主集中制,按照应用型人才培养的具体要求确定教材内容和形式,促进教材与人才培养目标和质量的接轨。

4. 优化实践环节。本套教材以上海地区院校为主,并立足江浙沪地区产业发展的整体情况。参与企业整体发展情况在全国行业中处于技术水平比较领先的位置。增加、植入这些企业中当下的生产工艺、操作流程、技术方案等,可以确保教材在内容上具有技术先进、工艺领先、案例新颖的特色，将在同类教材中起到一定的引领作用。

5. 与国际工程教育认证接轨。增设与国际工程教育认证接轨的"学习成果达成要求"，即本套教材在每章开始，明确说明本章教学内容对学生应达成的能力要求。

本套教材"创新、数字交互、应用、规划"的特色，对避免培养目标脱离实际的现象将起到较好作用。

丛书编委会先后于上海交通大学、上海理工大学召开5次研讨会，分别开展了选题论证、选题启动、大纲审定、统稿定稿、出版统筹等工作。目前确定先行出版10种专业基础课程教材，具体包括《机械工程测试技术基础》《机械装备结构设计》《机械制造技术基础》《互换性与技术测量》《机械CAD/CAM》《工业机器人技术》《机械工程材料》《机械动力学》《液压与气动技术》《机电传动与控制》。教材编审委员会主要由参加编写的高校教学负责人、教学指导委员会专家和行业学会专家组成，亦吸收了多家国际名企如瑞士奇石乐(中国)有限公司和江浙沪地区大型企业的参与。

本丛书项目拟于2017年12月底前完成全部纸质教材与数字交互的融合出版。该套教材在内容和形式上进行了创新性的尝试，希望高校师生和广大读者不吝指正。

上海市机械专业教学指导委员会

前　言

互换性与技术测量是高等学校机械类各专业的重要技术基础课程。它包含几何量公差选用和技术测量两大方面的内容，与机械设计及制造、产品精度及质量控制等密切相关，是机械工程相关研发和管理人员必须掌握的一门综合性应用技术基础课程。

为适应时代发展和技术进度以及新时期大学教材编写的需求，本书在编写过程中着重体现以下特点：

1. 在以往教材基础上，根据最新国家标准进行修订。这些新标准涉及极限与配合、形状和位置公差检测、表面粗糙度滚动轴承公差标准、普通螺纹公差标准以及圆柱齿轮传动公差等。

2. 加入大量图纸标注示例，提高学生快速读图、识图懂图的应用能力；同时可有效促进学生掌握和理解基本概念，并为今后工程实践所参考。

3. 应用增强现实(AR)技术，通过提供相关章节、概念的数字资源识别、交互、查询，为学生提升学习兴趣、全面掌握公差及其测量技术，提供全方位、多维度的学习体验。

本书编者从事该课程教学多年，对课程涉及的国家标准和基本概念以及工程实例有深入、全面的理解和体会。编者以多年教学经验积累为基础，同时参考近年来国内同类优秀教材，汇编整理成本书。书稿紧扣教学大纲基本要求，注重基础内容和标准应用，内容丰富、概念清楚、安排紧凑、难易适中。全书计划授课 40 学时左右，用书单位可根据需要对相关选学和参考内容进行调整。

本书编写团队由同济大学"互换性与技术测量"教学组的朱文峰、李晏和马淑梅三位教师组成。硕士生钟耀、王国亮、张榜、史鹏飞、谢涛、周云中参与了本书的图片、表格制作，在此一并致谢。

由于编写时间紧迫和编者水平所限，书中可能存在不妥甚至错误之处，恳请读者批评指正。

编者

本书配套数字交互资源使用说明

针对本书配套数字资源的使用方式和资源分布，特做如下说明：

1. 用户（或读者）可持安卓移动设备（系统要求安卓 4.0 及以上），打开移动端扫码软件（本书仅限于手机二维码、手机 qq），扫描教材封底二维码，下载安装本书配套 APP，即可阅读识别、交互使用。

2. 插图图题后或相关内容处有加"📖"标识的，提供视频、pdf 图片等数字资源，进行识别、交互。具体扫描对象位置和数字资源对应关系参见下列附表。

扫描对象位置	数字资源类型	数字资源名称
4.1.2 节标题下	pdf 图片	形状、方向、位置和跳动公差标注（国标）
4.1.3 节标题	视频	几何公差演示
图 4-115	视频	直线度误差检测
图 4-118	视频	平面度误差检测
图 4-121	视频	圆度误差检测
图 4-127	视频	圆跳动误差检测
5.1 节层次 2)下	pdf 图片	表面结构 轮廓法 表面粗糙度参数及其数值（国标）
6.1 节标题	视频	光滑极限量规演示
图 8-7	视频	螺纹检测

目　录

第 1 章

绪 论

1.1 互换性概述

在机械和仪器制造业中,互换性是指在同一规格的一批零件或部件中,任取其一,不需任何挑选调整或附加修配(如钳工修理)就能进行装配,并能保证满足机械产品使用性能要求的一种特性。它通常包括几何参数(如尺寸)和机械性能(如硬度、强度)的互换,本课程仅讨论几何参数的互换。

所谓几何参数,一般包括尺寸大小、几何形状(宏观、微观),以及相互的位置关系等。为了满足互换性的要求,似乎要求在同规格的零、部件间,其几何参数都要做得完全一致。但在实践中这是不可能,也是不必要的。实际上只要零、部件的几何参数保持在一定的范围内变动,就能达到互换的目的。而这个允许的零件尺寸和几何参数的变动量就称为"公差"。

实现几何参数的互换性(以下简称为互换性),从产品零部件的最初设计到制造过程,再到最终使用,都具有很重要的工程应用意义和价值。零、部件在几何参数方面的互换性体现为公差标准,而公差标准又是机械和仪器制造业中的基础标准。它为机器的标准化、系列化、通用化提供了技术条件,从而缩短了机器设计时间。

从设计方面看,由于采用互换原则设计和生产标准零件、部件,可以简化绘图、计算等工作,缩短设计周期,并便于用计算机辅助设计。

从制造方面来看,互换性是提高生产水平和进行绿色生产的有力手段。由于装配时不需辅助加工和修配,故能减轻装配工人的劳动强度,缩短装配周期,并且可使装配工人按流水作业方式进行工作,以致进行自动装配,从而大大提高装配效率。加工时由于规定有公差,同一部机器上的各种零件可以同时加工,用量大的标准件还可以由专门车间及工厂单独生产。这样就可以采用高效率的专用设备,乃至采用计算机辅助加工,产量和质量必然会得到提高,成本也会显著降低。

从使用方面看,如人们经常使用的自行车和手表的零件,生产中使用的各种设备的零件等,当它们损坏以后,修理人员很快就可以用同样规格的零件换上,恢复自行车、手表和设备的功能。而在某些情况下,互换性所起的作用还很难用价值来衡量。例如在战场上,要立即排除武器装备的故障继续战斗,这时主零部件的互换性是绝对必要的。

互换性可以有多种分类方法。按照使用场合,可分为内互换和外互换;按照互换程度,可分为完全互换性和不完全互换性,以及不具有互换性;按照互换目的,可分为装配互换和功能互换。

标准部件内部各零件间的互换性称为内互换,如滚动轴承,其外圈、内圈滚道直径与滚动体间的配合为内互换。而标准部件与其相配件间的互换性称为外互换,如滚动轴承,其外圈外径与机座孔、内圈内径与轴颈的配合为外互换。

若零、部件在装配时无需选配或辅助加工即可装成具有规定功能的机器,此称为完全互换。而零、部件在装配时需要选配(但不能进一步加工)才能装成具有规定功能的机器,则称为不完全互换,或者称为大数互换。

不完全互换性可以降低零件制造成本。在机械装配时,当机器装配精度要求很高时,如采用完全互换会使零件公差太小,造成加工困难,成本很高。这时应采用不完全互换,将零件的制造公差放大,并利用选择装配的方法,将相配件按尺寸大小分为若干组,然后按组相配,即大孔和大轴相配,小孔和小轴相配。同组内的各零件能实现完全互换,组际间则不能互换。

在大批量生产中,为了放宽零件尺寸的制造公差,有时用概率法来计算装配尺寸链。用这种计算法给定的零件尺寸,在装配后的产品中合格率就不能保证 100%,但能保证 99.73%,即绝大多数的产品是合格的,这时的互换就叫不完全互换或者大数互换。

例如在滚动轴承生产中,由于滚动轴承外圈的内滚道和内圈的外滚道与滚动体配合的准确度要求很高,这时若采用完全互换法进行生产,则制造厂的工艺难以达到。因而只能采用分组装配的方法,即组内零件可以互换,组际间则不能互换。

为了制造方便和降低成本,内互换零件应采用不完全互换。但是为了使用方便,外互换零件应实现完全互换。

当零件装配时需要加工才能装配完成规定功能的零件,称为不具有互换性。一般高精密零件需要相互配合的两个零件配做或者对研才能完成其功能。在单件生产的机器中(特重型机器、特高精度的仪器),往往采用不完全互换。如对机器中的某个零件的某个尺寸进行配做或进行修配,或进行调整等。

规定几何参数公差达到装配要求的互换,称为装配互换;既规定几何参数公差,又规定机械物理性能参数公差达到使用要求的互换,称为功能互换。上述的外互换和内互换、完全互换和不完全互换皆属装配互换。装配互换目的在于保证产品精度,功能互换目的在于保证产品质量。

1.2 本课程主要学习内容简介

互换性与技术测量课程是机械工程类各专业必修的基础课程。它与机械设计、机械制造、质量控制等方面知识密切相关。它包含以相关国家标准为基础的几何量精度设计与误差检测两方面的知识,前一部分内容主要通过课堂教学和课外作业来完成。后一部分内容主要通过实验课来完成。它为后续机械设计、机械制造工艺学、机械制造装备设计等课程及其课程设计奠定基础。

该课程术语及定义多、代号符号多、具体标准与规定多、叙述性内容多、经验总结和应用实例多,而逻辑性与推理性较少。学生在学习本课程时,应具有一定的理论知识和生产实践知识,即能够读图,懂得图样标注法,了解机械加工的一般知识和熟悉常用机构的原理。学生在学完本课程后,应达到以下要求:

(1)掌握标准化和互换性的基本概念。

(2)掌握几何量公差标准的主要内容、特点和应用原则。

(3)能够查用本课程讲授的公差和基本偏差表格。

（4）初步学会根据机器和零件的功能要求，选用公差与配合，并能正确标注图样。

（5）熟悉各种典型几何量的基本测量原理与方法，初步学会使用常用计量器具，知道分析测量误差与处理测量结果。

概言之，本课程是从理论课教学到工程技术实践的衔接性课程，也是工程技术人员形成工程思维方式的开端。随着后续课程的学习深入和工作实际锻炼，将会使学生更进一步加深理解和逐渐熟练掌握本课程的内容。

第 2 章

孔与轴的极限与配合

◎ **学习成果达成要求**

学生应达成的能力要求包括：

1. 掌握极限与配合的基本词汇。
2. 掌握孔、轴《极限与配合》国家标准。
3. 掌握国家标准规定的公差带与配合。
4. 掌握常用尺寸孔、轴公差与配合的选用。
5. 掌握线性尺寸的未注公差。

《《《

　　孔、轴配合是机械制造中应用最广泛的一种结合形式，适用于这种结合形式的《公差与配合》等国家标准是应用最广泛的基础标准。它不仅适用于圆柱形孔、轴的配合，也适用于由单一尺寸确定的配合表面的配合。

2.1 极限与配合的基本词汇

2.1.1 有关孔和轴的定义

1）孔

孔通常是指圆柱形内表面，也包括非圆柱形内表面（由两平行平面或切面形成的包容面），如键槽、凹槽的宽度表面，如图 2-1a 所示。这些表面加工时尺寸 A_s 由小变大。

2）轴

轴通常是指圆柱形外表面，也包括非圆柱形外表面（由两平行平面或切面形成的被包容面），如平键的宽度表面、凸肩的厚度表面，如图 2-1b 所示。这些表面加工时尺寸 A_s 由大变小。

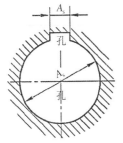
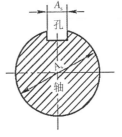
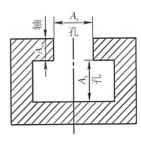

（a）圆柱形内表面和键槽　　　（b）圆柱形外表面和键槽　　　（c）凹槽和凸槽

图 2-1　孔和轴的定义示意图

2.1.2　有关尺寸的术语及定义

1) 线性尺寸

尺寸通常分为线性尺寸和角度尺寸两类。线性尺寸(简称尺寸)是指两点之间的距离,如直径、半径、宽度、高度、深度、厚度及中心距等。

按照 GB/T 4458.4—2003《机械制图尺寸注法》的规定,图样上的尺寸以毫米(mm)为单位时,不需标注计量单位的符号或名称。

2) 基本尺寸(或公称尺寸)

基本尺寸是指设计确定的尺寸,它是根据零件的强度、刚度等的计算和结构设计确定的,并应化整,尽量采用标准尺寸,执行 GB/T 2822—2005《标准尺寸》的规定,以减少刀具、量具、夹具的数量。

标准规定:轴的基本尺寸代号为 d,孔的基本尺寸代号 D。

3) 极限尺寸

极限尺寸是指一个孔或轴允许尺寸变化的两个界限值,它以基本尺寸为基数来确定。两个界限中允许的最大尺寸称为最大极限尺寸,孔和轴的最大极限尺寸分别用符号 D_{max} 和 d_{max} 表示。允许的最小尺寸称为最小极限尺寸,孔和轴的最小极限尺寸分别用符号 D_{min} 和 d_{min} 表示。

4) 实际尺寸

实际尺寸是指零件加工后通过测量获得的某一孔、轴的尺寸(两相对点之间的距离,用两点法测量)。孔和轴的实际尺寸分别用 D_a 和 d_a 表示。由于存在测量误差,测量获得的实际尺寸并非真实尺寸,而是一近似于真实尺寸的尺寸。由于零件表面加工后存在形状误差,因此零件同一表面不同部位的实际尺寸往往是不同的。

基本尺寸和极限尺寸是设计时给定的,实际尺寸应限制在极限尺寸范围内,也可达到极限尺寸。孔或轴实际尺寸的合格条件如下:

$$D_{min} \leqslant D_a \leqslant D_{max} \tag{2-1}$$

$$d_{min} \leqslant d_a \leqslant d_{max} \tag{2-2}$$

5) 最大实体尺寸

孔或轴具有允许的材料量为最多时的状态,称为最大实体状态,在此状态下的极限尺寸,称为最大实体尺寸,它是孔的最小极限尺寸和轴的最大极限尺寸的统称。孔和轴的最大实体尺寸分别用符号 MMS 和 mms 表示。

6) 最小实体尺寸

孔或轴具有允许的材料量为最少时的状态,称为最小实体状态,在此状态下的极限尺寸,称为最小实体尺寸,它是孔的最大极限尺寸和轴的最小极限尺寸的统称。孔和轴的最小实体尺寸分别用符号 LMS 和 lms 表示。

7) 作用尺寸

工件都不可避免地存在形状误差,致使与孔或轴相配合的轴与孔的尺寸发生了变化。为了保证配合精度,应对作用尺寸加以限制。

在配合面的全长上,与实际孔内接的最大理想轴的尺寸,称为孔的作用尺寸,用 D_m 表示;与实际轴外接的最小理想孔的尺寸,称为轴的作用尺寸,用 d_m 表示,如图 2-2 所示。

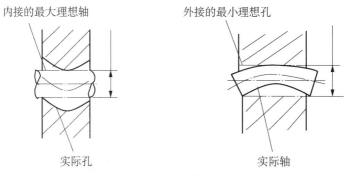

图 2-2 孔和轴的作用尺寸

生产实践证明:孔、轴的实际尺寸相等不一定能进行装配,但当孔的作用尺寸大于或等于轴的作用尺寸时,就一定能自由装配。

2.1.3 有关偏差和公差的术语及定义

1) 尺寸偏差(简称偏差)

尺寸偏差是指某一尺寸(极限尺寸、实际尺寸)减其基本尺寸所得的代数差。应当注意,偏差为代数值,有正数、负数或零。计算和标注时,偏差值除零外,其前面必须冠以正号或负号。偏差分为极限偏差和实际偏差。

极限偏差是指极限尺寸减其基本尺寸所得的代数差,如图 2-3 所示。最大极限尺寸减其基本尺寸所得的代数差称为上偏差。孔和轴的上偏差分别用符号 ES 和 es 表示。用公式表示如下:

$$ES = D_{max} - D \quad es = d_{max} - d \qquad (2-3)$$

最小极限尺寸减其基本尺寸所得的代数差称为下偏差。孔和轴的下偏差分别用符号 EI 和 ei 表示。用公式表示如下:

$$EI = D_{min} - D \quad ei = d_{min} - d \qquad (2-4)$$

在图样上,上、下偏差标注在基本尺寸的右侧。

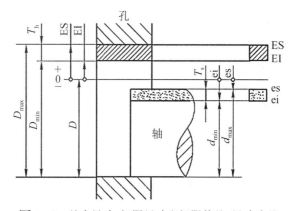

图 2-3 基本尺寸、极限尺寸和极限偏差、尺寸公差

实际偏差是指实际尺寸减其基本尺寸所得的代数差。孔和轴的实际偏差分别用符号 Ea 和 ea 表示。用公式表示如下:

$$Ea = D_a - D \quad ea = d_a - d \tag{2-5}$$

实际偏差应限制在极限偏差范围内,也可达到极限偏差。孔或轴实际偏差的合格条件如下:

$$EI \leqslant Ea \leqslant ES \tag{2-6}$$

$$ei \leqslant ea \leqslant es \tag{2-7}$$

2)尺寸公差

尺寸公差(简称公差)是指最大极限尺寸减去最小极限尺寸之代数差的绝对值,也等于上偏差与下偏差之代数差的绝对值。孔和轴的尺寸公差分别用符号 T_H 和 T_S 表示。公差与极限尺寸、极限偏差的关系用公式表示如下:

$$T_H = | D_{max} - D_{min} | = | ES - EI | \tag{2-8}$$

$$T_S = | d_{max} - d_{min} | = | es - ei | \tag{2-9}$$

公差与偏差是两个不同的概念,不能混淆。偏差是代数值,有正负号,而公差则是绝对值,没有正负之分,而且不能为零。

3)公差带图

图 2-3 清楚而直观地表示出相互结合的孔和轴的基本尺寸、极限尺寸、极限偏差及公差之间相互关系。在不引起误解的前提下,可以将图 2-3 简化为图 2-4 所示的公差带图。

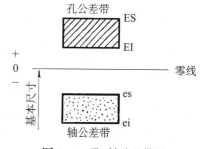

图 2-4　孔、轴公差带图

公差带图由两部分组成:零线和公差带。

零线:在公差带图中,确定偏差的一条基准直线,即零偏差线。通常,零线表示基本尺寸。

公差带:在公差带图中,由代表上、下偏差的两条平行线所限定的区域。通常,孔公差带用斜线表示,轴公差带用网点表示。公差带的位置和大小应按比例绘制;公差带的横向宽度没有实际意义,可在图中适当选取。

公差带图中,基本尺寸的单位用 mm 表示,极限偏差及公差的单位可用 mm 表示,也可用 μm 表示。习惯上极限偏差及公差的单位用 μm 表示。

4)极限制

公差带由"公差带大小"与"公差带位置"两个要素组成。公差带大小由公差值确定,公差带相对于零线的位置可由极限偏差中的任一个偏差(上偏差或下偏差)来确定。

用标准化的公差与极限偏差组成标准化的孔、轴公差带的制度称为极限制。GB/T 1800.1—2009《产品几何技术规范(GPS)极限与配合　第 1 部分:公差、偏差和配合的基础》把标准化的公差统称为标准公差,把标准化的极限偏差(其中的上偏差或下偏差)统称为基本偏差,规定了标准公差和基本偏差的具体数值。

5)标准公差

标准公差是指国家标准所规定的公差值。

6)基本偏差

基本偏差是指国家标准所规定的上偏差或下偏差,它一般为靠近零线或位于零线的那个极限偏差。

例 2 - 1 基本尺寸为 $\phi50$ mm 的相互结合的孔和轴的极限尺寸分别为：$D_{max} = \phi50.025$ mm，$D_{min} = \phi50$ mm 和 $d_{max} = \phi49.950$ mm，$d_{min} = \phi49.934$ mm。它们加工后测得一孔和一轴的实际尺寸分别为 $D_a = \phi50.010$ mm 和 $d_a = \phi49.946$ mm。求孔和轴的极限偏差、公差和实际偏差，并画出该孔、轴的公差带图。

解： 由式(2-3)、式(2-4)计算孔和轴的极限偏差：

$$ES = D_{max} - D = \phi50.025 - \phi50 = +0.025 \text{ mm}$$

$$EI = D_{min} - D = \phi50 - \phi50 = 0$$

$$es = d_{max} - d = \phi49.950 - \phi50 = -0.050 \text{ mm}$$

$$ei = d_{min} - d = \phi49.934 - \phi50 = -0.066 \text{ mm}$$

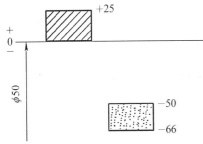

图 2 - 5 孔、轴公差带示意图

由式(2-8)、式(2-9)计算孔和轴的公差：

$$T_H = D_{max} - D_{min} = \phi50.025 - \phi50 = 0.025 \text{ mm}$$

$$T_S = d_{max} - d_{min} = \phi49.950 - \phi49.934 = 0.016 \text{ mm}$$

由式(2-5)计算孔和轴的实际偏差：

$$E_a = D_a - D = \phi50.010 - \phi50 = +0.010 \text{ mm}$$

$$e_a = d_a - d = \phi49.946 - \phi50 = -0.054 \text{ mm}$$

本例的孔、轴公差带如图 2 - 5 所示。

2.1.4 有关配合的术语及定义

1）配合

配合是指基本尺寸相同的，相互结合的孔和轴公差带之间的关系。组成配合的孔与轴的公差带位置不同，便形成不同的配合性质。

2）间隙或过盈

间隙或过盈是指孔的尺寸减去相配合的轴的尺寸所得的代数差。该代数差为正值时，叫做间隙，用符号 X 表示；该代数差为负值时，叫做过盈，用符号 Y 表示。

3）配合的分类

通过公差带图，能清楚地看到孔、轴公差带之间的关系。根据相互结合的孔、轴公差带不同的相对位置关系，如图 2 - 6 所示，配合可以分为间隙配合、过盈配合和过渡配合。

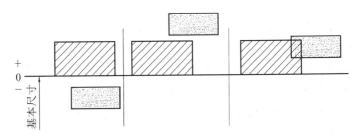

图 2 - 6 孔、轴公差带之间的相对位置关系

（1）间隙配合。间隙配合是指具有间隙（包括最小间隙等于零）的配合。此时，孔公差带在轴公差带的上方，如图 2 - 7 所示。孔、轴极限尺寸或极限偏差的关系为 $D_{min} \geq d_{max}$ 或 $EI \geq es$。

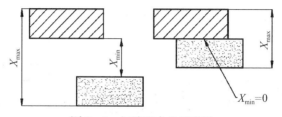

图 2－7　间隙配合的示意图

间隙配合中孔的上极限尺寸减去轴的下极限尺寸所得的代数差称为最大间隙,它用符号 X_{max} 表示,即

$$X_{max} = D_{max} - d_{min} = ES - ei \qquad (2-10)$$

孔的下极限尺寸减去轴的上极限尺寸所得的代数差称为最小间隙,它用符号 X_{min} 表示,即

$$X_{min} = D_{min} - d_{max} = EI - es \qquad (2-11)$$

当孔的下极限尺寸与轴的上极限尺寸相等时,则最小间隙为零。

在实际设计中有时用到平均间隙,间隙配合中的平均间隙用符号 X_{av} 表示,即

$$X_{av} = (X_{max} + X_{min})/2 \qquad (2-12)$$

间隙数值的前面必须冠以正号。

(2) 过盈配合。过盈配合是指具有过盈(包括最小过盈等于零)的配合。此时,孔公差带在轴公差带的下方,如图 2－8 所示。孔、轴的极限尺寸或极限偏差的关系为 $D_{max} \leqslant d_{min}$ 或 $ES \leqslant ei$。

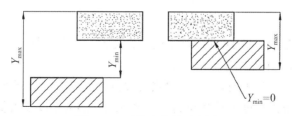

图 2－8　过盈配合的示意图

过盈配合中,孔的最大极限尺寸减去轴的最小极限尺寸所得的代数差称为最小过盈,它用符号 Y_{min} 表示,即

$$Y_{min} = D_{max} - d_{min} = ES - ei \qquad (2-13)$$

孔的最小极限尺寸减去轴的最大极限尺寸所得的代数差称为最大过盈,它用符号 Y_{max} 表示,即

$$Y_{max} = D_{min} - d_{max} = EI - es \qquad (2-14)$$

当孔的最大极限尺寸与轴的最小极限尺寸相等时,则最小过盈为零。

在实际设计中有时用到平均过盈,过盈配合中的平均过盈用符号 Y_{av} 表示,即

$$Y_{av} = (Y_{max} + Y_{min})/2 \qquad (2-15)$$

过盈数值的前面必须冠以负号。

(3) 过渡配合。过渡配合是指可能具有间隙或过盈的配合。此时,孔公差带与轴公差带

相互交叠,如图 2-9 所示。孔、轴的极限尺寸或极限偏差的关系为 $D_{max} > d_{min}$ 且 $D_{min} < d_{max}$,或 $ES > ei$ 且 $EI < es$。

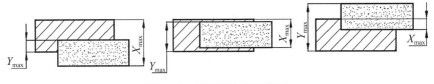

图 2-9 过渡配合的示意图

过渡配合中,孔的最大极限尺寸减去轴的最小极限尺寸所得的代数差称为最大间隙,其计算公式与式(2-10)相同。孔的最小极限尺寸减去轴的最大极限尺寸所得的代数差称为最大过盈,其计算公式与式(2-14)相同。

过渡配合中的平均间隙或平均过盈为:

$$X_{av}(或\ Y_{av}) = (X_{max} + Y_{max})/2 \qquad (2-16)$$

按式(2-16)计算所得的数值为正值时是平均间隙,为负值时是平均过盈。

4) 配合公差及配合公差带图

配合公差是指允许间隙或过盈的变动量。它表示配合松紧程度的变化,用符号 T_f 表示。

对于间隙配合 $\qquad T_f = |X_{max} - X_{min}| = T_H + T_S \qquad (2-17)$

对于盈配合 $\qquad T_f = |Y_{min} - Y_{max}| = T_H + T_S \qquad (2-18)$

对于过渡配合 $\qquad T_f = |X_{max} - Y_{max}| = T_H + T_S \qquad (2-19)$

鉴于最大间隙总是大于最小间隙,最小过盈总是大于最大过盈(它们都带负号),所以配合公差是一个没有符号的绝对值。

式(2-17)～式(2-19)表明,配合中间隙或过盈的允许变动量越小,则满足此要求的孔、轴公差就应越小,孔、轴的精度要求就越高。反之,则孔、轴的精度要求就越低。

为了直观表示相互结合的孔和轴的配合精度和配合性质,GB 1801—79《轴的极限偏差》提出了配合公差带图,如图 2-10 所示。作图时,先画一条零线,表示间隙或过盈等于零。零线上方为正,表示间隙,零线下方为负,表示过盈。配合公差带完全在零线之上为间隙配合;完全在零线之下为过盈配合;跨在零线两侧为过渡配合。配合公差带上下两端的坐标值代表极限间隙或极限过盈,上下两端之间的距离为配合公差值。

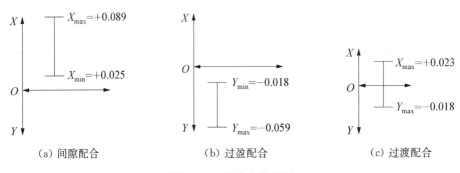

(a) 间隙配合   (b) 过盈配合   (c) 过渡配合

图 2-10 配合公差带图

例 2 - 2　组成配合的孔和轴在零件图上标注的基本尺寸和极限偏差分别 $\phi 50^{+0.025}_{0}$ 和 $\phi 50^{+0.018}_{+0.012}$。试计算该配合的最大间隙、最大过盈、平均间隙或平均过盈及配合公差,并画出孔、轴公差带图。

解:由式(2-10)计算最大间隙:

$$X_{\max} = ES - ei = (+0.025) - (+0.002) = +0.023 \text{ mm}$$

由式(2-14)计算最大过盈:

$$Y_{\max} = EI - es = 0 - (+0.018) = -0.018 \text{ mm}$$

由式(2-16)计算平均间隙或平均过盈:

$$X_{av}(\text{或} Y_{av}) = (X_{\max} + Y_{\max})/2 = \frac{(+0.023) + (-0.018)}{2} = +0.025 \text{ mm}$$

由式(2-19)计算配合公差:

$$T_f = |X_{\max} - Y_{\max}| = (+0.023) - (-0.018) = 0.041 \text{ mm}$$

本例的孔、轴公差带图如图 2-11 所示。

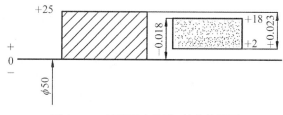

图 2 - 11　过渡配合的孔、轴公差带图

5) 配合制

在机械产品中,有各种不同的配合要求,这就需要各种不同的孔、轴公差带来实现。为了获得最佳的技术经济效益,可以把其中孔公差带(或轴公差带)的位置固定,而改变轴公差带(或孔公差带)的位置来实现所需要的各种配合。

用标准化的孔、轴公差带(即同一极限制的孔和轴)组成各种配合的制度称为配合制。GB/T 1800.1—2009 规定了两种配合制(基孔制和基轴制)来获得各种配合。

(1) 基孔制。基孔制是指基本偏差为一定的孔的公差带,与不同基本偏差的轴的公差带形成各种配合的一种制度,如图 2-12 所示。基孔制的孔为基准孔,标准规定它的基本偏差(下偏差)为零,其代号为"H"。基孔制的轴为非基准轴。

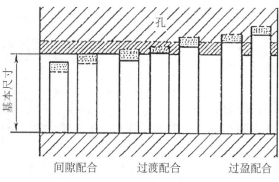

图 2 - 12　基孔制配合

（2）基轴制。基轴制是指基本偏差为一定的轴的公差带，与不同基本偏差的孔的公差带形成各种配合的一种制度，如图 2 - 13 所示。基轴制的轴为基准轴，标准规定它的基本偏差（上偏差）为零，其代号为"h"。基轴制的孔为非基准孔。

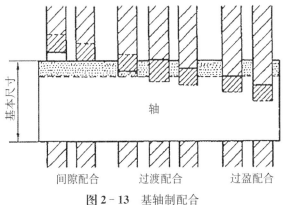

图 2 - 13 基轴制配合

例 2 - 3 有一过盈配合，孔、轴的基本尺寸为 $\phi45$ mm，要求过盈在 $-0.086 \sim -0.045$ mm 范围内。采用基孔制，取孔公差等于轴公差的一倍半，确定孔和轴的极限偏差，画出孔、轴公差带图。

解：（1）求孔公差和轴公差。

按式（2-18）得：$T_f = |Y_{min} - Y_{max}| = T_H + T_S = |-0.045 - (-0.086)| = 0.041$ mm。为了使孔、轴的加工难易程度大致相同，一般取 $T_H = (1 \sim 1.6)T_S$，本例取 $T_H = 1.5T_S$，则 $1.5T_S + T_S = 0.041$ mm，因此

$$T_S = 0.016 \text{ mm}, \quad T_H = 0.025 \text{ mm}$$

（2）求孔和轴的极限偏差。

按基孔制，则基准孔 $EI = 0$，因此 $ES = T_H + EI = 0.025 + 0 = +0.025$ mm。

由式（2-13），$Y_{min} = ES - ei$，得非基准轴 $ei = ES - Y_{min} = (+0.025) - (-0.045) = +0.070$ mm，而 $es = ei + T_S = (+0.070) + 0.016 = +0.086$ mm。孔、轴公差带图如图 2 - 14 所示。

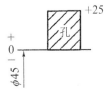

图 2 - 14 过盈配合的孔、轴公差带图

2.2 孔、轴《极限与配合》国家标准

由前一节的叙述可知，各种配合是由孔与轴的公差带之间的关系决定的，而孔、轴公差带是由它的大小和位置决定的，公差带的大小由标准公差确定，公差带的位置由基本偏差确定。为了使公差带的大小和位置标准化，GB/T 1800.1—2009 规定了孔和轴的标准公差系列与基本偏差系列。

2.2.1 孔、轴标准公差系列

标准公差为国家标准极限与配合制中所规定的任一公差。它的数值取决于孔或轴的标准公差等级和基本尺寸。

1）标准公差等级及其代号

标准公差等级代号由符号 IT（ISO tolerance 的简写）和阿拉伯数字组成，如 IT7。

孔、轴的标准公差等级各分为 20 个等级，它们分别用符号 IT01、IT0、IT1、IT2、…、IT18 表示。其中 IT01 最高，等级依次降低，IT18 最低。在实际应用中，标准公差等级代号也用于表示标准公差数值。

2）标准公差因子（公差单位）

标准公差因子是计算标准公差的基本单位，也是制定标准公差数值系列的基础。标准公差的数值不仅与标准公差等级的高低有关，而且与基本尺寸的大小有关。

标准公差因子是以生产实践为基础，通过专门的试验和大量的统计数据分析，找出孔、轴的加工误差和测量误差随基本尺寸变化的规律来确定的。机械产品中，基本尺寸不大于 500 mm 的尺寸段在生产中应用最广，该尺寸段称为常用尺寸。

当基本尺寸≤500 mm 时，IT5～IT18 的标准公差因子 i（单位为 μm）用下式表示：

$$i = 0.45\sqrt[3]{D} + 0.001D \qquad\qquad (2-20)$$

式中，D 为基本尺寸（mm）。

在式（2-20）中，前面一项主要反映加工误差，第二项用来补偿测量时温度变化引起的与基本尺寸成正比的测量误差。但是随着基本尺寸逐渐增大，第二项的影响越来越显著。

3）标准公差数值的计算

标准公差是由公差等级系数和标准公差因子的乘积决定。机械产品中，公称尺寸不大于 500 mm 的尺寸段在生产中应用最广，该尺寸段称为常用尺寸。当基本尺寸≤500 mm 的常用尺寸范围内，各公差等级的标准公差计算公式见表 2-1。

对于 IT5～IT18 的标准公差等级，标准公差数值 IT 用式（2-21）表示：

$$IT = ai \qquad\qquad (2-21)$$

式中，a 为标准公差等级系数。

大尺寸是指基本尺寸大于 500～3 150 mm 的尺寸。大尺寸的与常用尺寸的孔、轴公差与配合相比较，它们既有联系，又有差别。在常用尺寸段中，标准公差因子与基本尺寸呈三次方抛物线关系，它反映构成总误差的主要部分是加工误差。但是随着基本尺寸的增大，测量误差、温度及形状误差等因素的影响将显著增加，测量误差（包括温度的影响）在总误差中所占的比率将随基本尺寸的增大而增加，并逐步转化成主要部分，所以大尺寸的标准公差因子 I 与基本尺寸 D 呈线性关系，当基本尺寸>500～3 150 mm 时，公差单位（以 I 表示）按式（2-22）计算（单位为 μm）。

$$I = 0.004D + 2.1 \qquad\qquad (2-22)$$

当基本尺寸>3 150 mm 时，以式（2-21）来计算标准公差，也不能完全反映误差出现的规律，但目前没有发现更加合理的公式，仍然用式（2-22）来计算。式中，基本尺寸 D 的单位为 mm，以 D 所在尺寸分段的几何平均值代入。

4）尺寸分段

由于标准公差因子 i 是基本尺寸 D 的函数，如果按表 2-1 所列的公式计算标准公差数值，那么对于每一个标准公差等级，给一个基本尺寸就可以计算对应的公差数值，这样编制的公差表格就非常庞大。为了把公差数值的数目减少到最低限度，统一公差数值，简化公差表格，方便实际生产应用，应按一定规律将常用尺寸分成若干段落。这叫做尺寸分段，见表 2-2。

表 2-1　标准公差数值的计算公式

标准公差等级	计算公式	标准公差等级	计算公式	标准公差等级	计算公式
IT01	$0.3+0.008D$	IT6	$10i$	IT13	$250i$
IT0	$0.5+0.012D$	IT7	$16i$	IT14	$400i$
IT1	$0.8+0.02D$	IT8	$25i$	IT15	$640i$
IT2	$(IT1)(IT5/IT1)^{1/4}$	IT9	$40i$	IT16	$1\,000i$
IT3	$(IT1)(IT5/IT1)^{1/2}$	IT10	$64i$	IT17	$1\,600i$
IT4	$(IT1)(IT5/IT1)^{3/4}$	IT11	$100i$	IT18	$2\,500i$
IT5	$7i$	IT12	$160i$		

表 2-2　基本尺寸分段　　　　　　　　　　　　　　　　　　(mm)

主段落		中间段落		主段落		中间段落	
大于	至	大于	至	大于	至	大于	至
—	3			250	315	250	280
3	6	无细分段				280	315
6	10			315	400	315	355
						355	400
10	18	10	12	400	500	400	450
		14	18			450	500
18	30	18	24	500	630	500	560
		24	30			560	630
30	50	30	40	630	800	630	710
		40	50			710	800
50	80	50	65	800	1 000	800	900
		65	80			900	1 000
80	120	80	100	1 000	1 250	1 000	1 120
		100	120			1 120	1 250
120	180	120	140	1 250	1 600	1 250	1 400
		140	160			1 400	1 600
		160	180	1 600	2 000	1 600	1 800
						1 800	2 000
180	250	180	200	2 000	2 500	2 000	2 240
		200	225			2 240	2 500
		225	250	2 500	3 150	2 500	2 800
						2 800	3 150

　　采用尺寸分段后,对每一个标准公差等级,同一尺寸分段范围内(大于 D_1 至 D_n)各个基本尺寸的标准公差相同。按式(2-23)计算标准公差因子 i 时,公式中的基本尺寸以尺寸分段首、末两个尺寸($D_首$、$D_末$)的几何平均值 D_j 代入,即

$$D_j = \sqrt{D_首 D_末} \tag{2-23}$$

　　按式(2-22)、式(2-23)及表2-1的计算公式,分别算出各个尺寸段的各个标准公差等级的标准公差数值,并将尾数化整,就编制成表2-3所列的标准公差数值。

表2-3 公称尺寸至3 150 mm的标准公差数值（GB/T 1800. 1—2009）

基本尺寸(mm)	公差等级																			
	IT01	IT0	IT1	IT2	IT3	IT4	IT5	IT6	IT7	IT8	IT9	IT10	IT11	IT12	IT13	IT14	IT15	IT16	IT17	IT18
≤3	0.3	0.5	0.8	1.2	2	3	4	6	10	14	25	40	60	100	0.14	0.25	0.40	0.60	1.0	1.4
>3~6	0.4	0.6	1	1.5	2.5	4	5	8	12	18	30	48	75	120	0.18	0.30	0.48	0.75	1.2	1.8
>6~10	0.4	0.6	1	1.5	2.5	4	6	9	15	22	36	58	90	150	0.22	0.36	0.58	0.90	1.5	2.2
>10~18	0.5	0.8	1.2	2	3	5	8	11	18	27	43	70	110	180	0.27	0.43	0.70	1.10	1.8	2.7
>18~30	0.6	1	1.5	2.5	4	6	9	13	21	33	52	84	130	210	0.33	0.52	0.84	1.30	2.1	3.3
>30~50	0.6	1	1.5	2.5	4	7	11	16	25	39	62	100	160	250	0.39	0.62	1.00	1.60	2.5	3.9
>50~80	0.8	1.2	2	3	5	8	13	19	30	46	74	120	190	300	0.46	0.74	1.20	1.90	3.0	4.6
>80~120	1	1.5	2.5	4	6	10	15	22	35	54	87	140	220	350	0.54	0.87	1.40	2.20	3.5	5.4
>120~180	1.2	2	3.5	5	8	12	18	25	40	63	100	160	250	400	0.63	1.00	1.60	2.50	4.0	6.3
>180~250	2	3	4.5	7	10	14	20	29	46	72	115	185	290	460	0.72	1.15	1.85	2.90	4.6	7.2
>250~315	2.5	4	6	8	12	16	23	32	52	81	130	210	320	520	0.81	1.30	2.10	3.20	5.2	8.1
>315~400	3	5	7	9	13	18	25	36	57	89	140	230	360	570	0.89	1.40	2.30	3.60	5.7	8.9
>400~500	4	6	8	10	15	20	27	40	63	97	155	250	400	630	0.97	1.55	2.50	4.00	6.3	9.7
>500~630	—	—	9	11	16	22	30	44	70	110	175	280	440	700	1.10	1.75	2.8	4.4	7.0	11.0
>630~800	—	—	10	13	18	25	35	50	80	125	200	320	500	800	1.25	2.0	3.2	5.0	8.0	12.5
>800~1 000	—	—	11	15	21	29	40	56	90	140	230	360	560	900	1.40	2.3	3.6	5.6	9.0	14.0
>1 000~1 250	—	—	13	18	24	34	46	66	105	165	260	420	660	1 050	1.65	2.6	4.2	6.6	10.5	16.5
>1 250~1 600	—	—	15	21	29	40	54	78	125	195	310	500	780	1 250	1.95	3.1	5.0	7.8	12.5	19.5
>1 600~2 000	—	—	18	25	35	48	65	92	150	230	370	600	920	1 500	2.30	3.7	6.0	9.2	15.0	23.0
>2 000~2 500	—	—	22	30	41	57	77	110	175	280	440	700	1 100	1 750	2.80	4.4	7.0	11.0	17.5	28.0
>2 500~3 150	—	—	26	36	50	69	93	135	210	330	540	860	1 350	2 100	3.30	5.4	8.0	13.5	21.0	33.0

例 2 - 4 求基本尺寸为 $\phi95$ mm 的 IT6 标准公差数值。

解: $\phi95$ mm 在大于 $\phi80$ mm 至 $\phi120$ mm 段内,这一尺寸分段的几何平均值 D_j 和标准公差因子 i 分别由式(2 - 22)和式(2 - 20)计算得到:

$$D_j = \sqrt{80 \times 120} \approx 97.98 \text{ mm}$$

$$i = 0.45 \sqrt[3]{D_j} + 0.001 D_j \approx 2.173 \text{ } \mu m$$

由表 2 - 1 知 IT6 = $10i$,因此

$$\text{IT6} = 10i = 10 \times 2.173 = 21.73 \text{ } \mu m$$

经尾数化整,则得 IT6 = 22 μm。

2.2.2 孔、轴基本偏差系列

1) 基本偏差的定义

基本偏差为国家标准极限与配合制中,用以确定公差带相对于零线的位置的极限偏差(上偏差或下偏差),一般是指靠近零线或位于零线的那个极限偏差。

2) 基本偏差的代号

孔、轴基本偏差各有 28 种,每种基本偏差的代号用一个或两个英文字母表示。孔用大写字母表示,轴用小写字母表示。

在 26 个英文字母中,去掉 5 个容易与其他符号含义混淆的字母 I(i)、L(l)、O(o)、Q(q)、W(w),增加由两个字母组成的 7 组字母 CD(cd)、EF(ef)、FG(fg)、JS(js)、ZA(za)、ZB(zb)、ZC(zc),共计 28 种。

3) 轴的基本偏差系列

轴的基本偏差系列如图 2 - 15 所示。代号为 a~g 的基本偏差皆为上偏差 es(负值),按从 a 到 g 的顺序,基本偏差的绝对值依次逐渐减少。

代号为 h 的基本偏差为上偏差 es = 0,它是基轴制中基准轴的基本偏差代号。

基本偏差代号为 js 的轴的公差带相对于零线对称分布,基本偏差可取为上偏差 es = +IT/2(IT 为标准公差数值),也可取下偏差 ei = -IT/2。根据 GB/T 1800.1—2009 的规定,当标准公差等级为 IT7 ~ IT11 时,若公差数值是奇数,则按 ±(IT - 1)/2 计算。

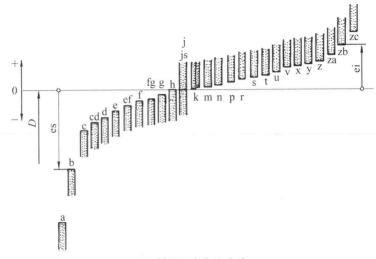

(a) 轴的基本偏差系列

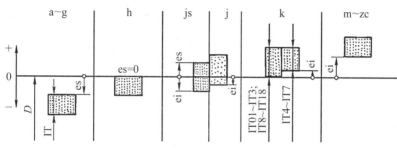

（b）轴的基本偏差

图 2 - 15　轴的基本偏差示意图

代号为 j～zc 的基本偏差皆为下偏差 ei（除 j 为负值外，其余皆为正值），按从 k 到 zc 的顺序，基本偏差的数值依次逐渐增大。

图 2 - 15a 中，除 j 和 js 特殊情况外，由于基本偏差仅确定公差带的位置，因而公差带的另一端未加限制。

4）孔的基本偏差系列

孔的基本偏差系列如图 2 - 16 所示。代号为 A～G 的基本偏差皆为下偏差 EI（正值），按从 A 到 G 的顺序，基本偏差的数值依次逐渐减少。

代号为 H 的基本偏差为下偏差 EI ＝ 0，它是基孔制中基准孔的基本偏差代号。基本偏差代号为 JS 的孔的公差带相对于零线对称分布，基本偏差可取为上偏差 ES ＝＋IT/2（IT 为标准公差数值），也可取下偏差 EI ＝－ IT/2，根据 GB/T 1800.1—2009 的规定，当标准公差等级为

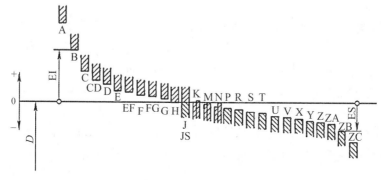

（a）孔的基本偏差系列

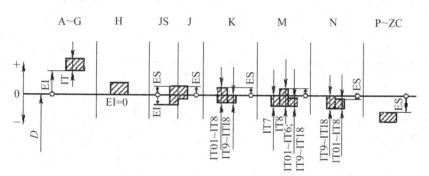

（b）孔的基本偏差

图 2 - 16　孔的基本偏差系列示意图

IT7～IT11 时,若公差数值是奇数,则按±(IT-1)/2 计算。代号为 J～ZC 的基本偏差皆为上偏差 ES(除 J、K 为正值外,其余皆为负值),按从 K 到 ZC 的顺序,基本偏差的绝对值依次逐渐增大。

图 2-16a 中,除 J、JS 特殊情况外,由于基本偏差仅确定公差带的位置,因而公差带的另一端未加限制。

5) 各种基本偏差所形成的配合的特征

(1) 间隙配合。a～h(或 A～H)等 11 种基本偏差与基准孔基本偏差 H(或基准轴基本偏差 h)形成间隙配合。其中,a 与 H(或 A 与 h)形成的配合的间隙最大。此后,间隙依次减小,基本偏差 h 与 H 形成的配合的间隙最小,该配合的最小间隙为零。

(2) 过渡配合。js、j、k、m、n(或 JS、J、K、M、N)等 5 种基本偏差与基准孔基本偏差 H(或基准轴基本偏差 h)形成过渡配合。其中,js 与 H(或 JS 与 h)形成的配合较松,获得间隙的概率较大。此后,配合依次变紧,n 与 H(或 N 与 h)形成的配合较紧,获得过盈的概率较大。而标准公差等级很高的 n 与 H(或 N 与 h)形成的配合则为过盈配合。

(3) 过盈配合。p～zc(或 P～ZC)等 12 种基本偏差与基准孔基本偏差 H(或基准轴基本偏差 h)形成过盈配合。其中,p 与 H(或 P 与 h)形成的配合的过盈最小。此后,过盈依次增大,zc 与 H(或 ZC 与 h)形成的配合的过盈最大。而标准公差等级不高的 p 与 H(或 P 与 h)形成的配合则为过渡配合。

6) 孔、轴公差带代号及配合代号

(1) 孔、轴公差带代号。把孔、轴基本偏差代号和标准公差等级代号中的阿拉伯数字组合,就构成孔、轴公差带代号。例如,孔公差带代号 H7、F8,轴的公差带代号 h7、f6。公差带代号标注在零件图上。

(2) 孔、轴配合代号。把孔和轴的公差带组合,就构成孔、轴配合代号。它用分数形式表示,分子为孔公差带,分母为轴公差带。例如,基孔制配合代号 ϕ50H7/g6 或 ϕ50H7/g6;基轴制配合代号 ϕ50G7/h6 或 ϕ50G7/h6。配合代号标注在装配图上。

7) 轴的基本偏差数值的确定

基本尺寸小于等于 500 mm 的轴的基本偏差计算公式按表 2-4 所列的计算公式确定。这些计算公式是以基孔制中基本偏差代号为 H 的基准孔,与不同基本偏差的轴形成的各种配合为基础,根据设计要求、生产实践和科学实验,经统计分析得到的。

表 2-4 基本尺寸≤500 mm 轴的基本偏差计算公式

基本偏差代号	适用范围	基本偏差为上偏差 es(μm)的计算公式	基本偏差代号	适用范围	基本偏差为下偏差 ei(μm)的计算公式
a	$D \leqslant 120$ mm	$-(265+1.3D)$	j	IT5～IT8	没有公式
	$D > 120$ mm	$-3.5D$		$\leqslant$IT3	0
b	$D \leqslant 160$ mm	$-(140+0.85D)$	k	IT4～IT7	$\|0.6D^{1/3}$
	$D > 160$ mm	$-1.8D$		$\geqslant$IT8	0
c	$D \leqslant 40$ mm	$-52D^{0.2}$	m		$+(IT7-IT6)$
	$D > 40$ mm	$-(95+0.8D)$	n		$+5D^{0.34}$

（续表）

基本偏差代号	适用范围	基本偏差为上偏差 es(μm) 的计算公式	基本偏差代号	适用范围	基本偏差为下偏差 ei(μm) 的计算公式
cd		$-(cd)^{1/2}$	p		$+IT7+(0\sim5)$
d		$-16D^{0.44}$	r		$+ps^{1/2}$
e		$-11D^{0.41}$	s	$D\leqslant120$ mm	$+IT8+(1\sim4)$
ef		$-(ef)^{1/2}$		$D>50$ mm	$+IT7+0.4D$
f		$-5.5D^{0.41}$	t	$D>24$ mm	$+IT7+0.63D$
fg		$-(fg)^{1/2}$	u		$+IT7+D$
g		$-2.5D^{0.34}$	v	$D>14$ mm	$+IT7+1.25D$
h		0	x		$+IT7+1.6D$
基本偏差代号	适用范围	基本偏差为上偏差或下偏差	y	$D>18$ mm	$+IT7+2D$
js		$\pm IT/2$	z		$+IT7+2.5D$
			za		$+IT8+3.15D$
			zb		$+IT9+4D$
			zc		$+IT10+5D$

注：公式中 D 是基本尺寸段的几何平均值(mm)。

　　利用轴的基本偏差计算公式，以尺寸分段的几何平均值代入这些公式求得数值，经化整后，就编制出轴的基本偏差数值表，见表 2-5。

　　8) 孔的基本偏差数值的确定

　　孔的基本偏差数值由相同字母代号轴的基本偏差数值换算而得。换算的前提是：基孔制配合变成同名的基轴制配合（如 H8/f8 变成 F8/h8，H6/f5 变成 F6/h5），它们的配合性质必须相同，即两种配合制配合的极限间隙或过盈必须相同。在实际生产中考虑到孔比轴难加工，故在孔、轴的标准公差等级较高时，孔通常与高一级的轴配合。而孔、轴的标准公差等级不高时，则孔与轴采用同级配合。

　　实际使用中，孔的基本偏差可直接查表 2-6。

　　例 2-5　利用标准公差数值表（表 2-3）和孔的基本偏差数值表（表 2-6）确定 $\phi30P8/h8$ 的极限偏差。

　　解：由表 2-3 查得基本尺寸为 $\phi30$ mm 的标准公差数值 IT8 = 33 μm。

　　基轴制配合 $\phi30P8/h8$ 中的基准轴 $\phi30h8$ 的基本偏差 es = 0，另一极限偏差为 ei = es-IT8 = -33 μm。

　　由表 2-6 查得 $\phi30P8$ 孔的基本偏差 ES = -2 μm，另一极限偏差为 EI = ES-IT8 = -55 μm。

　　例 2-6　利用标准公差数值表（表 2-3）和轴的基本偏差数值表（表 2-5），确定 $\phi30H8/k7$ 和 $\phi30K8/h7$ 配合中孔和轴的极限偏差，并比较它们的配合性质是否相同。

表 2-5 轴的基本偏差数值简表（GB/T 1800.1—2009）

基本尺寸/mm 大于	至	上偏差 es（所有标准公差等级）											js	j IT5和IT7	j IT7	j IT8	k IT4至IT7	k ≤IT3 >IT7	下偏差 ei（所有标准公差等级）													
		a	b	c	cd	d	e	ef	f	fg	g	h							m	n	p	r	s	t	u	v	x	y	z	za	zb	zc
—	3	−270	−140	−60	−34	−20	−14	−10	−6	−4	−2	0	偏差=±IT_n/2,式中IT_n是IT值数	−2	−4	−6	0	0	+2	+4	+6	+10	+14		+18		+20		+26	+32	+40	+60
3	6	−270	−140	−70	−46	−30	−20	−14	−10	−6	−4	0		−2	−4		+1	0	+4	+8	+12	+15	+19		+23		+28		+35	+42	+50	+80
6	10	−280	−150	−80	−56	−40	−25	−18	−13	−8	−5	0		−2	−5		+1	0	+6	+10	+15	+19	+23		+28		+34		+42	+52	+67	+97
10	14	−290	−150	−95		−50	−32		−16		−6	0		−3	−6		+1	0	+7	+12	+18	+23	+28		+33		+40		+50	+64	+90	+130
14	18	−290	−150	−95		−50	−32		−16		−6	0		−3	−6		+1	0	+7	+12	+18	+23	+28		+33	+39	+45		+60	+77	+108	+150
18	24	−300	−160	−110		−65	−40		−20		−7	0		−4	−8		+2	0	+8	+15	+22	+28	+35		+41	+47	+54	+63	+73	+98	+136	+188
24	30	−300	−160	−110		−65	−40		−20		−7	0		−4	−8		+2	0	+8	+15	+22	+28	+35	+41	+48	+55	+64	+75	+88	+118	+160	+218
30	40	−310	−170	−120		−80	−50		−25		−9	0		−5	−10		+2	0	+9	+17	+26	+34	+43	+48	+60	+68	+80	+94	+112	+148	+200	+274
40	50	−320	−180	−130		−80	−50		−25		−9	0		−5	−10		+2	0	+9	+17	+26	+34	+43	+54	+70	+81	+97	+114	+136	+180	+242	+325
50	65	−340	−190	−140		−100	−60		−30		−10	0		−7	−12		+2	0	+11	+20	+32	+41	+53	+66	+87	+102	+122	+144	+172	+226	+300	+405
65	80	−360	−200	−150		−100	−60		−30		−10	0		−7	−12		+2	0	+11	+20	+32	+43	+59	+75	+102	+120	+146	+174	+210	+274	+360	+480
80	100	−380	−220	−170		−120	−72		−36		−12	0		−9	−15		+3	0	+13	+23	+37	+51	+71	+91	+124	+146	+178	+214	+258	+335	+445	+585
100	120	−410	−240	−180		−120	−72		−36		−12	0		−9	−15		+3	0	+13	+23	+37	+54	+79	+104	+144	+172	+210	+254	+310	+400	+525	+690
120	140	−460	−260	−200		−145	−85		−43		−14	0		−11	−18		+3	0	+15	+27	+43	+63	+92	+122	+170	+202	+248	+300	+365	+470	+620	+800
140	160	−520	−280	−210		−145	−85		−43		−14	0		−11	−18		+3	0	+15	+27	+43	+65	+100	+134	+190	+228	+280	+340	+415	+535	+700	+900
160	180	−580	−310	−230		−145	−85		−43		−14	0		−11	−18		+3	0	+15	+27	+43	+68	+108	+146	+210	+252	+310	+380	+465	+600	+780	+1000
180	200	−660	−340	−240		−170	−100		−50		−15	0		−13	−21		+4	0	+17	+31	+50	+77	+122	+166	+236	+284	+350	+425	+520	+670	+880	+1150
200	225	−740	−380	−260		−170	−100		−50		−15	0		−13	−21		+4	0	+17	+31	+50	+80	+130	+180	+258	+310	+385	+470	+575	+740	+960	+1250
225	250	−820	−420	−280		−170	−100		−50		−15	0		−13	−21		+4	0	+17	+31	+50	+84	+140	+196	+284	+340	+425	+520	+640	+820	+1050	+1350
250	280	−920	−480	−300		−190	−110		−56		−17	0		−16	−26		+4	0	+20	+34	+56	+94	+158	+218	+315	+385	+475	+580	+710	+920	+1200	+1550
280	315	−1050	−540	−330		−190	−110		−56		−17	0		−16	−26		+4	0	+20	+34	+56	+98	+170	+240	+350	+425	+525	+650	+790	+1000	+1300	+1700

基本偏差数值（μm）

上偏差 es（a—h 为所有标准公差等级）；下偏差 ei（r—zc 为所有标准公差等级）

基本尺寸(mm) 大于	至	a	b	c	cd	d	e	ef	f	fg	g	h	js	j IT5和IT7	j IT7	j IT8	k IT4至IT7	k ≤IT3 >IT7	m	n	p	r	s	t	u	v	x	y	z	za	zb	zc
315	355	−1200	—	—	—	−210	−125		−62		−18	0		−18	−28		+4	0	+21	+37	+62	+108	+190	+268	+390	+475	+590	+730	+900	+1150	+1500	+1900
355	400	−1350	—	—	—	−210	−125		−62		−18	0		−18	−28		+4	0	+21	+37	+62	+114	+208	+294	+435	+530	+660	+820	+1000	+1300	+1650	+2100
400	450	−1500	—	—	—	−230	−135		−68		−20	0		−20	−32		+5	0	+23	+40	+68	+126	+232	+330	+490	+595	+740	+920	+1100	+1450	+1850	+2400
450	500	−1650	—	—	—	−230	−135		−68		−20	0		−20	−32		+5	0	+23	+40	+68	+132	+252	+360	+540	+660	+820	+1000	+1250	+1600	+2100	+2600
500	560					−260	−145		−76		−22	0					0	0	+26	+44	+78	+150	+280	+400	+600							
560	630					−260	−145		−76		−22	0					0	0	+26	+44	+78	+155	+310	+450	+660							
630	710					−290	−160		−80		−24	0					0	0	+30	+50	+88	+175	+340	+500	+740							
710	800					−290	−160		−80		−24	0					0	0	+30	+50	+88	+185	+380	+560	+840							
800	900					−320	−170		−86		−26	0					0	0	+34	+56	+100	+210	+430	+620	+940							
900	1000					−320	−170		−86		−26	0					0	0	+34	+56	+100	+220	+470	+680	+1050							
1000	1120					−350	−195		−91		−28	0					0	0	+40	+66	+120	+250	+520	+780	+1150							
1120	1250					−350	−195		−91		−28	0					0	0	+40	+66	+120	+260	+580	+840	+1350							
1250	1400					−390	−220		−110		−30	0					0	0	+48	+78	+140	+300	+640	+960	+1450							
1400	1600					−390	−220		−110		−30	0					0	0	+48	+78	+140	+330	+720	+1050	+1600							
1600	1800					−430	−240		−120		−32	0					0	0	+58	+92	+170	+370	+820	+1200	+1850							
1800	2000					−430	−240		−120		−32	0					0	0	+58	+92	+170	+400	+920	+1350	+2000							
2000	2240					−480	−260		−130		−34	0					0	0	+68	+110	+195	+440	+1000	+1500	+2300							
2240	2500					−480	−260		−130		−34	0					0	0	+68	+110	+195	+460	+1100	+1650	+2500							
2500	2800					−520	−290		−145		−38	0					0	0	+76	+135	+240	+550	+1250	+1900	+2900							
2800	3150					−520	−290		−145		−38	0					0	0	+76	+135	+240	+580	+1400	+2100	+3200							

表 2 − 6　孔的基本偏差数值

基本偏差数值（μm）

基本尺寸 (mm) 大于	至	下偏差 EI（所有标准公差等级） A	B	C	CD	D	E	EF	F	FG	G	H	JS	上偏差 ES J·IT6	J·IT7	J·IT8	K IT8≤	K IT8>	M IT8≤	M IT8>	N IT8≤	N IT8>	P至ZC
—	3	+270	+140	+60	+34	+20	+14	+10	+6	+4	+2	0	偏差=±IT$_n$/2，式中IT$_n$是IT值偏差数	+2	+4	+6	0	0	−2	−2	−4	−4	在大于IT7的相应数值上增加一个Δ值
3	6	+270	+140	+70	+46	+30	+20	+14	+10	+6	+4	0		+5	+6	+10	−1+Δ	0	−4+Δ	−4	−8+Δ	0	
6	10	+280	+150	+80	+56	+40	+25	+18	+13	+8	+5	0		+5	+8	+12	−1+Δ	0	−6+Δ	−6	−10+Δ	0	
10	14	+290	+150	+95		+50	+32		+16		+6	0		+6	+10	+15	−1+Δ	0	−7+Δ	−7	−12+Δ	0	
14	18	+290	+150	+95		+50	+32		+16		+6	0		+6	+10	+15	−1+Δ	0	−7+Δ	−7	−12+Δ	0	
18	24	+300	+160	+110		+65	+40		+20		+7	0		+8	+12	+20	−2+Δ	0	−8+Δ	−8	−15+Δ	0	
24	30	+300	+160	+110		+65	+40		+20		+7	0		+8	+12	+20	−2+Δ	0	−8+Δ	−8	−15+Δ	0	
30	40	+310	+170	+120		+80	+50		+25		+9	0		+10	+14	+24	−2+Δ	0	−9+Δ	−9	−17+Δ	0	
40	50	+320	+180	+130		+80	+50		+25		+9	0		+10	+14	+24	−2+Δ	0	−9+Δ	−9	−17+Δ	0	
50	65	+340	+190	+140		+100	+60		+30		+10	0		+13	+18	+28	−2+Δ	0	−11+Δ	−11	−20+Δ	0	
65	80	+360	+200	+150		+100	+60		+30		+10	0		+13	+18	+28	−2+Δ	0	−11+Δ	−11	−20+Δ	0	
80	100	+380	+220	+170		+120	+72		+36		+12	0		+16	+22	+34	−3+Δ	0	−13+Δ	−13	−23+Δ	0	
100	120	+410	+240	+180		+120	+72		+36		+12	0		+16	+22	+34	−3+Δ	0	−13+Δ	−13	−23+Δ	0	
120	140	+460	+260	+200		+145	+85		+43		+14	0		+18	+26	+41	−3+Δ	0	−15+Δ	−15	−27+Δ	0	
140	160	+520	+280	+210		+145	+85		+43		+14	0		+18	+26	+41	−3+Δ	0	−15+Δ	−15	−27+Δ	0	
160	180	+580	+310	+230		+145	+85		+43		+14	0		+18	+26	+41	−3+Δ	0	−15+Δ	−15	−27+Δ	0	
180	200	+660	+340	+240		+170	+100		+50		+15	0		+22	+30	+47	−4+Δ	0	−17+Δ	−17	−31+Δ	0	
200	225	+740	+380	+260		+170	+100		+50		+15	0		+22	+30	+47	−4+Δ	0	−17+Δ	−17	−31+Δ	0	
225	250	+820	+420	+280		+170	+100		+50		+15	0		+22	+30	+47	−4+Δ	0	−17+Δ	−17	−31+Δ	0	
250	280	+920	+480	+300		+190	+110		+56		+17	0		+25	+36	+55	−4+Δ	0	−20+Δ	−20	−34+Δ	0	
280	315	+1050	+540	+330		+190	+110		+56		+17	0		+25	+36	+55	−4+Δ	0	−20+Δ	−20	−34+Δ	0	
315	355	+1200	+600	+360		+210	+125		+62		+18	0		+29	+39	+60	−4+Δ	0	−21+Δ	−21	−37+Δ	0	
355	400	+1350	+680	+400		+210	+125		+62		+18	0		+29	+39	+60	−4+Δ	0	−21+Δ	−21	−37+Δ	0	
400	450	+1500	+760	+440		+230	+135		+68		+20	0		+33	+43	+66	−5+Δ	0	−23+Δ	−23	−40+Δ	0	
450	500	+1650	+840	+480		+230	+135		+68		+20	0		+33	+43	+66	−5+Δ	0	−23+Δ	−23	−40+Δ	0	
500	560					+260	+145		+76		+22	0					0		−26		−44		
560	630					+260	+145		+76		+22	0					0		−26		−44		
630	710					+290	+160		+80		+24	0					0		−30		−50		
710	800					+290	+160		+80		+24	0					0		−30		−50		
800	900					+320	+170		+86		+26	0					0		−34		−56		
900	1000					+320	+170		+86		+26	0					0		−34		−56		
1000	1120					+350	+195		+98		+28	0					0		−40		−66		
1120	1250					+350	+195		+98		+28	0					0		−40		−66		
1250	1400					+390	+220		+110		+32	0					0		−48		−78		
1400	1600					+390	+220		+110		+32	0					0		−48		−78		
1600	1800					+430	+240		+120		+32	0					0		−58		−92		
1800	2000					+430	+240		+120		+32	0					0		−58		−92		
2000	2240					+480	+260		+130		+34	0					0		−68		−110		
2240	2500					+480	+260		+130		+34	0					0		−68		−110		
2500	2800					+520	+290		+145		+38	0					0		−76		−135		
2800	3150					+520	+290		+145		+38	0					0		−76		−135		

（续表）

基本偏差数值（μm）上偏差 ES · 标准公差等级大于 IT7

| 基本尺寸(mm) | | P | R | S | T | U | V | X | Y | Z | ZA | ZB | ZC | Δ值 标准公差等级 | | | | | |
大于	至													IT3	IT4	IT5	IT6	IT7	IT8
—	3	−6	−10	−14		−18		−20		−26	−32	−40	−60	0	0	0	0	0	0
3	6	−12	−15	−19		−23		−28		−35	−42	−50	−80	1	1.5	1	3	4	6
6	10	−15	−19	−23		−28		−34		−42	−52	−67	−97	1	1.5	2	3	6	7
10	14	−18	−23	−28		−33		−40		−50	−64	−90	−130	1	2	3	3	7	9
14	18	−18	−23	−28		−33	−39	−45		−60	−77	−108	−150	1	2	3	3	7	9
18	24	−22	−28	−35		−41	−47	−54	−63	−73	−98	−136	−188	1.5	2	3	4	8	12
24	30	−22	−28	−35	−41	−48	−55	−64	−75	−88	−118	−160	−218	1.5	2	3	4	8	12
30	40	−26	−34	−43	−48	−60	−68	−80	−94	−112	−148	−200	−274	1.5	3	4	5	9	14
40	50	−26	−34	−43	−54	−70	−81	−97	−114	−136	−180	−242	−325	1.5	3	4	5	9	14
50	65	−32	−41	−53	−66	−87	−102	−122	−144	−172	−226	−300	−405	2	3	5	6	11	16
65	80	−32	−43	−59	−75	−102	−120	−146	−174	−210	−274	−360	−480	2	3	5	6	11	16
80	100	−37	−51	−71	−91	−124	−146	−178	−214	−258	−335	−445	−585	2	4	5	7	13	19
100	120	−37	−54	−79	−104	−144	−172	−210	−254	−310	−400	−525	−690	2	4	5	7	13	19
120	140	−43	−63	−92	−122	−170	−202	−248	−300	−365	−470	−620	−800	3	4	6	7	15	23
140	160	−43	−65	−100	−134	−190	−228	−280	−340	−415	−535	−700	−900	3	4	6	7	15	23
160	180	−43	−68	−108	−146	−210	−252	−310	−380	−465	−600	−780	−1000	3	4	6	7	15	23
180	200	−50	−77	−122	−166	−236	−284	−350	−425	−520	−670	−880	−1150	3	4	6	9	17	26
200	225	−50	−80	−130	−180	−258	−310	−385	−470	−575	−740	−960	−1250	3	4	6	9	17	26
225	250	−50	−84	−140	−196	−284	−340	−425	−520	−640	−820	−1050	−1350	3	4	6	9	17	26
250	280	−56	−94	−158	−218	−315	−385	−475	−580	−710	−920	−1200	−1550	4	4	7	9	20	29
280	315	−56	−98	−170	−240	−350	−425	−525	−650	−790	−1000	−1300	−1700	4	4	7	9	20	29
315	355	−62	−108	−190	−268	−390	−475	−590	−730	−900	−1150	−1500	−1900	4	5	7	11	21	32
355	400	−62	−114	−208	−294	−435	−530	−660	−820	−1000	−1300	−1650	−2100	4	5	7	11	21	32
400	450	−68	−126	−232	−330	−490	−595	−740	−920	−1100	−1450	−1850	−2400	5	5	7	13	23	34
450	500	−68	−132	−252	−360	−540	−660	−820	−1000	−1250	−1600	−2100	−2600	5	5	7	13	23	34
500	560	−78	−150	−280	−400	−600													
560	630	−78	−155	−310	−450	−660													
630	710	−88	−175	−340	−500	−740													
710	800	−88	−185	−380	−560	−840													
800	900	−100	−210	−430	−620	−940													
900	1000	−100	−220	−470	−680	−1050													
1000	1120	−120	−250	−520	−780	−1150													
1120	1250	−120	−260	−580	−840	−1300													
1250	1400	−140	−300	−640	−960	−1450													
1400	1600	−140	−330	−720	−1050	−1600													
1600	1800	−170	−370	−820	−1200	−1850													
1800	2000	−170	−400	−920	−1350	−2000													
2000	2240	−195	−440	−1000	−1500	−2300													
2240	2500	−195	−460	−1100	−1650	−2500													
2500	2800	−240	−550	−1250	−1900	−2900													
2800	3150	−240	−580	−1400	−2100	−3200													

解:由表 2 - 3 查得:基本尺寸为 ϕ30 mm 的标准公差数值 IT8 $=$ 33 μm,IT7 $=$ 21 μm。

(1) 基孔制配合 ϕ30H8/k7。

ϕ30H8 基准孔的基本偏差 EI $=$ 0,另一极限偏差为 ES $=$ EI $+$ IT8 $=$ $+$33 μm。由表 2 - 5 查得 ϕ30k7 轴的基本偏差 ei $=$ $+$2 μm,另一极限偏差为 es $=$ ei $+$ IT7 $=$ $+$23 μm。

于是得 ϕ30H8$(^{+0.033}_{0})$/k7$(^{+0.023}_{+0.002})$,因此该配合的最大间隙 X_{max} $=$ ES $-$ ei $=$ $(+33)$ $-$ $(+2)$ $=$ $+$31 μm,最大过盈 Y_{max} $=$ EI $-$ es $=$ 0 $-$ $(+23)$ $=$ $-$23 μm。

(2) 基轴制配合 ϕ30K8/h7。

ϕ30h7 基准轴的基本偏差 es $=$ 0,另一极限偏差为 ei $=$ es $-$ IT7 $=$ 0 $-$ 21 $=$ $-$21 μm。由 ϕ30k7 轴的基本偏差数值换算 ϕ30K8 孔的基本偏差数值:非基准轴 ei $=$ $+$2 μm,Δ $=$ IT8 $-$ IT7 $=$ 33 $-$ 21 $=$ 12 μm,因此非基准孔的基本偏差 ES $=$ $-$ ei $+$ Δ $=$ $-$2 $+$ 12 $=$ $+$10 μm,另一极限偏差为 EI $=$ ES $-$ IT8 $=$ $(+10)$ $-$ 33 $=$ $-$23 μm。于是得 ϕ30K8$(^{+0.010}_{-0.023})$/h7$(^{0}_{-0.021})$,因此该配合的最大间隙 X_{max} $=$ ES $-$ ei $=$ $(+10)$ $-$ (-21) $=$ $+$31 μm,最大过盈 Y_{max} $=$ EI $-$ es $=$ (-23) $-$ 0 $=$ $-$23 μm。

所以,ϕ30H8/k7 与 ϕ30K8/h7 的配合性质相同。

例 2 - 7 利用标准公差数值表(表 2 - 3)和轴、孔的基本偏差数值表(表 2 - 5、表 2 - 6),确定 ϕ30H7/p6 和 ϕ30P7/h6 的极限偏差数值。

解:由表 2 - 3 查得基本尺寸为 30 mm 的标准公差数值 IT7 $=$ 21 μm,IT6 $=$ 13 μm。

(1) 基孔制配合 ϕ30H7/p6。

ϕ30H7 基准孔的基本偏差 EI $=$ 0,另一极限偏差为 ES $=$ EI $+$ IT7 $=$ $+$21 μm。由表 2 - 5 查得 ϕ30p6 轴的基本偏差 ei $=$ $+$22 μm,另一极限偏差为 es $=$ ei $+$ IT6 $=$ $+$35 μm。

于是得 ϕ30H7$(^{+0.021}_{0})$/p6$(^{+0.035}_{0.022})$。

(2) 基轴制配合 ϕ30P7/h6。

ϕ30h6 基准轴的基本偏差 es $=$ 0,另一极限偏差为 ei $=$ es $-$ IT6 $=$ $-$13 μm。由表 2 - 6 查得 ϕ30P7 孔的基本偏差 ES $=$ $[(-22) + \Delta]\mu$m,而 Δ $=$ IT7 $-$ IT6 $=$ 8 μm,因此 ES $=$ (-22) $+$ 8 $=$ $-$14 μm;另一极限偏差为 EI $=$ ES $-$ IT7 $=$ (-14)21 $=$ $-$35 μm。

于是得 ϕ30P7$(^{-0.014}_{-0.035})$/p6$(^{0}_{-0.013})$。

2.2.3 孔、轴公差与配合在图样上的标注

当基本尺寸$\leqslant$500 mm 时,装配图上在基本尺寸后面标注孔、轴配合代号,如 ϕ50H7/f6、ϕ50H7/f6(图 2 - 17a);零件图上在基本尺寸后面标注孔或轴的公差带代号,如图 2 - 17b 和图 2 - 17c 所示的 ϕ50H7 和 ϕ50f6,或者标注上、下偏差数值,或者同时标注公差带代号及上、下偏

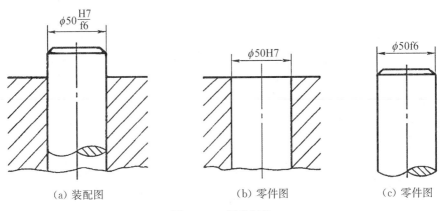

(a) 装配图　　　　　　　(b) 零件图　　　　　　　(c) 零件图

图 2 - 17　图样标注

差数值。例如：$\phi 50H7$ 的标注可换为 $\phi 50^{+0.025}_{0}$ 或 $\phi 50H7^{+0.025}_{0}$；$\phi 50f6$ 的标注可换为 $\phi 50^{-0.025}_{-0.041}$ 或 $\phi 50f6^{-0.025}_{-0.041}$。

在零件图上标注上、下偏差数值时，零偏差必须用数字"0"标出，不得省略，如 $\phi 50^{+0.025}_{0}$、$\phi 50^{0}_{-0.016}$。当上、下偏差绝对值相等而符号相反时，则在偏差数值前面标注"±"号，如 $\phi 50 \pm 0.008$。

大尺寸的标注在装配图上和在零件图上，配制配合要用代号 MF 表示。在装配图上的标注，需借用基准孔的代号 H 或基准轴的代号 h 表示先加工件，如 $\phi 1500H7/f7MF$ 表示先加工件为孔，$\phi 1500F7/h7MF$ 表示先加工件为轴。此外，在装配图上要标明按互换性原则加工时的配合代号，如图 2-18a 所示的 $\phi 1500H7/f7$；在零件图上则标明配制加工的公差带代号，如图 2-18b 所示的先加工件（孔）按 $\phi 1500H9$ 加工，图 2-18c 所示的配制件（轴）按 $\phi 1500f8$ 加工。

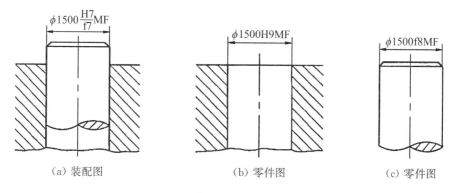

（a）装配图　　　　　　　（b）零件图　　　　　　　（c）零件图

图 2-18　配制配合在图样上的标注法

2.3　国家标准规定的公差带与配合

GB/T 1800.1—2009 规定了 20 个标准公差等级和 28 种基本偏差，这 28 种基本偏差中，j 仅保留 j5、j6、j7、j8；J 仅保留 J6、J7、J8。由此得到轴公差带可以有 $(28-1) \times 20 + 4 = 544$ 种，孔公差带可以有 $(28-1) \times 20 + 3 = 543$ 种。这些孔、轴公差带又可以组成数目更多的配合。若这些孔、轴公差带和配合都应用，显然是不经济的。为了获得最佳的技术经济效益，避免定值刀具、光滑极限量规以及工艺装备的品种和规格的不必要的繁杂，就有必要对公差带的选择加以限制，并选用适当的孔与轴公差带以组成配合。为此，GB/T 1801—2009 对孔和轴分别规定了常用公差带和优先、常用配合。

1）孔、轴的常用公差带

在基本尺寸≤500 mm 的常用尺寸段范围内，图 2-19 列出孔的常用公差带 105 种。选择时，应优先选用圆圈中的公差带（共 13 种），其次选用方框中的公差带（共 44 种），最后选用其他的公差带。

图 2-20 列出轴的常用公差带 116 种。选择时，应优先选用圆圈中的公差带（共 13 种），其次选用方框中的公差带（共 59 种），最后选用其他的公差带。

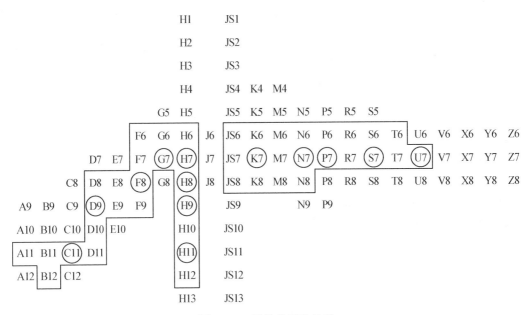

图 2-19 孔的常用公差带

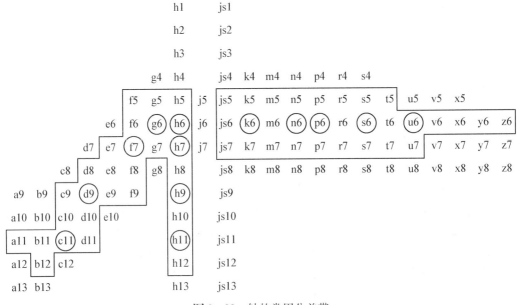

图 2-20 轴的常用公差带

2）孔、轴的优先配合和常用配合

在基本尺寸≤500 mm 的常用尺寸段范围内，为了使配合的选择简化和比较集中，满足大多数产品功能的需要，GB/T 1801—2009 规定了基孔制优先配合 13 种，常用配合 59 种，见表 2-7；基轴制优先配合 13 种，常用配合 47 种，见表 2-8。

表 2 - 7　基孔制优先、常用配合

基准孔	轴																	
	a	b	c	d	e	f	g	h	js	k	m	n	p	r	s	t	u	v
	间隙配合								过渡配合				过盈配合					
H6						H6/f5	H6/g5	H6/h5	H6/js5	H6/k5	H6/m5	H6/n5	H6/p5	H6/r5	H6/s5	H6/t5		
H7						▼ H7/f6	▼ H7/g6	▼ H7/h6	H7/js6	▼ H7/k6	H7/m6	▼ H7/n6	▼ H7/p6	H7/r6	▼ H7/s6	H7/t6	▼ H7/u6	H7/v6
H8					H8/e7	▼ H8/f7	H8/g7	▼ H8/h7	H8/js7	H8/k7	H8/m7	H8/n7	H8/p7	H8/r7	H8/s7	H8/t7	H8/u7	
H8				H8/d8	H8/e8	H8/f8		H8/h8										
H9			H9/c9	▼ H9/d9	H9/e9			▼ H9/h9										
H10			H10/c10	H10/d10				H10/h10										
H11	H11/a11	H11/b11	▼ H11/c11	H11/d11				▼ H11/h11										
H12		H11/b12						H12/h12										

注:1. H6/n5、H7/p6 在基本尺寸小于或等于 3 mm 和 H8/r7 在基本尺寸小于或等于 100 mm 时,为过渡配合。
　　2. 带▼的配合为优先配合。

表 2 - 8　基轴制优先、常用配合

基准轴	孔																	
	A	B	C	D	E	F	G	H	JS	K	M	N	P	R	S	T	U	V
	间隙配合								过渡配合				过盈配合					
h5						F6/h5	G6/h5	H6/h5	JS6/h5	K6/h5	M6/h5	N6/h5	P6/h5	R6/h5	S6/h5	T6/h5		
h6						F7/h6	▼ G7/h6	▼ H7/h6	JS7/h6	▼ K7/h6	M7/h6	▼ N7/h6	▼ P7/h6	R7/h6	▼ S7/h6	T7/h6	▼ U7/h6	
h7					E8/h7	▼ F8/h7		▼ H8/h7	JS8/h7	K8/h7	M8/h7	N8/h7						
h8				D8/h8	E8/h8	F8/h8		H8/h8										
h9				▼ D9/h9	E9/h9	F9/h9		▼ H9/h9										
h10				D10/h10				H10/h10										
h11	A11/h11	B11/h11	▼ C11/h11	D11/h11				▼ H11/h11										
h12		B12/h12						H12/h12										

注:带▼的配合为优先配合。

选择公差带和配合时,应按上述优先、常用的顺序选取。仅在特殊情况下,当常用公差带和常用配合不能满足要求时,才可以从 GB/T 1800.3—2003 规定的标准公差等级和基本偏差中选取所需要的孔、轴公差带来组成配合。

2.4 常用尺寸孔、轴公差与配合的选用

孔、轴公差与配合的选择是机械产品设计中的重要部分,这直接影响机械产品的使用精度、性能和加工成本。孔、轴公差与配合的选择包括配合制、标准公差等级和配合种类等三方面的选择。选择的原则是在满足使用要求的前提下,获得最佳的技术经济效益。标准公差等级和配合种类的选择方法有类比法、计算法和实验法。

类比法就是通过对同类机器和零部件以及它们的图样进行分析,参考从生产实践中总结出来的技术资料,把所设计产品的技术要求与之进行对比,来选择孔、轴公差与配合。这是应用较多的方法。

计算法是按照一定的理论和公式确定所需要的极限间隙或过盈,来选择孔、轴公差与配合。但由于影响因素较复杂,因此计算比较困难或麻烦。而随着科学技术的发展和计算机的广泛应用,计算法会日趋完善,其应用逐渐增多。

实验法是通过试验或统计分析确定所需要的极限间隙或过盈,来选择孔、轴公差与配合。此法较为可靠,但成本较高,只用于重要的配合。

2.4.1 配合制的选择

配合制包括基孔制和基轴制两种,这两种配合制都可以实现同样的配合要求。选择基孔制或基轴制,应从产品结构特点、加工工艺性和经济性等方面综合考虑。

1) 优先选用基孔制

设某一基本尺寸的孔和轴要求三种配合,采用基孔制,则三种配合由一种孔公差带和三种轴公差带构成;而采用基轴制,则三种配合由一种轴公差带和三种孔公差带构成。可见,基孔制所需要的定值刀具比基轴制少。

一般情况下应优先选用基孔制。因为加工孔和检测孔时要使用钻头、铰刀、拉刀等定值刀具和光滑极限塞规(不便于使用普通计量器具测量),而每一种定值刀具和塞规只能加工和检验一种特定尺寸和公差带的孔。加工轴时使用车刀、砂轮等通用刀具,便于使用普通计量器具测量。所以,采用基孔制配合可以减少孔公差带的数量,从而可以减少定值刀具和塞规的数量,这显然是经济合理的。参见表 2-9。

表 2-9 基孔制和基轴制所需刀具和量规的比较

	基孔制			基轴制			
	孔	轴	轴	轴	轴	孔	孔	孔
工件							
刀具	铰刀	车刀,砂轮			车刀,砂轮	铰刀	铰刀	铰刀

（续表）

	基孔制				基轴制			
	孔	轴	轴	轴	轴	孔	孔	孔
光滑极限量规	塞规	卡规	卡规	卡规	卡规	塞规	塞规	塞规

2）特殊情况下采用基轴制

对于下列情况，采用基轴制比较经济合理。

（1）使用冷拉钢材直接作轴。在农业机械和纺织机械中，常使用具有一定精度（IT9～IT11）的冷拉钢材，不必切削加工而直接作轴来与其他零件的孔配合，因此应采用基轴制。

（2）结构上的需要。在结构上，轴的同一基本尺寸部分的不同部位上装配几个不同配合要求的孔的零件时，轴的这一部分与几个孔的配合应采用基轴制。如图 2-21 所示，在内燃机的活塞、连杆机构中，活塞销与活塞上的两个销孔的配合要求紧些（过渡配合性质），而活塞销与连杆小头孔的配合要求松些（最小间隙为零的间隙配合性质）。若采用基孔制（图 2-22a），则活塞上的两个销孔和连杆小头孔的公差带相同（H6），而满足两种不同配合要求的活塞销要按两种公差带（h5、m5）加工成阶梯轴，这既不利于加工，又不利于装配（装配时会将连杆小头孔刮伤）。反之，采用基轴制（图 2-22b），则活塞销按一种公差带加工，制成光轴，这样活塞销的加工和装配都方便。

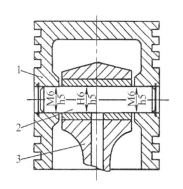

图 2-21　活塞、连杆机构中
的三处配合

1—活塞；2—活塞销；3—连杆

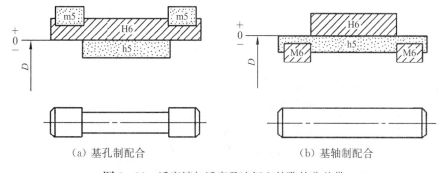

（a）基孔制配合　　　　　　（b）基轴制配合

图 2-22　活塞销与活塞及连杆上的孔的公差带

3）以标准零部件为基准选择配合制

对于与标准零部件配合的孔或轴，它们的配合必须以标准零部件为基准来选择配合制。例如，滚动轴承外圈与箱体上轴承孔的配合必须采用基轴制，滚动轴承内圈与轴颈的配合必须采用基孔制。

4）必要时采用任何适当的孔、轴公差带组成的配合

如图 2-23 所示，圆柱齿轮减速器中，输出轴轴颈的公差带按它与轴承内圈配合的要求业

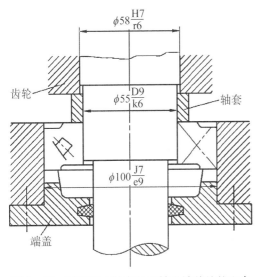

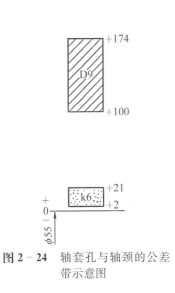

齿轮

轴套

端盖

$\phi 58 \dfrac{H7}{r6}$

$\phi 55 \dfrac{D9}{k6}$

$\phi 100 \dfrac{J7}{e9}$

图 2 - 23 减速器中轴套处和轴承端盖处的配合

已确定为 $\phi 55\text{k}6$,而起轴向定位作用的轴套的孔与该轴颈的配合,允许间隙较大,轴套孔的尺寸精度要求不高,只要求拆装方便,因此应按轴颈的上偏差和最小间隙的大小来确定轴套孔的下偏差,本例确定该孔的公差带为 $\phi 55\text{D}9$。箱体上轴承孔(外壳孔)的公差带按它与轴承外圈配合的要求业已确定为 $\phi 100\text{J}7$,而端盖定位圆柱面与该孔的配合,允许间隙较大,端盖要求拆装方便,而且尺寸精度要求不高,因此端盖定位圆柱面的公差带可选取 $\phi 100\text{e}9$。这样组成的配合 $\phi 55\text{D}9/\text{k}6$ 和 $\phi 100\text{J}7/\text{e}9$ 既满足使用要求,又获得最佳的技术经济效益。上述两种特殊形式配合的孔、轴公差带示意图分别如图 2 - 24 和图 2 - 25 所示。

图 2 - 24 中的公差带图示,标注值:+174、+100、+21、+2,标注 D9、k6,$\phi 55$

图 2 - 24 轴套孔与轴颈的公差带示意图

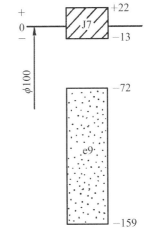

图 2 - 25 中的公差带图示,标注值:+22、−13、−72、−159,标注 J7、e9,$\phi 100$

图 2 - 25 箱体上轴承孔与端盖定位圆柱面的公差带示意图

2.4.2 标准公差等级的选择

选择标准公差等级时,要正确处理使用要求与制造工艺、加工成本之间的关系。因此,选择标准公差等级的基本原则是,在满足使用要求的前提下,尽量选取低的标准公差等级。

(1) 标准公差等级可用类比法选择,各个标准公差等级的应用范围如下:

① IT01～IT1 用于量块的尺寸公差。

② IT1～IT7 用于量规的尺寸公差,这些量规常用于检验 IT6～IT16 的孔和轴(量规工作尺寸的标准公差等级比被测孔、轴高得多)。

③ IT2～IT5 用于精密配合,如滚动轴承各零件的配合。

④ IT5～IT10 用于有精度要求的重要和较重要配合。IT5 的轴和 IT6 的孔用于高精度的重要配合,如精密机床主轴的轴颈与轴承、内燃机的活塞销与活塞上的两个销孔的配合。IT6 的轴与 IT7 的孔在机械制造业中的应用很广,用于较高精度的重要配合,如普通机床的重要配合,内燃机曲轴的主轴颈与滑动轴承的配合。与普通级滚动轴承内、外圈配合的轴颈和箱

体上轴承孔(外壳孔)的标准公差等级分别采用 IT6 和 IT7。而 IT7、IT8 的轴和孔通常用于中等精度要求的配合,如通用机械中轴的轴颈与滑动轴承的配合,以及重型机械和农业机械中重要的配合。IT8 与 IT9 分别用于普通平键宽度与键槽宽度的配合。IT9、IT10 的轴和孔用于一般精度要求的配合。

⑤ IT11、IT12 用于不重要的配合。

⑥ IT12~IT18 用于非配合尺寸。

(2) 用类比法选择标准公差等级时,还应考虑下列几个问题:

① 同一配合中孔与轴的工艺等价性。工艺等价性是指同一配合中的孔和轴的加工难易程度大致相同。对于间隙配合和过渡配合,标准公差等级为 8 级或高于 8 级(标准公差等级≤IT8)的孔应与高一级的轴配合,如 $\phi50H8/f7$、$\phi40K7/h6$;标准公差等级为 9 级或低于 9 级(标准公差等级≥IT9)的孔可与同一级的轴配合,如 $\phi30H9/e9$、$\phi40D10/h10$。对于过盈配合,标准公差等级为 7 级或高于 7 级(标准公差等级≥IT7)的孔应与高一级的轴配合,如 $\phi100H7/u6$、$\phi60R6/h5$;标准公差等级为 8 级或低于 8 级(标准公差等级≥IT8)的孔可与同一级的轴配合,如 $\phi60H8/t8$。

② 相配件或相关件的结构或精度。某些孔、轴的标准公差等级决定于相配件或相关件的结构或精度。例如,与滚动轴承内、外圈配合的轴颈和外壳孔的标准公差等级决定于相配件滚动轴承的类型和公差等级以及配合尺寸的大小;盘形齿轮的基准孔与传动轴的轴头的配合中,该孔和该轴头的标准公差等级决定于相关件齿轮的精度等级。

③ 配合性质及加工成本。过盈配合、过渡配合和间隙较小的间隙配合中,孔的标准公差等级应不低于 8 级,轴的标准公差等级通常不低于 7 级,如 H7/g6。而间隙较大的间隙配合中,孔、轴的标准公差等级较低(9 级或 9 级以下),如 H10/d10。

间隙较大的间隙配合中,孔和轴之一由于某种原因,必须选用较高的标准公差等级,则与它配合的轴或孔的标准公差等级可以低二三级,以便在满足使用要求的前提下降低加工成本。如图 2 - 21 所示,轴套孔与轴颈配合为 $\phi55D9/k6$;外壳孔与端盖定位圆柱面的配合为 $\phi100J7/e9$。

对于特别重要的配合,若能根据使用要求确定极限间隙或过盈,则可以用计算法进行精度设计。

2.4.3 配合种类的选择

确定了配合制和孔、轴的标准公差等级之后,就是选择配合种类。选择配合种类实际上就是确定基孔制中的非基准轴或基轴制中的非基准孔的基本偏差代号。

1) 间隙配合的选择

工作时有相对运动或虽无相对运动而要求装拆方便的孔、轴配合,应该选用间隙配合。

要求孔、轴有相对运动的间隙配合中,相对运动速度越高,润滑油黏度越大,则配合应越松。对于一般工作条件的滑动轴承,可以选用由基本偏差 f(或 F)组成的配合,如 H8/f7。若相对运动速度较高、支承数目较多,则可以选用由基本偏差 d、e(或 D、E)组成的间隙较大的配合,如 H8/e7。对于孔、轴仅有轴向相对运动或相对运动速度很低且有对准中心要求的配合,可以选用由基本偏差 g(或 G)组成的间隙较小的配合,如 H7/g6。

要求装拆方便而无相对运动的孔、轴配合,可以选用由基本偏差 h 与 H 组成的最小间隙为零的间隙配合,如低精度配合 H9/h9 以及具有一定对中性的高精度配合 H7/h6。

2) 过渡配合的选择

对于既要求对中性,又要求装拆方便的孔、轴配合,应该选用过渡配合。这时传递载荷(转矩或轴向力)必须加键或销等连接件。

过渡配合最大间隙 $X_{\max}$ 应小，以保证对中性，最大过盈 $Y_{\max}$ 也应小，以保证装拆方便，也就是说配合公差 T_f 应小。

因此，过渡配合的孔、轴的标准公差等级应较高（IT5～IT8）。当对中性要求高、不常装拆、传递的载荷大、冲击和振动大时，应选择较紧的配合，如 H7/m6、H7/n6；反之，则可选择较松的配合，如 H7/js6、H7/k6。

3）过盈配合的选择

对于利用过盈来保证固定或传递载荷的孔、轴配合，应该选择过盈配合。

不传递载荷而只作定位用的过盈配合，可以选用由基本偏差 r、s（或 R、S）组成的配合。主要由连接件（键、销等）传递载荷的配合，可以选用小过盈的配合以增加联结的可靠性，如由基本偏差 p、r（或 P、R）组成的配合。

利用过盈传递载荷的配合，可以选用由基本偏差 t、u（或 T、U）组成的配合。对于利用过盈传递载荷的配合，应经过计算以确定允许过盈的大小，来选择由适当的基本偏差组成的配合。尤其是要求过盈很大时，如由基本偏差 x、y、z（或 X、Y、Z）组成的配合，还要经过试验，证明所选择的配合确实合理可靠，才可作出决定。

采用类比法选择孔或轴的基本偏差代号，应尽量采用 GB/T 1801—2009 规定的优先配合。表 2-10 所列各种基本偏差的应用实例可供参考。

表 2-10　各种基本偏差的应用实例

配合	基本偏差	各种基本偏差的特点及应用实例
间隙配合	a(A) b(B)	可得到特别大的间隙，很少采用，主要用于工作时温度高，热变形大的零件的配合，如内燃机中铝活塞与气缸钢套孔的配合为 H9/a9
	c(C)	可得到很大的间隙，一般用于工作条件较差（如农业机械），工作时受力变形大及装配工艺性不好的零件的配合，也适用于高温工作的间隙配合，如内燃机排气阀杆与导管的配合为 H8/c7
	d(D)	与 IT7～IT11 对应，适用于较松的间隙配合（如滑轮、活套的带轮与轴的配合），以及大尺寸滑动轴承与轴颈的配合（如涡轮机、球磨机等的滑动轴承）。活塞环与活塞环槽的配合可用 H9/d9
	e(E)	与 IT6～IT9 对应，具有明显的间隙，用于大跨距及多支点的转轴轴颈与轴承的配合，以及高速、重载的大尺寸轴颈与轴承的配合，如大型电机，内燃机的主要轴承处的配合为 H8/e7
	f(F)	多与 IT6～IT8 对应，用于一般的转动配合，受温度影响不大，采用普通润滑油的轴颈与滑动轴承的配合，如齿轮箱、小电机、泵等的转轴轴颈与滑动轴承的配合为 H7/f6
	g(G)	多与 IT5～IT7 对应，形成配合的间隙较小，用于轻载精密装置中的转动配合，用于插销的定位配合，滑阀、连杆销等处的配合，钻套导向孔多用 G6
	h(H)	多与 IT4～IT11 对应，广泛应用于无相对转动的配合，一般的定位配合。若没有温度、变形的影响，也可用于精密轴向移动部位，如车床尾座导向孔与滑动套筒的配合为 H6/h5
过渡配合	js(JS)	多用于 IT4～IT7 具有平均间隙的过渡配合，用于略有过盈的定位配合，如联轴器，齿圈与轮毂的配合，滚动轴承外圈与外壳孔的配合多用 JS7。一般用手或木槌装配
	k(K)	多用于 IT4～IT7 平均间隙接近于零的配合，用于定位配合，如滚动轴承的内、外圈分别与轴颈，外壳孔的配合。用木槌装配

（续表）

配合	基本偏差	各种基本偏差的特点及应用实例
过渡配合	m(M)	多用于 IT4～IT7 平均过盈较小的配合,用于精密的定位配合,如涡轮的青铜轮缘与轮毂的配合为 H7/m6
	n(N)	多用于 IT4～IT7 平均过盈较大的配合,很少形成间隙。用于加键传递较大转矩的配合,如冲床上齿轮的孔与轴的配合。用槌子或压力机装配
过盈配合	p(P)	用于过盈小的配合。与 H6 或 H7 孔形成过盈配合,而与 H8 孔形成过渡配合。碳钢与铸铁零件形成的配合为标准压入配合。如卷扬机绳轮的轮毂与齿圈的配合为 H7/p6。合金钢零件的配合需要过盈小时可用 p(或 P)
	r(R)	用于传递大转矩或受冲击负荷而需要加键的配合,如蜗轮孔与轴的配合为 H7/r6。必须注意,H8/r8 配合在基本尺寸<100 mm 时,为过渡配合
	s(S)	用于钢和铸铁零件的永久性和半永久性结合,可产生相当大的结合力,如套环压在轴、阀座上用 H7/s6 配合
	t(T)	用于钢和铸铁零件的永久性,不用键就能传递转矩,需用热套法或冷轴法装配,如联轴器与轴的配合为 H7/t6
	u(U)	用于过盈大的配合,最大过盈需验算,用热套法进行装配,如火车车轮轮毂与轴的配合为 H6/u5
	v(V),x(X) y(Y),z(Z)	用于过盈特大的配合,目前使用的经验和资料较少,须经试验后才能应用,一般不推荐

4) 孔、轴工作时的温度对配合选择的影响

如果相互配合的孔、轴工作时与装配时的温度差别较大,则选择配合要考虑热变形的影响。现以铝活塞与气缸钢套孔的配合为例加以说明,设配合的基本尺寸 D 为 $\phi110$ mm,活塞的工作温度 t_1 为 $180\ ^\circ\text{C}$,线膨胀系数 α_1 为 $24\times10^{-6}/^\circ\text{C}$;钢套的工作温度 t_2 为 $110\ ^\circ\text{C}$,线膨胀系数 α_2 为 $12\times10^{-6}/^\circ\text{C}$。要求工作时间隙在 $+0.1\sim+0.28$ mm 范围内。装配时的温度 t 为 $20\ ^\circ\text{C}$,这时钢套孔与活塞的配合的种类应考虑工作时的温度对配合选择的影响。

5) 装配变形对配合选择的影响

在机械结构中,有时会遇到薄壁套筒装配后变形的问题。如图 2-26 所示,套筒外表面与机座孔的配合为过盈配合 $\phi80\text{H7}/$u6,套筒内孔与轴的配合为间隙配合 $\phi60\text{H7}/\text{f6}$。由于套筒外表面与机座孔的装配会产生过盈,当套筒压入机座孔后,套筒内孔会收缩,产生变形,使套筒孔径减小而不能满足使用要求。因此,在选择套筒内孔与轴的配合时,应考虑变形量的影响。具体办法有两个:一是预先将套筒内孔加工得比 $\phi60\text{H7}$ 稍大,以补偿装配变形;二是用工艺措施保证,将套筒压入机座孔后,再按 $\phi60\text{H7}$加工套筒孔。

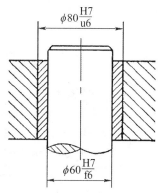

图 2-26　会产生装配变形的结构

6) 生产类型对配合选择的影响

选择配合种类时,应考虑生产类型(批量)的影响。在大批量

生产时,多用调整法加工,加工后尺寸的分布通常遵循正态分布。而在单件小批生产时,多用试切法加工,孔加工后尺寸多偏向孔的最小极限尺寸,轴加工后尺寸多偏向轴的最大极限尺寸,即孔和轴加工后尺寸的分布皆遵循偏态分布。

如图 2-27a 所示,设计时给定孔与轴的配合为 $\phi 50H7/js6$,大批量生产时,孔、轴装配后形成的平均间隙为 $X_{av} = +12.5\ \mu m$。而单件小批生产时,加工后孔和轴的尺寸分布中心分别趋向孔的最小极限尺寸和轴的最大极限尺寸,于是孔、轴装配后形成的平均间隙 $X'_{av} < X_{av}$,且比 $+12.5\ \mu m$ 小得多。为了满足相同的使用要求,单件小批生产时采用的配合应比大批量生产时松些。为了满足大批量生产时 $\phi 50H7/js6$ 的要求,在单件小批生产时应选择 $\phi 50H7/h6$,如图 2-27b 所示。

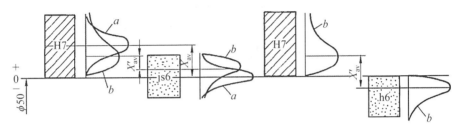

(a) 调整法和试切法加工后的尺寸分布　　　(b) 试切法加工后的尺寸分布

图 2-27　生产类型对配合选择的影响

a—正态分布;b—偏态分布

例 2-8　基本尺寸 $\phi 80$ mm,要求间隙配合,允许 $X_{max} = 135\ \mu m$, $X_{min} = 55\ \mu m$,确定孔与轴的公差等级。

解: $T_f = |\ X_{max} - X_{min}\ | = T_H + T_S = |\ 135 - 55\ | = 80\ \mu m$

参考表 2-3,IT7 和 IT8 差不多,选定 $T_H = 46\ \mu m$ 为 IT8, $T_S = 30\ \mu m$ 为 IT7。

实际 $T_f = 46 + 30 = 76\ \mu m < 80\ \mu m$

例 2-9　设孔轴配合的基本尺寸为 $\phi 30$ mm,要求间隙在 $0.020 \sim 0.055$ mm 之间,确定孔和轴的精度等级和配合种类。

解:(1) 选择基准制。

本例没有特殊要求,选用基孔制,因而基准孔 EI = 0。

(2) 选择公差等级。

$$T_f = |\ X_{max} - X_{min}\ | = T_H + T_S = |\ (+55) - (+20)\ | = 35\ \mu m$$

查表 2-3 得 IT6 和 IT7,则选 $T_H = 21\ \mu m$ 为 IT7, $T_S = 13\ \mu m$ 为 IT6

所以孔的公差带为 H7 选取的孔轴的实际 $T_f = 21 + 13 = 34\ \mu m < 35\ \mu m$,满足使用要求。

(3) 选择配合种类。

据使用要求,本例为间隙配合。$X_{min} = EI - es$, EI = 0。

所以 es $= -X_{min} = -20\ \mu m$, ES $= 21\ \mu m$。

es $= -20\ \mu m$ 为轴的基本偏差,由表 2-6 查得的基本偏差代号为 f,所以轴的公差带为 f6,ei $=$ es $- T_S = -20 - 13 = -33\ \mu m$。

(4) 验算设计结果。

$$\phi 30H7/f6 : X_{max} = ES - ei = 21 - (-33) = 54\ \mu m$$

$$X_{min} = EI - es = 0 - (-20) = 20\ \mu m$$

符合 0.020～0.055 mm 之间,因此满足使用要求。

故配合为 ϕ30 H7/f6。

2.5　线性尺寸的未注公差

　　零件图上所有的尺寸原则上都应受到一定公差的约束。为了简化制图,节省设计时间,对不重要的尺寸和精度要求很低的非配合尺寸,在零件图上通常不标注它们的公差。为了保证使用要求,避免在生产中引起不必要的纠纷,GB/T 1804—2000 对未注公差的尺寸规定了一般公差。一般公差是指在车间一般加工条件能够保证的公差。

　　GB/T 1804—2000 对线性尺寸和倒圆半径、倒角高度尺寸的一般公差各规定了四个公差等级,即 f 级(精密级)、m 级(中等级)、c 级(粗糙级)和 v 级(最粗级),并制定了相应的极限偏差数值,分别见表 2-11、表 2-12 和表 2-13。但在零件图上这些数值不必注出,而由车间在加工时加以控制。

表 2-11　未注公差线性尺寸的极限偏差数值(GB/T 1804—2000)　　　　　(mm)

公差等级	尺　寸　分　段							
	0.5～3	>3～6	>6～30	>30～120	>120～400	>400～1 000	>1 000～2 000	>2 000～4 000
精密 f	±0.05	±0.05	±0.1	±0.15	±0.2	±0.3	±0.5	—
中等 m	±0.1	±0.1	±0.2	±0.3	±0.5	±0.8	±1.2	±2
粗糙 c	±0.2	±0.3	±0.5	±0.8	±1.2	±2	±3	±4
最粗 v	—	±0.5	±1	±1.5	±2.5	±4	±6	±8

表 2-12　倒圆半径的极限偏差数值　　　　　(mm)

公差等级	尺　寸　分　段			
	0.5～3	>3～6	>6～30	>30
精密 f	±0.2	±0.5	±1	±2
中等 m				
粗糙 c	±0.4	±1	±2	±4
最粗 v				

注:倒圆半径与倒角高度的含义参见 GB/T 6403.4—1986。

表 2-13　角度尺寸的极限偏差数值

公差等级	长度分段(mm)				
	～10	>10～50	>50～120	>120～400	>400
精密 f	±1°	±30′	±20′	±10′	±5′
中等 m					
粗糙 c	±1°30′	±1°	±30′	±15′	±10′
最粗 v	±3°	±2°	±1°	±30′	±20′

线性尺寸的未注公差要求应写在零件图上的技术要求中或者技术文件上,按 GB/T 1804 的标准号和公差等级代号的先后顺序(中间用短横线"—"分开)写出。例如,选用中等级时,表示为:GB/T 1804—m。

思考与练习

1. 用查表法确定 $\phi25H8/p8$ 和 $\phi25P8/h8$ 的极限偏差并画出公差带图。

2. 确定 $\phi25H7/p6$ 和 $\phi25P7/h6$ 的极限偏差,其中轴的极限偏差用查表法确定,孔的极限偏差用公式计算确定。

3. 已知下列孔、轴配合,求配合的极限间隙或极限过盈、配合公差并画出公差带图,说明配合类别。

(1) 孔 $\phi50^{+0.025}_{0}$ mm 与轴 $\phi50^{-0.025}_{-0.041}$ mm。

(2) 孔 $\phi50^{+0.025}_{0}$ mm 与轴 $\phi50^{+0.059}_{+0.043}$ mm。

(3) 孔 $\phi50^{+0.025}_{0}$ mm 与轴 $\phi50^{+0.018}_{+0.002}$ mm。

4. 下列配合中查表确定孔与轴的公差和偏差,绘出公差带图,计算最大最小间隙或过盈以及配合公差,并指出它们属于哪种基准制和哪类配合。

(1) $\phi50\dfrac{H8}{f7}$。

(2) $\phi30\dfrac{K7}{h6}$。

(3) $\phi80\dfrac{G10}{h10}$。

(4) $\phi140\dfrac{H8}{r8}$。

(5) $\phi180\dfrac{H7}{u6}$。

(6) $\phi18\dfrac{M6}{h5}$。

5. 将下列基孔(轴)制配合,改换成配合性质相同的基轴(孔)制配合,并查表确定改换后的极限偏差。

(1) $\phi60\dfrac{H9}{d9}$。

(2) $\phi50\dfrac{K7}{h6}$。

(3) $\phi25\dfrac{H8}{f7}$。

(4) $\phi30\dfrac{S7}{h6}$。

(5) $\phi80\dfrac{H7}{u6}$。

(6) $\phi18\dfrac{H7}{m5}$。

6. 有下列三组孔和轴相配合,根据给定的数值,试分别确定它们的公差等级,并选用适当的配合。

(1) 配合的基本尺寸 $= 25$ mm，$X_{max} = +0.086$ mm，$X_{min} = +0.02$ mm。

(2) 配合的基本尺寸 $= 40$ mm，$Y_{max} = -0.076$ mm，$Y_{min} = -0.035$ mm。

(3) 配合的基本尺寸 $= 60$ mm，$Y_{max} = -0.032$ mm，$X_{max} = +0.046$ mm。

7. 已知：基本尺寸 $\phi 150$ mm，装配间隙 $X_{min} = +0.514$ mm，$X_{max} = +0.724$ mm，如果设计者选择 $\phi 150 \dfrac{H9}{b9}$ 配合是否合适？若不合适，应选择哪种配合？

8. 试验确定活塞与汽缸壁之间在工作时的间隙为 $0.04 \sim 0.097$ mm，假设在工作时活塞的温度 $t_s = 150\,°C$，汽缸的温度 $t_h = 100\,°C$，装配温度 $t = 20\,°C$，活塞的线膨胀系数为 $\alpha_s = 22 \times 10^{-6}/°C$，汽缸的线膨胀系数为 $\alpha_h = 12 \times 10^{-6}/°C$，活塞与汽缸的基本尺寸为 95 mm，试求活塞与汽缸的装配间隙等于多少？根据装配间隙确定合适的配合及孔、轴的极限偏差。

第 3 章

长度测量基础

◎ **学习成果达成要求**

学生应达成的能力要求包括：

1. 了解长度、角度测量的量值传递过程。
2. 了解常用测量器具的分类。
3. 掌握测量器具的基本技术指标。
4. 掌握测量误差的来源、分类和表示、评定方法。
5. 掌握各类测量数据的误差处理方法。

≪≪≪

生产和科学实验中，需要对完工零件的几何量进行测量或检验，以判断这些几何量是否符合设计要求。测量过程应保证计量单位统一和量值准确。为了保证几何量的测量获得可靠的测量结果，还应正确选择计量器具和测量方法，研究测量误差和测量数据处理方法。

3.1　测量的基本概念

测量就是为确定量值而进行的试验过程。在测量中假设 L 为被测量值，E 为所采用的计量单位，那么它们的比值

$$q = \frac{L}{E} \qquad (3-1)$$

这个公式的物理意义说明，在被测量值一定的情况下，比值 q 的大小完全决定于所采用的计量单位 E，而且是成反比关系。同时它也说明计量单位的选择决定于被测量值所要求的精确程度，这样经比较而确定的被测量值为 $L = qE$。

由上可知，任何一个测量过程必须有被测的对象和所采用的计量单位，此外还有测量的方法和测量的精确度问题。这样测量过程包括：测量对象、计量单位、测量方法、测量精确度等四个因素。测量方法是指测量时所采用的方法、计量器具和测量条件的综合。测量精确度是指测量结果与真值的一致程度。任何测量过程不可避免地会出现测量误差，测量结果与真值之间总是存在着差异。测量误差小，测量精确度就高；相反，测量误差大，测量精确度就低。

测量过程可分为等精度测量过程和不等精度测量过程。等精度测量是指在所用的测量方法、计量器具、测量条件和测量人员都不变的条件下，对某一量进行多次重复测量。如果在多

次重复的测量过程中上述条件都不恒定,则称为不等精度测量。用这两种不同测量过程测量同一被测几何量,则产生的测量误差和数据处理方法都不同。

3.2　尺寸传递

长度单位为米,米的定义为平面电磁波在真空中 1/299 792 458 s 时间内所行进的距离。目前在实际工作中仍使用线纹尺和量块作为两种实体基准,并用光波波长传递到基准线纹尺和一等量块,然后再由它们逐次传递到工件,以保证量值准确一致。

3.2.1　量块及其传递系统

量块是没有刻度的平面平行端面量具,用特殊合金钢制成,其线胀系数小不易变形,且耐磨性好。量块的形状有长方体和圆柱体两种,常用的是长方体(图 3 - 1),件 1 为量块,件 2 为与量块相研合的辅助体(平晶、平台等),所标各种符号为与量块有关的长度。量块上有两个平行的测量面和四个非测量面,测量面且为光滑平整。量块长度是指量块上测量面上的一点到下测量面相研合辅助体(如平晶)表面间的垂直距离,量块的中心长度是指量块测量面上中心点的量块长度,如图 3 - 1a 的 L。量块上标出的尺寸为名义上的中心长度,称名义尺寸。名义尺寸到 5.5 mm 的量块,其值刻印在上测量面上;名义尺寸大于 5.5 mm 的量块,其值刻印在上测量面左侧较宽的一个非测量面上,如图 3 - 1b 所示。

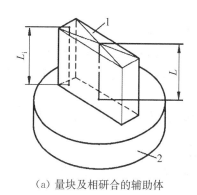
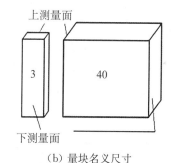

(a) 量块及相研合的辅助体　　　　　　(b) 量块名义尺寸

图 3 - 1　长方体量块

1—量块;2—辅助体

按照 JJG 146—2011《量块检定规程》的规定,量块的制造精度分为 5 级:k、0、1、2、3 级。其中,k 级的精度最高,精度依次降低,3 级的精度最低。分级的主要依据是量块长度极限偏差、量块长度变动允许值、测量面的平面度、量块的研合性及测量面的表面粗糙度等。

按照 JJG 146—2011《量块检定规程》的规定,量块的检定精度分为 5 等:1、2、3、4、5 等。其中,1 等的精度最高,精度依次降低,5 等的精度最低。量块分"等"的主要依据是量块中心长度测量的极限误差和平面平行性极限偏差。

量块按"级"使用时,应以量块长度的标称值作为工作尺寸,该尺寸包含了量块的制造误差。量块按"等"使用时,应以经检定后所给出的量块中心长度的实测值作为工作尺寸,该尺寸排除了量块制造误差的影响,仅包含检定时较小的测量误差。因此,量块按"等"使用的测量精度比量块按"级"使用的高。

量块组合尺寸	28.785 mm
第一块	−1.005 mm
剩余尺寸	27.78 mm
第二块	−1.28 mm
剩余尺寸	26.50 mm
第三块	6.5 mm
剩余尺寸	20.00 mm
第四块	20.00 mm

图 3‐2　量块的组合尺寸

量块的测量面及为光滑平整而具有可研合的特性。利用这一特性。可以在一定的尺寸范围内,将不同尺寸的量块组合成所需要的各种尺寸。量块是按成套生产的,量块共有 17 种套别。其每套数目分别为 91、83、46、38、10、8、6、5 等。组合量块时,为减少量块的组合误差,应尽力减少量块的数目,一般不超过 4 块。选用量块时,应从消去所需尺寸最小尾数开始,逐一选取。例如,为了得到工作尺寸为 28.785 mm 的量块组,从 83 块一套的量块中可分别选取,选取过程如图 3‐2 所示。

量块的用途很广,它除了作为长度基准的传递媒介以外,也可以用来检定、校对和测量计量器具,有时还用于测量工件、精密划线以及精密调整机床。

3.2.2　角度量值传递系统

平面角的计量单位弧度是指从一个圆的圆周上截取的弧长与该圆的半径相等时所对的中心平面角。任何一个圆周均形成封闭的 360° 中心平面角。因此,任何一个圆周可以视为角度的自然基准。只要对圆周的中心平面角进行细致的等分,就可获得任何一个精确的平面角。

角度量值尽管可以通过等分圆周获得任意大小的角度而无需再建立一个角度自然基准,但在实际应用中为了特定角度的测量方便和便于对测角量具量仪进行检定,仍然需要建立角度量值基准。现在最常用的实物基准是用特殊合金钢或石英玻璃制成的多面棱体,并由此建立起了角度量值传递系统,如图 3‐3 所示。

多面棱体分正多面和非正多面棱体两类。正多面棱体是指所有由相邻两工作面法线间构

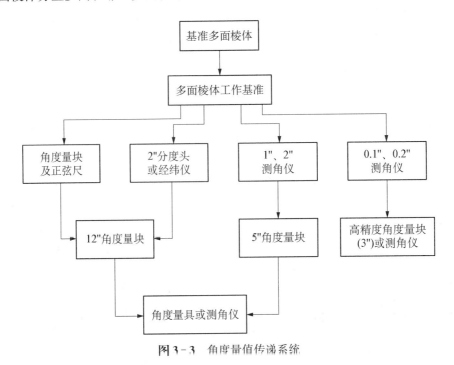

图 3‐3　角度量值传递系统

成的夹角的标称值均相等的多面棱体。这类多面棱体的工作面数有 4、6、8、12、24、36、72 等几种。图 3-4 所示的多面棱体为正八面棱体,它所有相邻两工作面法线间的夹角均为 45°,因此用它作为角度基准可以测量任意 $n×45°$ 的角度(n 为正整数)。非正多面棱体是指各个由相邻两工作面法线间构成的夹角的标称值不相等的多面棱体。用多面棱体测量时,可以把它直接安放在被检定量仪上使用,也可以利用它中间的圆孔,把它安装在心轴上使用。多面棱体通常与高精度自准直仪联用。

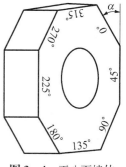

图 3-4　正八面棱体

3.3　测量仪器与测量方法的分类

3.3.1　测量方法和计量器具的分类

计量器具可以按计量学的观点进行分类,也可以按器具本身的结构、用途和特点进行分类。

1) 按用途、特点分类

(1) 标准量具。这种量具只有某一个固定尺寸,通常是用来校对和调整其他计量器具或作为标准用来与被测工件进行比较,如量块、直角尺、各种曲线样板及标准量规等。

(2) 极限量规。这是一种没有刻度的专用检验工具,用这种工具不能得出被检验工件的具体尺寸,但能确定被检验工件是否合格。

(3) 检验夹具。这也是一种专用的检验工具,当配合各种比较仪时,能用来检查更多和更复杂的参数。

(4) 计量仪器。这是一种能将被测的量值转换成可直接观察的指示值或等效信息的计量器具。

2) 按构造上的特点分类

(1) 游标式量仪(游标卡尺、游标高度尺及游标量角器等)。

(2) 微动螺旋副式量仪(外径千分尺、内径千分尺等)。

(3) 机械式量仪(百分表、千分表、杠杆比较仪、扭簧比较仪等)。

(4) 光学机械式量仪(光学计、测分仪、投影仪、干涉仪等)。

(5) 气动式量仪(压力式、流量计式等)。

(6) 电动式量仪(电接触式、电感式、电容式等)。

3) 按测量方法分类

(1) 直接测量。无需对被测量与其他实测量进行一定函数关系的辅助计算而直接得到被测量值的测量。直接测量又可以分绝对测量和相对(比较)测量。

若由仪器刻度尺上读出被测参数的整个量值,这种测量方法称为绝对测量,如用游标卡尺、千分尺测量零件的直径。

若由仪器刻度尺指示的值只是被测量参数对标准参数的偏差,这种测量方法称为相对(比较)测量。由于标准值是已知的,因此被测参数的整个量值等于仪器所指偏差与标准量的代数和。例如,用量块调整标准比较仪测量直径。

(2) 间接测量。通过直接测量与被测参数有已知关系的其他量而得到该被测参数量值的测量。例如,在测量大的圆柱形零件的直径 D 时,可以先量出其圆周长 L,然后通过 $D = L/\pi$

公式计算零件的直径 D。

间接测量的精确度取决于有关参数的测量精确度,并与所依据的计算公式有关。

(3) 综合测量。同时测量工件上的几个有关参数,从而综合地判断工件是否合格。其目的在于限制被测工件在规定的极限轮廓内,以保证互换性的要求。例如,用极限量规检验工件,花键赛规检验花键孔等。

(4) 单项测量。单个地彼此没有联系地测量工件的单项参数。例如,测量圆柱体零件某一剖面的直径,或分别测量螺纹的螺距或半角等。分析加工过程中造成庇品的原因时,多采用单项测量。

(5) 接触测量。仪器的测量头与工件的被测表明直接接触,并有机械作用的测力存在。

接触测量对零件表面油污、切削液、灰尘等不敏感,但由于有测力存在,会引起零件表面、测量头以及计量仪器传动系统的弹性变形。

(6) 不接触测量。仪器的测量头与工件的被测表面之间没有机械的测力存在(如光学投影测量、气动测量)。

(7) 被动测量。零件加工进行的测量。此时测量结果仅限于发现并别除废品。

(8) 主动测量。零件在加工过程中进行的测量。此时测量结果直接用来控制零件的加工过程,决定是否继续加工或需调整机床或采取其他措施。因此它能及时防止与消灭废品。

由于主动测量具有一系列优点,因此是技术测量的主要发展方向。主动测量的推广应用将使技术测量和加工工艺最紧密地结合起来,从根本上改变技术测量的被动局面。

(9) 静态测量。测量时,被测表面与测量头是相对静止的。例如,用千分尺测量零件直径。

(10) 动态测量。测量时,被测表面与测量头之间有相对运动,它能反映被测参数的变化过程。例如,用激光比长仪测量精密线纹尺,用激光丝杆动态检查仪测量丝杆等。动态测量也是技术测量的发展方向之一。它能较大地提高测量效率和保证测量精度。

3.3.2　计量器具与测量方法的常用术语

计量器具与测量方法的常用术语如下:

(1) 标尺间距:沿着标尺长度的线段测量得出的任何两个相邻标尺标记之间的距离。标尺间距以长度单位表示,它与被测量的单位或标在标尺上的单位无关。

(2) 标尺分度值:两个相邻标尺标记所对应的标尺值之差。标尺分度值又称为标尺间隔,一般可简称分度值,它以标在标尺上的单位表示,与被测量的单位无关。国内有的把分度值也称为格值。

(3) 标尺范围:在给定的标尺上,两端标尺标记之间标尺值的范围。标尺范围以标在标尺上的单位表示,它与被测量的单位无关。

(4) 量程:标称范围上限值与下限值之差。

(5) 测量范围:在允许误差限内计量器具的被测量值的范围。测量范围的最高值、最低值称为测量范围的"上限值"、"下限值"。

(6) 灵敏度:计量仪器的响应变化除以相应的激励变化。当激励和响应为同一类量的情况下,灵敏度也可称为"放大比"或"放大倍数"。

(7) 稳定度:在规定工作条件下,计量仪器保持其计量特性恒定不变的程度。

(8) 鉴别力阈:使计量仪器的响应产生一个可觉察变化的最小激励变化值。鉴别力阈也可称为灵敏阈或灵敏限。鉴别力阈可能与诸如噪声、摩擦、阻尼、惯性、量子化有关。

（9）分辨力：计量器具指示装置可以有效辨别所指示的紧密相邻量值的能力的定量表示。一般认为模拟式指示装置其分辨力为标尺间隔的一半，数字式指示装置其分辨力为最后一位数字。

（10）可靠性：计量器具在规定条件下和规定时间内完成规定功能的能力。

（11）测量力：在接触测量过程中，测头与被测物体表面之间接触的压力。

（12）量具的标称值：在量具上标注的量值。

（13）计量器具的示值：有计量器具所指示的量值。

（14）量值的示值误差：量具的标称值和真值（或约定值）之间的差值。

（15）计量仪器的示值误差：计量仪器的示值与被测量的真值（或约定真值）之间的差值。

（16）不确定度：由于测量误差的存在而对被测量值的不肯定程度。不确定度从估计方法上可归纳两类：一类为多次重复测量，并用统计法计算而得的标准偏差；另一类为用其他方法估计而得的近似标准偏差（包括系统误差随机化的标准偏差）。两类标准偏差可按方和根法，得到综合不确定度，在此范围内不确定度的概率为 68.26%。也可以根据需要，乘以其他置信因子求得总的不确定度。

（17）允许误差：技术规范、规程等对给定计量器具所允许的误差极限值。

3.4　测量误差和数据处理

3.4.1　测量误差的基本概念

对于任何测量过程来说，由于计量器具和测量条件的限制，不可避免地会出现或大或小的测量误差。因此，每一个实际测得值往往只是在一定程度上近似于被测几何量的真值，这种近似程度在数值上则表现为测量误差。

测量误差可用绝对误差或相对误差来表示。

测量误差是指测量结果和被测量的真值之差，即

$$\delta = l - L \qquad (3-2)$$

式中，δ 为测量误差；L 为被测量的真值；l 为测量结果。

由于 l 可大于或小于 L，因此 δ 可能是正值或负值，即 $L = l + |\delta|$。上式说明：测量误差绝对值的大小决定了测量的精确度。误差的绝对值越大，精确度越低，反之则越高。因此要提高测量的精确度，只有从各个方面寻找有效措施来减少测量误差。

若对大小不同的同类量进行比较，要比较其精确度，就需采用测量误差的另一种表示方法——相对误差，即测量的绝对误差与被测量的真值之比：

$$f = \frac{\delta}{L} \approx \frac{\delta}{l} \qquad (3-3)$$

式中，f 为相对误差。

由式（3-3）可知，相对误差是不名数，通常用百分数（%）表示。

测量误差产生的原因很多，主要要以下几种：

（1）测量器具误差。与测量器具本身的设计、制造和使用过程有关的各项误差。这些误差的综合反映可用测量器具的示值精度或不确定度表示。

（2）标准器误差。作为标准的标准器本身的制造误差和检定误差。例如，用量块作为标

准件调整仪器或零件时,量块的误差会直接影响测得值。

(3) 方法误差。选用不同的测量方法或测量方法不完善产生的误差。例如,接触测量中测力引起的测量器具和零件表面变形误差。

(4) 环境误差。测量时环境不符合标准条件所引起的误差。例如,温度、气压照明等不合标准,测量器具上有灰尘,以及振动等引起的误差。

(5) 人为误差。测量人员的主观因素引起的误差。

3.4.2 测量误差的分类和特性

测量误差的来源是多方面的,就其特点和性质而言,根据误差出现的规律,可以将误差分成三种基本类型:系统误差、随机误差和粗大误差。

1) 系统误差

系统误差是指在同一条件下,多次测量同一几何量时,误差的大小和符号均不变,或按一定规律变化的测量误差。前者称为定值系统误差,如量块检定后的实际偏差。后者称为变值系统误差,如分度盘偏心所引起的按正弦规律周期变化的测量误差。

从理论上讲,系统误差具有规律性,较易于发现和消除。但实际上有些系统误差变化规律很复杂,因而就难以发现和消除。

2) 随机误差

在相同条件下,多次测量同一量值时绝对值和符号以不可预定的方式变化着的误差。所谓随机,是指它在单次测量中,误差出现是无规律可循的。但若进行多次重复测量时,误差服从统计规律,因此常用概率论和统计原理对它进行处理。随机误差主要是由一些随机因素,如环境变化、仪器中油膜的变化,以及对线、读数不一致等引起的误差。

(1) 随机误差的分布及特性。通过对大量的测试实验数据进行统计后发现,随机误差通常服从正态分布规律(除正态分布外,随机误差还存在其他规律的分布,如等概率分布、三角分布、反正弦分布等,本章仅对服从正态分布规律的随机误差进行讨论),其正态分布曲线如图3-5所示(横坐标δ表示随机误差,纵坐标y表示随机误差的概率密度)。它具有以下四个基本特性:

① 单峰性:绝对值越小的随机误差出现的概率越大,反之则越小。

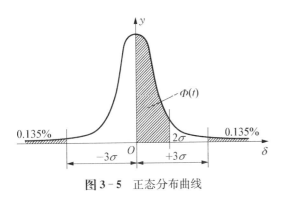

图3-5 正态分布曲线

② 对称性:绝对值相等的正、负随机误差出现的概率相等。

③ 有界性:在一定测量条件下,随机误差的绝对值不会超过一定的界限。

④ 抵偿性:随着测量次数的增加,各次随机误差的算术平均值趋于零,即各次随机误差的代数和趋于零。该特性是由对称性推导而来的,它是对称性的必然反映。正态分布曲线的数学表达式为:

$$y = \frac{1}{\sigma\sqrt{2\pi}} e^{-\frac{\delta^2}{2\sigma^2}} \tag{3-4}$$

式中,y 为概率密度;σ 为标准偏差;δ 为随机误差;$e^{-\frac{\delta^2}{2\sigma^2}}$ 为以自然对数的底 e 为底的指数函数。

（2）评定随机误差的尺度——标准误差。从式（3-4）可以看出，概率密度 y 的大小与随机误差 δ、标准偏差 σ 有关。当 $\delta = 0$ 时，概率图如图 3-6 所示，标准偏差的大小对随机误差分布曲线形状的影响密度 y 最大，$y_{max} = \dfrac{1}{\sigma\sqrt{2\pi}}$，概率密度最大值随标准偏差大小的不同而异。图 3-6 所示的三条正态分布曲线 1、2 和 3 中，$\sigma_1 < \sigma_2 < \sigma_3$，则 $y_{1max} > y_{2max} > y_{3max}$。由此可见，$\sigma$ 越小，则曲线就越陡，随机误差的分布就越集中，测量精度就越高；反之，σ 越大，则曲线就越平坦，随机误差的分布就越分散，测量精度就越低。随机误差的标准偏差 σ 可用下式计算得到：

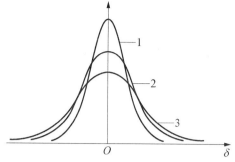

图 3-6　标准偏差的大小对随机误差分布曲线形状的影响

$$\sigma = \sqrt{\frac{\delta_1^2 + \delta_2^2 + \cdots + \delta_N^2}{N}} \qquad (3-5)$$

式中，δ_1、δ_2、$\cdots$、δ_N 为测量列中各测得值相应的随机误差；N 为测量次数。

标准偏差 σ 是反映测量列中测得值分散程度的一项指标，它是测量列中单次测量值（任一测得值）的标准偏差。

由于随机误差具有有界性，因此它的大小不会超过一定的范围。随机误差的极限值就是测量极限误差。

由概率论可知，正态分布曲线和横坐标轴间所包含的面积等于所有随机误差出现的概率总和，倘若随机误差区间落在 $(-\infty, +\infty)$ 之间时，则其概率为

$$P = \int_{-\infty}^{+\infty} y \, \mathrm{d}\delta = \int_{-\infty}^{+\infty} \frac{1}{\sigma\sqrt{2\pi}} \mathrm{e}^{-\frac{\delta^2}{2\sigma^2}} \mathrm{d}\delta = 1$$

如果随机误差区间落在 $(-\delta, +\delta)$ 之间时，则其概率为

$$P = \int_{-\infty}^{+\infty} y \, \mathrm{d}\delta = \int_{-\infty}^{+\infty} \frac{1}{\sigma\sqrt{2\pi}} \mathrm{e}^{-\frac{\delta^2}{2\sigma^2}} \mathrm{d}\delta \qquad (3-6)$$

为了化成标准正态分布，将式（3-6）进行变量置换，设

$$t = \frac{\delta}{\sigma}, \ \mathrm{dt} = \frac{\mathrm{d}\delta}{\sigma}$$

则化为

$$P = \frac{1}{\sqrt{2\pi}} \int_{-t}^{+t} \mathrm{e}^{-\frac{t^2}{2}} \mathrm{dt} = \frac{2}{\sqrt{2\pi}} \int_{0}^{+t} \mathrm{e}^{-\frac{t^2}{2}} \mathrm{dt}$$

令 $P = 2\phi(t)$，则 $\phi(t) = \dfrac{1}{\sqrt{2\pi}} \int_{0}^{+t} \mathrm{e}^{-\frac{t^2}{2}} \mathrm{dt}$

函数 $\phi(t)$ 称为拉普拉斯函数，也称正态概率积分。为了使用方便，表 3-1 列出了不同 t 值对应的 $\phi(t)$ 值。

表 3-1 给出 $t=1$、2、3、4 四个特殊值所对应的 $2\phi(t)$ 值和 $[1-2\phi(t)]$ 值。由此表可见，当 $t=3$ 时，在 $\delta=\pm 3\sigma$ 范围内的概率为 99.73%，δ 超出该范围的概率仅为 0.27%，即连续 370 次测量中，随机误差超出 $\pm 3\sigma$ 的只有一次。测量次数一般不会多于几十次。随机误差超出 $\pm 3\sigma$ 的情况实际上很难出现。因此，可取 $\delta=\pm 3\sigma$ 作为随机误差的极限值，记作 $\delta_{lim}=\pm 3\sigma$。

显然，δ_{lim} 也是测量列中单次测量值的测量极限误差。

表 3-1　四个特殊 t 值对应的概率

t	$\delta=\pm t\delta$	不超出 $\vert\delta\vert$ 的概率 $P=2\phi(t)$	超出 $\vert\delta\vert$ 的概率 $\alpha=1-2\phi(t)$
1	1δ	0.682 6	0.317 4
2	2δ	0.954 4	0.045 6
3	3δ	0.997 3	0.002 7
4	4δ	0.999 36	0.000 64

选择不同的 t 值，就对应有不同的概率，测量极限误差的可信程度也就不一样。随机误差在 $\pm t\sigma$ 范围内出现的概率称为置信概率，t 称为置信因子或置信系数。在几何量测量中，通常取置信因子 $t=3$，则置信概率为 99.73%。例如，某次测量的测得值为 40.002 mm，若已知标准偏差 $\sigma=0.000\,3$ mm，置信概率取 99.73%，则测量结果应为

$$40.002\pm 3\times 0.000\,3=40.002\ \text{mm}\pm 0.000\,9\ \text{mm}$$

即被测几何量的真值有 99.73% 的可能性在 40.001 1~40.002 9 mm 之间。

3) 粗大误差

粗大误差是指超出在规定条件下预计的测量误差，即明显歪曲测量结果的误差造成粗大误差的原因，有主观上的原因，如读数不正确、操作不正确；也有客观上的原因，如外界突然振动。在正常情况下，测量结果中不应该含有粗大误差，故在分析测量误差和处理数据时应设法剔除粗大误差。

需要说明，系统误差与随机误差不是绝对的，在一定条件下可以相互转化。例如，使用量块时，若没有检定出量块的尺寸偏差，而按名义尺寸使用，则量块的制造误差属于随机误差；如果量块已检定，按检定所得的中心长度来使用，那么量块的制造误差就属于系统误差。

3.4.3　测量精度

测量精度是指被测几何量的测得值与其真值的接近程度。它和测量误差是从两个不同的角度说明同一概念的术语。测量误差越大，则测量精度就越低；测量误差越小，则测量精度就越高。为了反映系统误差和随机误差对测量结果的不同影响，测量精度可分为以下几种：

1) 正确度

正确度反映测量结果中系统误差的影响程度。若系统误差小，则正确度高。

2) 精密度

精密度反映测量结果中随机误差的影响程度。它是指在一定测量条件下连续多次重复测量所得的测得值之间相互接近的程度。若随机误差小，则精密度高。

3）准确度

准确度反映测量结果中系统误差和随机误差的综合影响程度。若系统误差和随机误差都小，则准确度高。

现以打靶为例加以说明，如图 3-7 所示，小圆圈表示靶心，黑点表示弹孔。图 3-7a 中，随机误差小而系统误差大，表示打靶精密度高而正确度低；图 3-7b 中，系统误差小而随机误差大，表示打靶正确度高而精密度低；图 3-7c 中，系统误差和随机误差都小，表示打靶准确度高；图 3-7d 中，系统误差和随机误差都大，表示打靶准确度低。

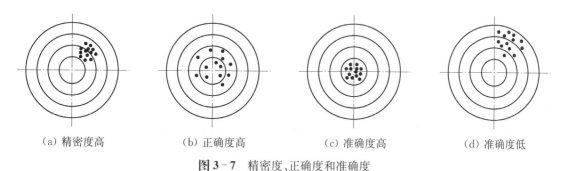

（a）精密度高　　　　（b）正确度高　　　　（c）准确度高　　　　（d）准确度低

图 3-7　精密度、正确度和准确度

对于具体的测量，精密度高的测量，正确度不一定高；正确度高的测量，精密度也不一定高；精密度和正确度都高的测量，准确度就高。

3.4.4　等精度测量结果的处理

3.4.4.1　测量列中随机误差的处理

从理论上讲，随机误差的分布中心是真值。但真值是不知道的，随机误差值和标准误差值也就成了未知量。在这种情况下，为了正确评定随机误差，应对测量列进行统计处理。

1）测量列的算术平均值

如果从测量列中找出一个接近真值的数值，这个数字就是算术平均值。设测量列为 l_1，l_2，…，l_N，则算术平均值为

$$l = \frac{\sum_{i=1}^{N} l_i}{N} \tag{3-7}$$

式中，N 为测量次数。

由概率论的大数定律可知，当测量列中没有系统误差时，若测量次数无限增加，必然等于真值 L。实际上因测量次数有限，算术平均值不会等于真值，而只能近似地作为真值。

用算术平均值代替真值后计算的误差，称为残余误差（简称残差），记作 v_i，则

$$v_i = l_i - l \tag{3-8}$$

可以证明，残差具有下述两个特性：

（1）残差的代数和等于零，即 $\sum_{i=1}^{N} v_i = 0$。这一特性可用来验证数据处理中求得的算术平均值和残差是否正确。

（2）残差的平方和最小，即 $\sum_{i=1}^{N} v_i^2 = \min$。这一特性表示，若不用 l 而用测量列中任一测得

值代替真值 L,则得到的不是最小。由此进一步说明,用算术平均值作为测量结果是最可靠、最合理的。

2) 测量列中任意测得值的标准偏差

由于随机误差 δ_i 是未知量,标准偏差 σ 就不好确定,所以必须用一定的方法去估算标准偏差估算的方法很多,常用的便是贝赛尔(Bessel)公式,即

$$\sigma = \sqrt{\frac{\sum_{i=1}^{N} v_i^2}{N-1}} \tag{3-9}$$

这就是测量列中任意测得值的标准偏差的统计公式,该式根号内的分母 $(N-1)$ 不同于式(3-9)的根号内的分母 N。这是因为按 v_i 计算 σ 时,N 个残差不完全独立,而是受 $\sum_{i=1}^{N} v_i = 0$ 条件的约束。因此,残差只能等效于 $(N-1)$ 个独立随机变量。

由式(3-9)计算出值后,便可确定任一测得值的测量结果。若只考虑随机误差,则该测量结果 L_e 可表示为

$$L_e = l_i \pm 3\sigma \tag{3-10}$$

3) 测量列算术平均值的标准误差

测量列算术平均值可以看作是一个测得值,如果在同样条件下,对同一被测几何量进行 m 组(每组 N 次)等精度测量,则对应每组 N 次测量都有一个算术平均值。由于随机误差的存在,这些算术平均值各有不同,它们分布在真值附近的某一范围内,而且此分布范围一定比单次测得值的分布范围要小得多。

根据误差理论,测量列算术平均值的标准偏差 σ_1 与测量列任一测得值的标准偏差 σ 存在如下关系:

$$\sigma_1 = \frac{\sigma}{\sqrt{N}} \tag{3-11}$$

式中,N 为每组的测量次数,若用残差表示,则

$$\sigma_1 = \sqrt{\frac{\sum_{i=1}^{N} v_i^2}{N(N-1)}} \tag{3-12}$$

由式(3-11)可知,σ_1 为 σ 的 $\sqrt{N}$ 分之一。若 N 越大,则算术平均值就越接近真值,σ_1 就越小,测量精密度也就越高。测量列算术平均值的测量极限误差为:

$$\delta_{\lim(1)} = \pm 3\sigma_1 \tag{3-13}$$

多次测量的测量结果可表示为

$$L = l \pm 3\sigma_1 \tag{3-14}$$

例 3-1　对同一量按等精度测量 10 次,各测得值列于表 3-2。假设系统误差以消除,粗大误差不存在,试确定测量结果。

表 3 - 2 例 3 - 1 的数据处理计算表

测量顺序	l_i (mm)	$v_i = l_i - l (\mu m)$	$v_i^2 (\mu m)$
1	30.030	−4	16
2	30.035	+1	1
3	30.032	−2	4
4	30.034	0	0
5	30.037	+3	9
6	30.033	−1	1
7	30.036	+2	4
8	30.033	−1	1
9	30.036	+2	4
10	30.034	0	0
$l = \dfrac{\sum\limits_{i=1}^{N} l_i}{N} = 30.034$		$\sum\limits_{i=1}^{N} v_i = 0$	$\sum\limits_{i=1}^{N} v_i^2 = 40$

解：

（1）求测量列的算术平均值。

$$l = 30.304 \text{ mm}$$

（2）求测量列任一测得值的标准偏差。

$$\sigma = \sqrt{\frac{\sum\limits_{i=1}^{N} v_i^2}{N-1}} = \sqrt{\frac{40}{10-1}} \approx 2.1 \ \mu m$$

（3）求测量列算术平均值的标准偏差。

$$\sigma_l = \frac{\sigma}{\sqrt{N}} = \frac{2.1}{\sqrt{10}} \approx 0.7 \ \mu m$$

（4）求测量列算术平均值的测量极限误差。

$$\delta_{\lim(l)} = \pm 3\sigma_l = \pm 3 \times 0.7 = \pm 2.1 \ \mu m$$

（5）确定测量结果。

$$L = l \pm 3\sigma_l = 30.034 \text{ mm} \pm 0.002 \text{ mm}$$

3.4.4.2 测量列中系统误差的处理

在实际测量中，系统误差对测量结果的影响往往是不容忽视的，而这种影响并非无规律可循，因此揭示系统误差出现的规律性，并且消除其对测量结果的影响，是提高测量精度的有效措施。

1）发现系统误差的方法

在测量过程中产生系统误差的因素是复杂的，人们还难查明所有的系统误差，也不可能全部消除系统误差的影响。发现系统误差必须根据具体测量过程和计量器具进行全面而仔细的分析，但这是一件困难而又复杂的工作，目前还没有能够适用于发现各种系统误差的普遍方法，下面只介绍适用于发现某些系统误差常用的两种方法。

（1）实验对比法。实验对比法是指改变产生系统误差的测量条件而进行不同测量条件下的测量，以发现系统误差，这种方法适用于发现定值系统误差。例如，量块按标称尺寸使用时，在被测几何量的测量结果中就存在由于量块的尺寸偏差而产生的大小和符号均不变的定值系统误差，重复测量也不能发现这一误差，只有用另一块等级更高的量块进行测量对比时才能发现它。

（2）残差观察法。残差观察法是指根据测量列的各个残差大小和符号的变化规律，直接由残差数据或残差曲线图形来判断有无系统误差，这种方法主要适用于发现大小和符号按一定规律变化的变值系统误差。根据测量先后次序，将测量列的残差作图，观察残差的变化规律。若各残差大体上正、负相间，又没有显著变化(图 3 - 8a)，则不存在变值系统误差。若各残差按近似的线性规律递增或递减(图 3 - 8b)，则可判断存在线性系统误差。若各残差的大小和符号有规律地周期变化(图 3 - 8c)，则可判断存在周期性系统误差。

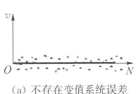
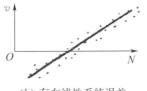
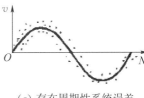

(a) 不存在变值系统误差　　(b) 存在线性系统误差　　(c) 存在周期性系统误差

图 3 - 8　变值系统误差的发现

2）消除系统误差的方法

（1）从产生误差根源上消除系统误差。这要求测量人员对测量过程中可能产生系统误差的各个环节作仔细的分析，并在测量前就将系统误差从产生根源上加以消除。例如，为了防止测量过程中仪器示值零位的变动，测量开始和结束时都需检查示值零位。

（2）用修正法消除系统误差。这种方法是预先将计量器具的系统误差检定或计算出来，作出误差表或误差曲线，然后取与系统误差数值相同而符号相反的值作为修正值，将测得值加上相应的修正值，即可得到不包含系统误差的测量结果。

（3）用抵消法消除定值系统误差。这种方法要求在对称位置上分别测量一次，以使这两次测量中测得的数据出现的系统误差大小相等，符号相反，取这两次测量中数据的平均值作为测得值，即可消除定值系统误差。例如，在工具显微镜上测量螺纹螺距时，为了消除螺纹轴线与量仪工作台移动方向倾斜而引起的系统误差，可分别测取螺纹左、右牙侧的螺距，然后取它们的平均值作为螺距测得值。

（4）用半周期法消除周期性系统误差。对周期性系统误差，可以每相隔半个周期进行一次测量，以相邻两次测量的数据的平均值作为一个测得值，即可有效消除周期性系统误差。消除和减小系统误差的关键是找出误差产生的根源和规律。实际上系统误差不可能完全消除，但一般来说系统误差若能减小到使其影响相当于随机误差的程度，则可认为已被消除。

3）测量列中粗大误差的处理

粗大误差的数值（绝对值）相当大，在测量中应尽可能避免。如果粗大误差已经产生，则应根据判断粗大误差的准则予以剔除，通常用拉依达(Райта)准则来判断。

拉依达准则又称 3σ 准则。该准则认为，当测量列服从正态分布时，残差落在 $\pm 3\sigma$ 外的概率仅有 0.27%，即在连续 370 次测量中只有一次测量的残差超出 $\pm 3\sigma$，而实际上连续测量的次数绝不会超过 370 次,测量列中就不应该有超出 $\pm 3\sigma$ 的残差。因此,当测量列中出现绝对值大于 3σ 的残差时,即

$$| v_i | > 3\sigma \tag{3-15}$$

则认为该残差对应的测得值含有粗大误差,应予以剔除。测量次数小于或等于 10 时,不能使用拉依达准则。

3.4.5 直接测量列的数据处理

直接测量列测得值中可能同时含有系统误差、随机误差和粗大误差,或者只含有其中某一类或某两列误差。为了得到正确的测量结果,应对各类误差分别进行处理。处理步骤如下:首先判断测量列中是否存在系统误差,倘若存在,则应设法加以消除和减小;然后依次计算测量列的算术平均值、残余误差和任一测得值的标准偏差,再判断是否存在粗大误差,如存在应剔除,并重新组成测量列,重复上述计算,直到不含有粗大误差为止;之后,计算测量列算术平均值的标准偏差和测量极限误差;最后,在此基础上确定测量结果。

例 3 - 2 对同一量按等精度测量 10 次,测量顺序和相应的测得值见表 3 - 3。试求测量结果。

表 3 - 3 例 3 - 2 的数据处理计算表

测量序列	l_i (mm)	v_i (μm)	v_i^2 (μm)
1	29.955	-2	4
2	29.958	$+1$	1
3	29.957	0	0
4	29.958	$+1$	1
5	29.956	-1	1
6	29.957	0	0
7	29.958	$+1$	1
8	29.955	-2	4
9	29.957	0	0
10	29.959	$+2$	4
$l = 29.957$		$\sum\limits_{i=1}^{N} v_i = 0$	$\sum\limits_{i=1}^{N} v_i^2 = 16$

解:

(1) 判断定值系统误差。

假设已经过不等精度测量,断定所给的测量列中不存在定值系统误差。

(2) 求算术平均值。

$$l = \frac{\sum\limits_{i=1}^{N} l_i}{N} = 29.957 \, \text{mm}$$

(3) 计算残差。

$$v_i = l_i - l$$

各残差的数值列于表 3 - 3 中。按照残差观察法,这些残差的符号大体正负相间,但不是周期

变化,由此进一步判定测量列中不存在变值系统误差。

(4) 计算测量列任一测得值的标准偏差。

$$\sigma = \sqrt{\frac{\sum\limits_{i=1}^{N} v_i^2}{N}} = \sqrt{\frac{16}{10-1}} \approx 1.3 \ \mu\text{m}$$

(5) 判断粗大误差。

按照拉依达准则,测量列中没有出现大于的残差,因此判定测量列中不存在粗大误差。

(6) 计算测量列算术平均值的标准偏差。

$$\sigma_1 = \frac{\sigma}{\sqrt{N}} = \frac{1.3}{\sqrt{10}} \approx 0.41 \ \mu\text{m}$$

(7) 计算测量列算术平均值的测量极限误差。

$$\sigma_{\lim(1)} = \pm 3\sigma_1 = \pm 3 \times 0.41 = \pm 1.23 \ \mu\text{m}$$

(8) 确定测量结果。

$$L = l \pm \delta_{\lim(1)} = 29.9570 \ \text{mm} \pm 0.0012 \ \text{mm}$$

3.4.6 间接测量列的数据处理

间接测量时,实测的几何量不是被测几何量,被测几何量是实测的几何量的函数,间接测量总的测量误差是实测的各几何量的测量误差的函数,因此它属于函数误差。

1) 函数误差的基本计算公式

间接测量中的被测几何量,通常为实测的几何量的多元函数,它可表示为:

$$y = f(x_1, x_2, \cdots, x_N) \tag{3-16}$$

式中,Y 为被测几何量,即因变量;$x_1, x_2, \cdots, x_N$ 为实测的各几何量,即自变量。

该函数的增量可用函数的全微分来表示,即

$$\text{d}y = \frac{\partial f}{\partial x_1}\text{d}x_1 + \frac{\partial f}{\partial x_1}\text{d}x_2 + \cdots + \frac{\partial f}{\partial x_N}\text{d}x_N \tag{3-17}$$

式中,$\text{d}y$ 为被测几何量的测量误差;$\text{d}x_1, \text{d}x_2, \cdots, \text{d}x_N$ 为实测的各几何量的几何误差;$\frac{\partial f}{\partial x_1}$,$\frac{\partial f}{\partial x_2}$,$\cdots$,$\frac{\partial f}{\partial x_N}$ 为各测量误差的传递函数。

式(3-17)称为函数误差的基本计算公式。

例如,用弓高弦长法间接测量半圆的直径 d,实测的几何量为弓高 h 和弦长 b,函数关系为

$$d = \frac{b^2}{4h} + h$$

由式(3-17)得:

$$\text{d}d = \frac{\partial f}{\partial l}\text{d}b + \frac{\partial f}{\partial h}\text{d}h$$

式中,$\text{d}b$ 和 $\text{d}h$ 分别为弦长和弓高的测量误差,因此被测误差的直径为

$$dd = \frac{b}{2h}db - \left(\frac{b^2}{4h^2} - 1\right)dh$$

2）函数系统误差的计算

如果实测的各几何量 x_i 的测得值中存在系统误差，那么函数（被测几何量）也相应存在系统误差 Δy。令 Δx_i 代替式（3-17）中的 dx_i，于是可近似得到函数的系统误差

$$\Delta y = \frac{\partial f}{\partial x_1}\Delta x_1 + \frac{\partial f}{\partial x_2}\Delta x_2 + \cdots + \frac{\partial f}{\partial x_N}\Delta x_N \tag{3-18}$$

式（3-18）称为函数的传递公式。例如，用弓高弦长法测量直径，根据式（3-18），被测直径的系统误差为

$$\Delta d = \frac{\partial f}{\partial b}\Delta b + \frac{\partial f}{\partial h}\Delta h$$

$$\Delta d = \frac{b}{2h}\Delta b - \left(\frac{b^2}{4h^2} - 1\right)\Delta h$$

式中，$\dfrac{b}{2h}$ 和 $-\left(\dfrac{b^2}{4h^2} - 1\right)$ 分别为弦长和弓高的误差传递函数，Δb 和 Δh 分别为弦长和弓高的系统误差。

3）函数随机误差的计算

由于实测的各几何量 x_i 的测量列中存在随机误差，因此函数也存在随机误差。根据误差理论，函数的标准偏差 σ_y 于实测的各几何量的标准偏差 σ_{x_i} 的关系如下：

$$\sigma_y = \sqrt{\left(\frac{\partial f}{\partial x_1}\right)^2\sigma_{x_1}^2 + \left(\frac{\partial f}{\partial x_2}\right)^2\sigma_{x_2}^2 + \cdots + \left(\frac{\partial f}{\partial x_N}\right)^2\sigma_{x_N}^2} \tag{3-19}$$

式（3-19）称为随机误差的传递公式。

如果实测的各几何量的随机误差服从正态分布，则由式（3-15）可推导出函数的测量极限误差的计算公式：

$$\delta_{\lim(y)} = \sqrt{\left(\frac{\partial f}{\partial x_1}\right)^2\delta_{\lim(x_1)}^2 + \left(\frac{\partial f}{\partial x_2}\right)^2\delta_{\lim(x_2)}^2 + \cdots + \left(\frac{\partial f}{\partial x_N}\right)^2\delta_{\lim(x_N)}^2} \tag{3-20}$$

式中，$\delta_{\lim(y)}$ 为函数的测量极限误差；$\delta_{\lim(x_i)}$ 为实测的各几何量的测量极限误差。例如，用弓高弦长法测量直径，根据式（3-19），被测几何量（直径 d）的标准偏差 σ_d 与实测的两个几何量的标准偏差 σ_b 和 σ_h 的关系如下：

$$\sigma_d = \sqrt{\left(\frac{\partial f}{\partial b}\right)^2\sigma_b^2 + \left(\frac{\partial f}{\partial h}\right)^2\sigma_h^2}$$

即

$$\sigma_d = \sqrt{\left(\frac{b}{2h}\right)^2\sigma_b^2 + \left(\frac{b^2}{4h^2} - 1\right)^2\sigma_h^2}$$

4）间接测量列的数据处理步骤

首先，确定被测几何量 y 与实测的各几何量 x_1，x_2，$\cdots$，x_N 的函数关系及表达式，然后把实测的各几何量的测得值 x_{i0} 代入此表达式，求出被测几何量的测得值 y_0。之后，按式（3-18）和式（3-20）分别计算被测几何量的系统误差 Δy 和测量极限误差 $\delta_{\lim(y)}$。最后，在此基础上确

定测量结果：

$$y_0 = (y_0 - \Delta y) \pm \delta_{\lim(y)} \tag{3-21}$$

应该说明，在计算系统误差 Δy 时，倘若实测几何量的测得值 x_{i0} 中已消除几何误差，则该实测几何量的系统误差 $\Delta x_i = 0$；倘若所有 x_{i0} 中都已消除各自的系统误差，则实测的所有几何量的系统误差都等于零，此时 $\Delta y = 0$。还需说明，在计算被测几何量的测量极限误差 $\delta_{\lim(y)}$ 时，实测的各几何量的标准偏差 σ_{x_i}（或对应的测量极限误差 $\delta_{\lim(x_i)}$）应与各自的测得值相对应，即如果 x_{i0} 是任一测得值的标准偏差，则 σ_{x_i} 应是算术平均值的标准偏差。

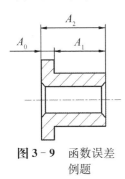

图 3-9 函数误差
例题

例 3-3　如图 3-9 所示，直接测量 A_1 和 A_2 的尺寸分别为 20 mm 和 25 mm，它们的测量极限误差分别是 0.01 mm 和 0.03 mm，其系统误差均为 0.05 mm，试计算 A_0 的系统误差和测量极限误差。

解：

$$A_0 = A_2 - A_1$$

$$\delta_{A_0} = \frac{\partial A_0}{\partial A_2}\delta_{A_2} + \frac{\partial A_0}{\partial A_1}\delta_{A_1}$$

$$\delta_{A_0} = 1 \times 0.05 + (-1) \times 0.05 = 0$$

$$s_{A_0} = \sqrt{\left(\frac{\partial A_0}{\partial A_2}\right)^2 s_{A_2}^2 + \left(\frac{\partial A_0}{\partial A_1}\right)^2 s_{A_1}^2}$$

$$= \sqrt{1^2 \times 0.03^2 + (-1)^2 \times 0.01^2} = 0.032 \ \mu m$$

A_0 的系统误差为 0，测量极限误差为 0.032 μm。

例 3-4　如图 3-10 所示，在万能工具显微镜上用弓高弦长法间接测量圆弧样板的半径 R，为了得到 R 的量值，只要测得弓高 h 和弦长 b 的量值。测得弓高 $h = 4$ mm，弦长 $b = 40$ mm，它们的系统误差和测量极限误差分别为 $\Delta h = +0.0012$ mm，$\delta_{\lim(h)} = \pm 0.0015$ mm；$\Delta b = -0.002$ mm，$\delta_{\lim(b)} = \pm 0.002$ mm。试确定圆弧半径 R 的测量结果。

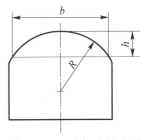

图 3-10 弓高弦长法测
量圆弧半径

解：用弓高弦长法间接测量圆弧样板的半径 R，它们的关系式为：

$$R = \frac{b^2}{8h} + \frac{h}{2}$$

计算圆弧半径 R

$$R = \frac{b^2}{8h} + \frac{h}{2} = \frac{40^2}{8 \times 4} + \frac{4}{2} = 52 \ mm$$

(1) 按式 (3-20) 计算圆弧半径 R 的系统误差 ΔR

$$\Delta R = \frac{\partial F}{\partial b}\Delta b + \frac{\partial F}{\partial h}\Delta h = \frac{b}{4h}\Delta b - \left(\frac{b^2}{8h^2} - \frac{1}{2}\right)\Delta h$$

$$= \frac{40 \times (-0.002)}{4 \times 4} - \left(\frac{40^2}{8 \times 4^2} - \frac{1}{2}\right) \times 0.0012 = -0.0194 \ mm$$

(2) 按式 (3-20) 计算圆弧半径 R 的测量极限误差 $\delta_{\lim(R)}$

$$\delta_{\lim(R)} = \pm\sqrt{\left(\frac{b}{4h}\right)^2 \delta_{\lim(b)}^2 + \left(\frac{b^2}{8h^2} - \frac{1}{2}\right)^2 \delta_{\lim(h)}^2}$$

$$= \pm\sqrt{\left(\frac{40}{4 \times 4}\right)^2 \times 0.002^2 + \left(\frac{40^2}{8 \times 4^2} - \frac{1}{2}\right)^2 0.0015^2} = \pm 0.0187 \ mm$$

（3）按式（3-21）确定测量结果 R_e。

$$R_e = (R - \Delta R) \pm \delta_{\lim(R)} = [52 - (-0.019\,4)] \pm 0.018\,7 = 52.019\,4 \text{ mm} \pm 0.018\,7 \text{ mm}$$

此时的置信概率为 99.73%。

3.5　计量器具选择

3.5.1　计量器具的选择原则

机械制造中，计量器具的选择主要决定于计量器具的技术指标和经济指标。表 3-4 列出了一些计量器具的允许误差极限。在综合考虑这些指标时，主要有以下几点要求：

（1）按被测工件的部位、外形及尺寸来选择计量器具，使所选择的计量器具的测量范围能满足工件的要求。

（2）按被测工件的公差来选择计量器具，考虑到计量器具的误差将会带入工件的测量结果中，因此选择的计量器具其允许的误差极限应当小。但计量器具的误差极限越小，其价格就越高，对使用时的环境条件和操作者的要求也越高。因此，在选择计量器具时，应将技术指标和经济指标统一进行考虑。

（3）通常计量器具的选择可根据标准［如 GB/T 3177—2009《产品几何技术规范（GPS）光滑工件尺寸的检验》］进行。对于没有标准的其他工件检测用的计量器具，应使所选用的计量器具的误差极限约占被测工件公差的 1/10～1/3，其中对公差等级低的工件采用 1/10，对公差等级高的工作采用 1/3，甚至 1/2。由于工件公差等级越高，对计量器具的要求也越高，计量器具制造困难，所以使其误差极限占工件公差的比例增大是合理的。

表 3-4　计量器具的允许误差极限

计量器具名称	分度值 (mm)	所用量块 检定等别	所用量块 精度级别	尺寸范围(mm) 1～10	10～50	50～80	80～120	120～180	180～260	260～360	360～500
				测量极限误差(±μm)							
立式卧式光学计测外尺寸	0.001	4 5	1 2	0.4 0.7	0.6 1.0	0.8 1.3	1.0 1.6	1.2 1.8	1.8 2.5	2.5 3.5	3.0 4.5
立式卧式测长仪测外尺寸	0.001	绝对测量		1.1	1.5	1.9	2.0	2.3	2.3	3.0	3.5
卧式测长仪测内尺寸	0.001	绝对测量		2.5	3.0	3.3	3.5	3.8	4.2	4.8	—
测长机	0.001	绝对测量		1.0	1.3	1.6	2.0	2.5	4.0	5.0	6.0
万能工具显微镜	0.001	绝对测量		1.5	2.0	2.5	2.5	3.0	3.5		
大型工具显微镜	0.01	绝对测量		5.0	5.0						
接触式干涉仪				Δ≤0.1							

3.5.2　光滑工件尺寸检验

加工完的工件其实际尺寸应位于最大和最小极限尺寸之间，包括实际尺寸正好等于最大或最小极限尺寸，都应该认为是合格的。但由于测量误差的存在，实际尺寸并非工件尺寸的真值,特别是实际尺寸在极限尺寸附近时,加上形状误差的影响极易造成错误判断。因此,为了保证测量精度,如何处理测量结果以及如何正确地选择测量器具,GB/T 3177—2009 对此都做了相应的规定。本节主要讨论关于验收极限、验收原则和安全裕度的确定问题。

把不合格工件判为合格品为"误收";而把合格工件判为废品为"误废"。因此,如果只根据测量结果是否超出图样给定的极限尺寸来判断其合格性,有可能会造成误收或误废。为防止受测量误差的影响而使工件的实际尺寸超出两个极限尺寸范围,必须规定验收极限。验收极限是检验工件尺寸时判断其合格与否的尺寸界限。标准中规定了两种验收极限。

1) 内缩方案

验收极限是从最大实体尺寸和最小实体尺寸分别向公差带内移动一个安全裕度 A,如图3-11 所示。

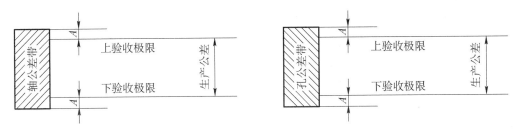

图 3-11 验收极限示意图

孔尺寸的验收极限:

$$上验收极限 = 最小实体尺寸 - 安全裕度 A$$
$$下验收极限 = 最大实体尺寸 + 安全裕度 A$$

轴尺寸的验收极限:

$$上验收极限 = 最大实体尺寸 - 安全裕度 A$$
$$下验收极限 = 最小实体尺寸 + 安全裕度 A$$

按内缩方案验收工件,并合理的选择内缩的安全裕度 A,将会没有或很少有误收,并能将误废量控制在所要求的范围内。

2) 不内缩方案

验收极限等于规定的最大实体尺寸和最小实体尺寸,即安全裕度 $A = 0$。此方案使误收和误废都有可能发生。

GB/T 3177—2009 确定的验收原则是:所用验收方法应只接收位于规定的极限尺寸之内的工件,位于规定的极限尺寸之外的工件应拒收。为此需要根据被测工件的精度高低和相应的极限尺寸,确定其安全裕度 A 和验收极限。

生产上,要按去掉安全裕度 A 的公差进行加工工件。一般称去掉安全裕度 A 的工件公差为生产公差,它小于工件公差。

安全裕度 A 值的确定,应综合考虑技术和经济两方面因素。A 值较大时,虽可用较低精度的测量器具进行检验,但减少了生产公差,故加工经济性较差;A 值较小时,加工经济性较好,但要使用精度高的测量器具,故测量器具成本高,所以也提高了生产成本。

因此,A 值应按被检验工件的公差大小来确定,一般为工件公差的1/10。国家标准对 A 值有明确的规定,见表3-5。

表3-5 安全裕度A与计量器具的测量不确定度允许值 u_1

标准公差等级		6					7					8					9					10					11				
公称尺寸(mm) 大于	至	T	A	u_1 I	u_1 II	u_1 III	T	A	u_1 I	u_1 II	u_1 III	T	A	u_1 I	u_1 II	u_1 III	T	A	u_1 I	u_1 II	u_1 III	T	A	u_1 I	u_1 II	u_1 III	T	A	u_1 I	u_1 II	u_1 III
—	3	6	0.6	0.54	0.9	1.4	10	1	0.9	1.5	2.3	14	1.4	1.3	2.1	3.2	25	2.5	2.3	3.8	5.6	40	4	3.6	6	9	60	6	5.4	9	14
3	6	8	0.8	0.72	1.2	1.8	12	1.2	1.1	1.8	2.7	18	1.8	1.6	2.7	4.1	30	3	2.7	4.5	6.8	48	4.8	4.3	7.2	11	75	7.5	6.8	11	17
6	10	9	0.9	0.81	1.4	2	15	1.5	1.4	2.3	3.4	22	2.2	2	3.3	5	36	3.6	3.3	5.4	8.1	58	5.8	5.2	8.7	13	90	9	8.1	14	20
10	18	11	1.1	1	1.7	2.5	18	1.8	1.7	2.7	4.1	27	2.7	2.4	4.1	6.1	43	4.3	3.9	6.5	9.7	70	7	6.3	11	16	110	11	10	17	25
18	30	13	1.3	1.2	2	2.9	21	2.1	1.9	3.2	4.7	33	3.3	3	5	7.4	52	5.2	4.7	7.8	12	84	8.4	7.6	13	19	130	13	12	20	29
30	50	16	1.6	1.4	2.4	3.6	25	2.5	2.3	3.8	5.6	39	3.9	3.5	5.9	8.8	62	6.2	5.6	9.3	14	100	10	9	15	23	160	16	14	24	36
50	80	19	1.9	1.7	2.9	4.3	30	3	2.7	4.5	6.8	46	4.6	4.1	6.9	10	74	7.4	6.7	11	17	120	12	11	18	27	190	19	17	29	43
80	120	22	2.2	2	3.3	5	35	3.5	3.2	5.3	7.9	54	5.4	4.9	8.1	12	87	8.7	7.8	13	20	140	14	13	21	32	220	22	20	33	50
120	180	25	2.5	2.3	3.8	5.6	40	4	3.6	6	9	63	6.3	5.7	9.5	14	100	10	9	15	23	160	16	15	24	36	250	25	23	38	56
180	250	29	2.9	2.6	4.4	6.5	46	4.6	4.1	6.9	10	72	7.2	6.5	11	16	115	12	10	17	26	185	18	17	28	42	290	29	26	44	65
250	315	32	3.2	2.9	4.8	7.2	52	5.2	4.7	7.8	12	81	8.1	7.3	12	18	130	13	12	19	29	210	21	19	32	47	320	32	29	48	72
315	400	36	3.6	3.2	5.4	8.1	57	5.7	5.1	8.4	13	89	8.9	8	13	20	140	14	13	21	32	230	23	21	35	52	360	36	32	54	81
400	500	40	4	3.6	6	9	63	6.3	5.7	9.5	14	97	9.7	8.7	15	22	155	16	14	23	35	250	25	23	38	56	400	40	36	60	90

标准公差等级		12					13					14					15					16					17				18			
基本尺寸(mm) 大于	至	T	A	u_1 I	u_1 II	u_1 III	T	A	u_1 I	u_1 II	u_1 III	T	A	u_1 I	u_1 II	u_1 III	T	A	u_1 I	u_1 II	u_1 III	T	A	u_1 I	u_1 II	u_1 III	T	A	u_1 I	u_1 II	T	A	u_1 I	u_1 II
—	3	100	10	9	15	23	140	14	13	21	32	250	25	23	38	56	400	40	36	60	90	600	60	54	90	140	1 000	100	90	150	1 400	140	125	210
3	6	120	12	11	18	27	180	18	16	27	41	300	30	27	45	68	480	48	43	72	110	750	75	68	110	170	1 200	120	110	180	1 800	180	160	270
6	10	150	15	14	23	34	220	22	20	33	50	360	36	33	54	81	580	58	52	87	140	900	90	81	140	200	1 500	150	140	230	2 200	220	200	330
10	18	180	18	16	27	41	270	27	24	41	63	430	43	39	65	97	700	70	63	110	170	1 100	110	100	170	250	1 800	180	160	270	2 700	270	240	400
18	30	210	21	19	32	50	330	33	30	50	76	520	52	47	78	120	840	84	76	130	200	1 300	130	120	200	290	2 100	210	190	320	3 300	330	300	490
30	50	250	25	23	38	59	390	39	35	59	90	620	62	56	93	140	1 000	100	90	150	240	1 600	160	140	240	360	2 500	250	230	380	3 900	390	350	580
50	80	300	30	27	45	69	460	46	41	69	110	740	74	67	110	170	1 200	120	110	180	290	1 900	190	170	290	430	3 000	300	270	450	4 600	460	410	690
80	120	350	35	32	53	81	540	54	49	81	130	870	87	78	130	200	1 400	140	130	210	330	2 200	220	200	330	500	3 500	350	320	530	5 400	540	480	810
120	180	400	40	36	60	95	630	63	57	95	150	1 000	100	90	150	230	1 600	160	150	240	380	2 500	250	230	380	560	4 000	400	360	600	6 300	630	570	940
180	250	460	46	41	69	110	720	72	65	110	170	1 150	115	100	170	260	1 850	185	170	280	440	2 900	290	260	440	650	4 600	460	410	690	7 200	720	650	1 080
250	315	520	52	47	78	120	810	81	73	120	190	1 300	130	110	190	290	2 100	210	190	320	480	3 200	320	290	480	720	5 200	520	470	780	8 100	810	730	1 210
315	400	570	57	51	86	130	890	89	80	130	210	1 400	140	130	210	320	2 300	230	210	350	540	3 600	360	320	540	810	5 700	570	510	860	8 900	890	800	1 330
400	500	630	63	57	95	140	970	97	87	140	230	1 500	150	140	230	360	2 500	250	230	380	600	4 000	400	360	600	900	6 300	630	570	950	9 700	970	870	1 450

安全裕度 A 相当于测量中的不确定度。不确定度用以表征测量过程中各项误差综合影响而使测量结果分散的误差范围,它反映了由于测量误差的存在而对被测量不能肯定的程度,以 U 表示。U 是由测量器具的不确定度 u_1 和由温度、压陷效应及工件形状误差等因素引起的不确定度 u_2 两者组合而成的,$U = \sqrt{u_1^2 + u_2^2}$。

u_1 是表征测量器具的内在误差引起测量结果分散的一个误差范围,其中也包括调整时用的标准件的不确定度,如千分尺的校对棒和比较仪用的量块等。u_1 的影响比较大,允许值约为 $0.9A$,u_2 的影响比较小,允许值约为 $0.45A$。

选择计量器具时,应保证所选择的计量器具的不确定度允许值不大于允许值 u_1。表 3-6、表 3-7、表 3-8 列出了有关计量器具的不确定度允许值以供使用。

表 3-6　千分尺和游标卡尺的不确定度 (mm)

尺寸范围	计量器具类型			
	分度值0.01外径千分尺	分度值0.01内径千分尺	分度值0.02游标卡尺	分度值0.05游标卡尺
	不确定度			
0～50	0.004			
50～100	0.005	0.008		
100～150	0.006		0.020	
150～200	0.007			
200～250	0.008	0.013		
250～300	0.009			
300～350	0.010			
350～400	0.011	0.020		0.100
400~-450	0.012			
450～500	0.013	0.025		
500～600				
600～700		0.030		
700～800				0.150

表 3-7　比较仪的不确定度

尺寸范围		所使用的计量器具			
		分度值为0.0005(相当于放大倍数2000倍)的比较仪	分度值为0.001(相当于放大倍数1000倍)的比较仪	分度值为0.002(相当于放大倍数400倍)的比较仪	分度值为0.005(相当于放大倍数250倍)的比较仪
大于	至	不确定度			
0	25	0.0006	0.0010	0.0017	0.0030
25	40	0.0007		0.0018	

（续表）

尺寸范围		所使用的计量器具			
		分度值为 0.000 5（相当于放大倍数 2 000 倍）的比较仪	分度值为 0.001（相当于放大倍数 1 000 倍）的比较仪	分度值为 0.002（相当于放大倍数 400 倍）的比较仪	分度值为 0.005（相当于放大倍数 250 倍）的比较仪
大于	至	不确定度			
40	65	0.000 8	0.001 0	0.001 8	0.003 0
65	90	0.000 8			
90	115	0.000 9	0.001 2	0.001 9	
115	165	0.001 0	0.001 3		
165	215	0.001 2	0.001 4	0.002 0	0.003 5
215	265	0.001 4	0.001 6	0.002 1	
265	315	0.001 6	0.001 7	0.002 2	

注:测量时使用的标准器由 4 块 1 级(或 4 等)量块组成。

表 3-8　指示表的不确定度

尺寸范围		所使用的计量器具			
		分度值为 0.000 5（相当于放大倍数 2 000 倍）的比较仪	分度值为 0.001（相当于放大倍数 1 000 倍）的比较仪	分度值为 0.002（相当于放大倍数 400 倍）的比较仪	分度值为 0.005（相当于放大倍数 250 倍）的比较仪
大于	至	不确定度			
0	25	0.005	0.010	0.018	0.030
25	40				
40	65				
65	90				
90	115				
115	165	0.006			
165	215				
215	265				
265	315				

注:测量时使用的标准器由 4 块 1 级(或 4 等)量块组成。

下面用实例说明计量器具的选择和验收极限的确定。

例 3-5　工件的尺寸为 $\phi250\text{h}11$ Ⓔ,(即采用的是包容要求),试计算工件的验收极限和选择合适的计量器具。

解:(1) 首先根据表 3-5 查得 $A = 29\,\mu\text{m}$, $u_1 = 26\,\mu\text{m}$。由于工件采用包容要求,故应按内缩方式验收极限,则：

$$上验收极限 = d_{\max} - A = 250 - 0.029 = 249.971\ \text{mm}$$

$$下验收极限 = d_{max+}A = 250 - 0.29 + 0.029 = 249.739 \text{ mm}$$

（2）由表 3 - 6 找出分度值为 0.02 mm 的游标卡尺可以满足要求。因其不确定度为 0.02 mm，小于 $u_1 = 0.026$ mm。

思考与练习

1. 试从 83 块一套的量块中，同时组合下列尺寸（单位为 mm）：29.875，48.98，40.79，10.56。

2. 仪器读数在 20 mm 处的示值误差为 +0.002 mm，当用它测量工件时，读数正好为 20 mm，问工件的实际尺寸是多少？

3. 用某测量方法在等精度的情况下对某一试件测量了 15 次，各次测量值如下（单位为 mm）：30.742，30.743，30.740，30.741，30.739，30.740，30.739，30.741，30.742，30.743，30.739，30.740，30.743，30.742，30.741。求单次测量的标准偏差和极限误差。

4. 用某一测量方法在重复性条件下对某一试件测量了 4 次，其测得值如下（单位为 mm）：20.001，20.002，20.000，19.999。若已知测量的标准偏差为 0.6 μm，求测量结果及标准偏差。

5. 三个量块的实际尺寸和测量极限误差分别为 20.0，0.000 3，1.005，0.000 3，1.48，0.000 3，试计算这三个量块组合后的尺寸和测量极限误差。

6. 需要测出图 3 - 12 所示阶梯形零件的尺寸 N，用千分尺测量尺寸 A_1 和 A_2，则得 $N = A_1 - A_2$。若千分尺的测量极限误差为 5 μm，问测得尺寸 N 的测量极限误差。

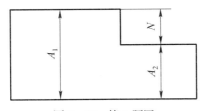

图 3 - 12 第 6 题图

7. 在万能工具显微镜上用影像法测量圆弧样板，如图 3 - 13 所示。测得弦长 L 为 95 mm，弓高 h 为 30 mm，测得弦长的测量极限误差为 2.5 μm，测得弓高的测量极限误差为 2 μm。试确定圆弧的直径及其测量极限误差。

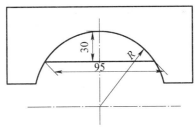

图 3 - 13 第 7 题图

8. 用游标卡尺测量箱体孔的中心距(图 3-14),有以下三种测量方案:(1)测量孔径 d_1、d_2 和孔边距 L_1;(2)测量孔径 d_1、d_2 和孔边距 L_2;(3)测量孔边距 L_1 和 L_2。若已知它们的测量极限误差 $u_{d_2} = u_{d_1} = 40\,\mu\mathrm{m}$,$u_{L_1} = 60\,\mu\mathrm{m}$,$u_{L_2} = 70\,\mu\mathrm{m}$,试计算三种测量方案的测量极限误差。

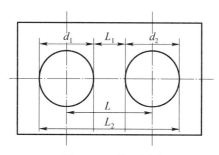

图 3-14　第 8 题图

第 4 章

几何公差及几何误差检测

◎ **学习成果达成要求**

学生应达成的能力要求包括：

1. 掌握产品几何要素的基本术语和定义。
2. 掌握产品几何公差的形状、方向、位置和跳动公差标注。
3. 掌握产品公差原则。
4. 掌握产品的最大实体要求、最小实体要求和可逆要求。
5. 了解形状和位置公差未注公差值。
6. 熟悉基准和基准体系。
7. 掌握产品形状和位置公差检测规定。
8. 掌握直线度、平面度误差检测，熟悉圆度测量术语定义及参数。

《《《

机械零件的几何精度（几何要素的形状、方向和位置精度）是零件的主要质量指标。它在很大程度上影响着该零件的质量和互换性，因而也影响整个机械产品的质量。为了保证机械产品的质量，保证机械零件的互换性，就必须在零件图上给出几何公差（以往称为形位公差），规定零件加工时产生的几何误差（以往称为形位误差）的允许变动范围，并按零件图上给出的几何公差来检测加工后零件的几何误差是否符合设计要求。

4.1 零件几何要素和几何公差的特征项目

4.1.1 几何要素

任何机械零件都由一些点、线、面组成，几何公差的研究对象是构成零件几何特征的点、线、面，它们统称为几何要素，简称要素。一般在研究形状公差时，涉及的对象有线和面两类要素；研究位置公差时，涉及的对象有点、线和面三类要素。图 4-1 所示的零件便是由多种要素组成的。几何公差就是研究上述零件的几何要素在形状及其相互间的方向或位置的精度问题。零件的几何要素可按不同的方式分类。

为了研究几何公差和几何误差，有必要从下列不同的角度把要素加以分类。

1）按结构特征分类

（1）组成要素。组成要素（轮廓要素）是指构成零件外形的点、线、面。图 4-1a 所示的圆球面、圆锥面、端平面、圆柱面、素线，以及图 4-1b 所示的相互平行的两个平面 9 等，都属于组

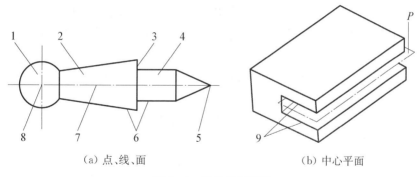

图 4 - 1　零件几何要素

1—圆球；2—圆锥面；3—端平面；4—圆柱面；5—圆锥顶点；6—素线；7—轴线；
8—球心；9—两平行平面；P—中心平面

成要素。组成要素中，按是否具有定形尺寸可分为：

① 尺寸要素，它是由一定大小的定形尺寸确定的几何形状，可以是具有一定直径定形尺寸的圆柱面、圆球、圆锥面和具有一定厚度（或槽宽距离）定形尺寸的两平行平面，如图 4 - 1 中的圆柱面 4、圆球 1、圆锥面 2 和两平行平面 9。

② 非尺寸要素，它是不具有定形尺寸的几何形状，如图 4 - 1a 中的环状端平面 3，它具有表示外形大小的直径尺寸，却不具有厚度定形尺寸。

（2）导出要素。导出要素（中心要素）是指由一个或几个尺寸要素的对称中心得到的中心点、中心线或中心平面，如图 4 - 1a 所示零件上的圆柱面 4 的轴线 7、圆球 1 的球心 8 和图 4 - 1b所示两平行平面 9 的中心平面 P。

应当指出，导出要素依存于对应的尺寸要素；离开了对应的尺寸要素，便不存在导出要素。例如，没有尺寸要素圆球 1，就没有导出要素球心 8；没有尺寸要素圆柱面 4，就没有导出要素轴线 7。

2）按存在状态分类

（1）理想要素。理想要素是指具有几何学意义的要素，即几何的点、线、面。它们不存在任何误差。零件图上表示的要素均为理想要素。

（2）实际要素。实际要素是指加工后零件上实际存在的要素。在测量和评定几何误差时，通常以测得要素代替实际要素。测得要素也称提取要素，是指按规定的方法，由实际要素提取有限数目的点所形成的近似实际要素。

3）按检测关系分类

（1）被测要素。被测要素是指图样上给出了几何公差的要素，也称注有公差的要素，是检测的对象，如图 4 - 2 所示的上平面。

（2）基准要素。基准要素是指图样上规定用来确定被测要素的方向和（或）位置关系的要素。基准则是检测时用来确定实际被测要素方向或位置关系的参考对象，它是理想要素。基准由基准要素建立，在图样都标有基准符号及代号，如图 4 - 2 所示的下平面。

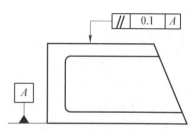

图 4 - 2　被测要素和基准要素

必须指出，由于实际基准要素存在加工误差，因此应对基准要素规定适当的几何公差。

此外,基准要素除了作为确定被测要素方向和(或)位置关系的参考对象的基础以外,在零件使用上还有本身的功能要求而对它给出几何公差。所以,基准要素同时也可以是被测要素。

基准是确定被测要素方向和(或)位置的依据。设计时,在图样上标出的基准一般分为以下四种:

① 单一基准:由一个要素建立的基准,称为单一基准。如由一个平面或一根轴线均可建立基准。图 4-2 所示为由一个平面要素建立的基准。

② 组合基准(公共基准):由两个或两个以上的要素所建立的一个独立基准,称为组合基准或公共基准。如图 4-3 所示,由两段轴线 A、B 建立起公共基准轴线 $A-B$,它是包容两个实际轴线的理想圆柱的轴线,并作为一个独立基准使用。

③ 基准体系(三基面体系):由三个相互垂直的平面所构成的基准体系,称三基面体系。如图 4-4 所示,A、B、C 这三个平面互相垂直,分别被称作第一、第二和第三基准平面。每两个基准平面的交线构成基准轴线,三轴线的交点构成基准点。由此可见,单一基准或基准轴线均可从三基面体系中得到。应用三基面体系时,应注意基准的标注顺序。

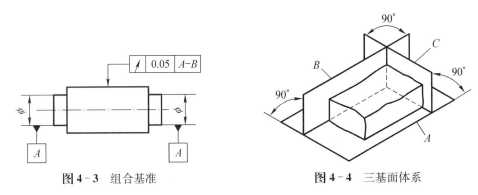

图 4-3　组合基准　　　　　　　图 4-4　三基面体系

应用三基面体系时,一般选最重要的或尺寸最大的要素作为第一基准 A,选次要或较长的要素作为第二基准 B,选相对不重要的平面作为第三基准 C。

④ 基准目标:零件上与加工或检验设备相接触的点、线或局部区域,用来体现满足功能要求的基准。

就一个表面而言,基准要素可能大大偏离其理想形状,如锻造、铸造零件的表面,若以整个表面做基准要素,则会在加工或检测过程中带来较大的误差,或缺乏再现性。因此,需要引入基准目标。选择基准要素上的某些点、线或局部表面来体现各基准平面,以建立三基面体系,使加工与检验基准统一,取得一致的误差评定结果。基准目标一般在大型零件上采用。

基准目标按下列方法标注在图样上,如图 4-5 所示。

A. 当基准目标为点时,用"×"表示(图 4-5a)。

B. 当基准目标为线时,用细实线表示,并在棱边上加"×"(图 4-5b)。

C. 当基准目标为局部表面时,用双点划线给出局部表面的图形,并画上与水平线呈 45°的细实线(图 4-5c)。

图样上采用基准目标标注基准时,应用基准目标符号表示,如图 4-6 所示。

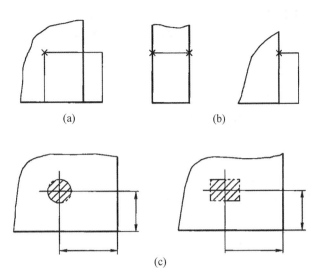

图 4 - 5　基准目标标注方法

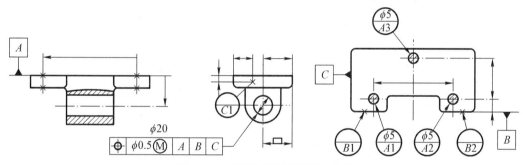

图 4 - 6　用基准目标符号标注基准

基准目标符号为一用细实线绘制的,直径为框格高度 2 倍的圆,中间用水平方向的直径将其分为上、下两部分。其上半部填写给定的局部表面尺寸(直径或者边长×边长),对于点和线目标上半部空白不填;下半部填写基准代号字母和基准目标序号。从圆的外缘沿径向引出指引线,其末端用箭头指向目标位置。

如图 4 - 6 所示,图中对直径为 20 mm 的孔的轴线给出位置度公差要求,其基准为由 A、B、C 三个基准要素上指定的基准目标所建立的三基面体系。其表示基准 A 是指由顶面上 A1、A2、A3 三处直径为 5 mm 的小圆所确定的第一基准面;基准 B 是由前端面上 B1 和 B2 所确定的与第一基准面垂直的第二基准面;基准 C 是由左侧面 C1 点所确定的,同时与第一基准面和第二基准面垂直的第三基准面,从而由图样上给定的基准目标建立起三基面体系。零件加工检验时,均应以给定的基准目标定位。

4) 按功能关系分类

(1) 单一要素:仅对要素本身给出形状公差要求的要素。单一要素仅对本身有要求,而与其他要素没有功能关系。

(2) 关联要素:对其他要素有功能关系的要素。它是具有位置公差要求的要素,相对基准要素有图样上给定的功能关系要求。图 4 - 2 的上平面相对下平面有平行度要求,此时上平面属关联要素。

4.1.2 几何公差的特征与符号

根据 GB/T 1182—2008《产品几何技术规范(GPS)几何公差 形状、方向、位置和跳动公差标注》的规定,几何公差特征共有 14 个,其中形状公差 4 个,轮廓公差 2 个,方向公差 3 个,位置公差 3 个,跳动公差 2 个。特征项目与符号见表 4 - 1。形状公差是对单一要素提出的要求,所以没有基准要求;而方向、位置和跳动公差是对关联要素提出的要求,因此在大多数情况下有基准要求;对于轮廓度公差,用作形状公差时无基准要求,用作方向和位置公差时则应有基准要求。

表 4 - 1 几何公差特征项目与符号

公差类型	几何特征	符号	有或无基准要求	被测要素
形状公差	直线度	—	无	单一要素
	平面度	▱	无	
	圆度	○	无	
	圆柱度	⌭	无	
轮廓公差	线轮廓度	⌒	有或无	单一要素或关联要素
	面轮廓度	⌓	有或无	
方向公差	平行度	∥	有	关联要素
	垂直度	⊥	有	
	倾斜度	∠	有	
位置公差	位置度	⊕	有或无	
	同轴(同心)度	◎	有	
	对称度	═	有	
跳动公差	圆跳动	↗	有	
	全跳动	⌰	有	

4.1.3 几何公差和几何公差带的特征

几何公差是指提取要素对图样上给定的理想形状、理想位置的允许变动量。几何公差带是用来限制提取要素变动的区域,是几何误差的最大允许值。这个区域可以是平面区域或空间区域。除有特殊要求外,不论注有公差要求的提取要素的局部尺寸如何,提取要素均应位于给定的几何公差带之内,并且其几何误差允许达到最大值。除非有进一步限制的要求,被测要素在公差带内可以具有任何形状、方向或位置。

几何公差带具有形状、大小、方向和位置四个特征。

1) 几何公差带的形状

几何公差带的形状取决于被测要素本身的特征和设计要求。常用的几何公差带主要有11 种形状,见表 4 - 2。它们都是按几何概念定义的(跳动公差带除外),与测量方法无关。在生产中可采用不同的测量方法来测量和评定某一被测要素是否满足设计要求。跳动公差带是按特定的测量方法定义的,其特征则与测量方法有关。

表 4 - 2　公差带主要性状

平面区域		空间区域	
两平行直线	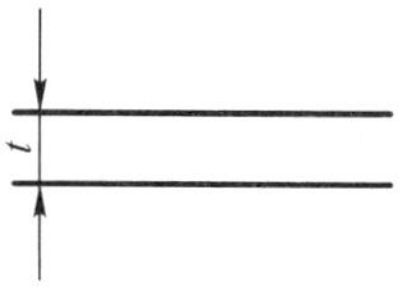	球	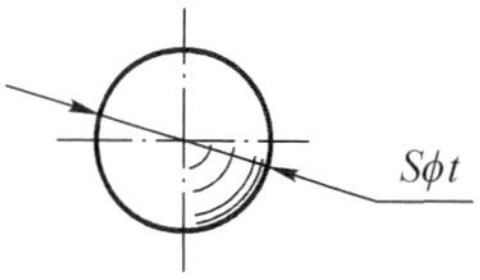 $S\phi t$
两等距直线	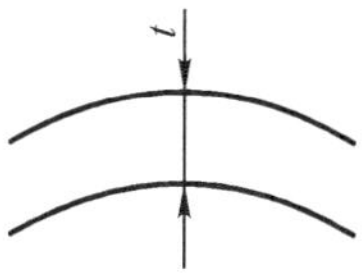	圆柱面	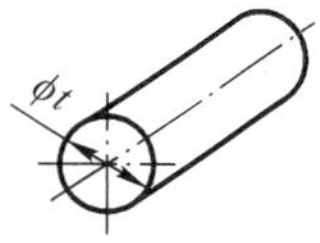 ϕt
		两同轴圆柱面	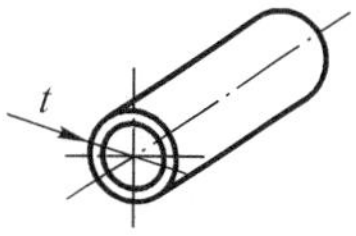 t
两同心圆	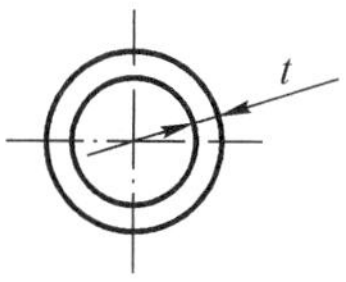 t	两平行平面	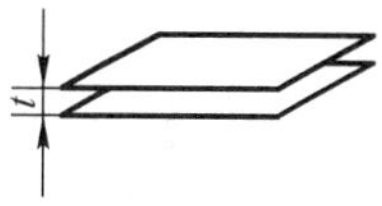 t
		两等距曲面	 t
一个圆	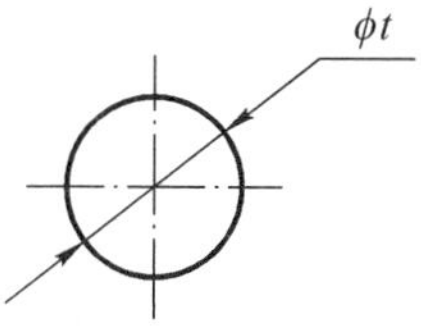 ϕt	一段圆柱面	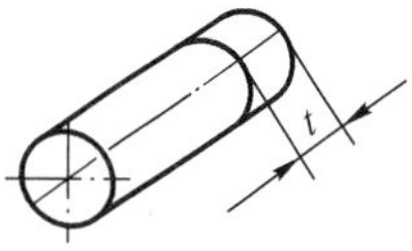 t
		一段圆锥面	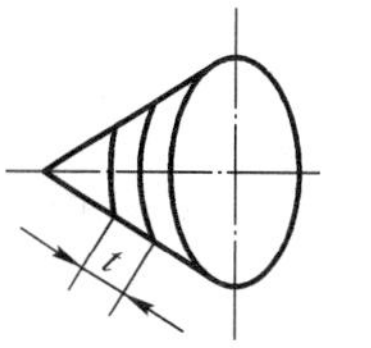 t

　　几何公差带呈何种形状,由被测要素的形状特征、公差项目和设计表达的要求决定,在某些情况下,被测要素的形状就确定了公差带形状。如被测要素是平面,则其公差带只能是两平行平面。在多数情况下,除被测要素的特征外,设计要求对公差带形状起着决定性作用。如轴线的几何公差带可以是两平行直线、两平行平面或圆柱面,其具体形状需依据设计要求(如在给定平面内、给定方向上或是任意方向等)确定。

　　2) 几何公差带的大小

　　几何公差带的大小,由图样中标注的公差值 t 的大小来确定。它是指允许提取要素变动的全量,其大小表明形状或位置精度的高低。按几何公差带形状的不同,公差值指的是公差带的宽度或直径。为区别起见,公差带为圆形或圆柱形的,在公差值 t 前应加注"ϕ";如果是球形的,则应加注"$S\phi$"。

　　3) 几何公差带的方向和位置

　　几何公差带的方向和位置由几何公差项目所决定,均有浮动和固定两种。所谓浮动,是指公差带的方向或位置可以随被测要素在尺寸公差带内的变动而变动;所谓固定,是指公差带的方向或位置必须与给定的基准要素保持正确的方向或位置关系,不随要素的实际形状、方向或位置的变动而变化。

对于形状公差带,只是用于限制被测要素的形状误差,符合最小条件(见 4.7 节几何误差的评定)即可,本身不作方向和位置的要求,故其方向和位置均是浮动的。

对于方向公差带,强调的是相对基准的方向关系,对被测要素的位置是不作控制的,即方向是固定的,位置是浮动的。

对于位置公差带,强调的是相对基准的位置(包含方向)关系,公差带的位置由相对基准的理论正确尺寸确定,故其方向和位置均是固定的。

4.2　几何公差的标注

当零件的要素有几何公差要求时,应在技术图样上按国家标准的规定,采用公差框格、指引线、几何公差特征符号、公差数值和有关符号、基准符号和相关要求符号等进行标注,如图 4-7 所示。无法采用公差框格代号标注时,才允许在技术要求中用文字加以说明,但应做到内容完整、用词严谨。

1) 公差框格及标注内容

当用公差框格标注几何公差时,公差要求注写在划分成两格(图 4-7a)或多格(图 4-7b)的矩形框格内,前者一般用于形状公差,后者一般用于位置公差。在图样上,公差框格一般应水平放置。当受到标注地方空间限制时,允许将其垂直放置,其线型为细实线。公差框格中的各格由左至右(水平放置时)或由下而上(垂直放置时)按次序填写的内容如下:

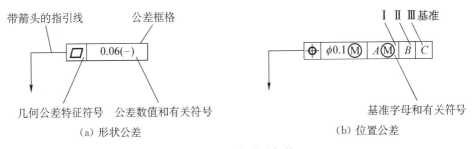

(a) 形状公差　　　　　　　(b) 位置公差

图 4-7　几何公差框格

(1) 第一格:几何公差特征符号。

(2) 第二格:几何公差数值及附加符号。公差值的单位为 mm。公差带的形状是圆形或圆柱时,在公差值前加注"ϕ",是球形的,则加注"$S\phi$";如果在公差带内需进一步限定被测要素的形状,或者需采用其他一些公差要求等,则应在公差值后加注相关的附加符号,常用的附加符号见表 4-3。

表 4-3　几何公差标注中的部分附加符号

符号	含义	符号	含义
(+)	被测要素只许中间向材料凸起	Ⓟ	延伸公差带
(−)	被测要素只许中间向材料内凹下	Ⓕ	由状态条件(非刚性零件)
(⟍)	被测要素只许按箭号方向从左至右减小	CZ	公共公差带

（续表）

符号	含义	符号	含义
（◁）	被测要素只许按符号方向从右至左减小	LD	小径
Ⓔ	包容要求	MD	大径
Ⓜ	最大实体要求	PD	中径、节径
Ⓛ	最小实体要求	LE	线素
Ⓡ	可逆要求	ACS	任意横截面

（3）第三格及以后各格：基准字母及附加符号，代表基准的字母采用大写拉丁字母。为不致引起误解，不得采用 E、F、I、J、L、M、O、P 和 R 共 9 个字母。基准的顺序在公差框格中是固定的，即从第三格起依次填写第一、第二和第三基准代号（图 4 - 7），而与字母在字母表中的顺序无关。基准的多少视对被测要素的要求而定。组合基准采用两个字母中间加一横线的填写方法，如 "$A - B$"。

2）形状公差框格

形状公差框格共有两格。用带箭头的指引线将框格与被测要素相连。框格中的内容，从左到右第一格填写公差特征项目符号，第二格填写用以毫米为单位表示的公差值和有关符号，如图 4 - 8 所示。

带箭头的指引线从框格的一端（左端或右端）引出，并且必须垂直于该框格，用它的箭头与被测要素相连。它引向被测要素时，允许弯折，通常只弯折一次。

3）方向、位置和跳动公差框格

方向、位置和跳动公差框格有三格、四格和五格等几种。用带箭头的指引线将框格与被测要素相连。框格中的内容，从左到右第一格填写公差特征项目符号，第二格填写用以毫米为

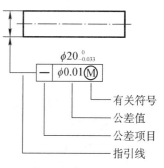

图 4 - 8　形状公差框格中的内容填写示例（圆柱面轴线的直线度公差）

单位表示的公差值和有关符号，从第三格起填写被测要素的基准所使用的字母和有关符号，如图 4 - 9 和图 4 - 10 所示。这三类公差框格的指引线与形状公差框格指引线的标注方法相同。方向、位置和跳动公差有基准要求。

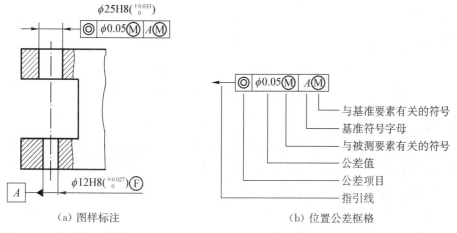

（a）图样标注　　　　　　　　（b）位置公差框格

图 4 - 9　采用单一基准的三维几何公差框格中的内容填写示例（圆柱面轴线的同轴度公差）

（a）四格　　　　　　　　　　　（b）五格

图4-10 采用多基准的四格、五格几何公差框格中的内容填写

4）基准符号

基准符号由一个基准方框（基准字母注写在这方框内）和一个涂黑的或空白的基准三角形，用细实线连接而构成，如图4-11所示。涂黑的和空白的基准三角形的含义相同。表示基准的字母也要注写在相应被测要素的方向、位置或跳动公差框格内；基准符号引向基准要素时，无论基准符号在图面上的方向如何，其方框中的字母都应水平书写。

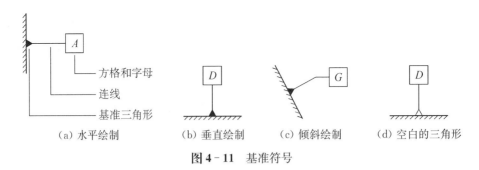

（a）水平绘制　　　　（b）垂直绘制　　　　（c）倾斜绘制　　　　（d）空白的三角形

图4-11 基准符号

4.2.1 被测要素的标注

用带箭头的指引线将公差框格与被测要素相连来标注被测要素。指引线的箭头指向被测要素，箭头的方向为公差带的宽度方向或径向。应特别注意指引线箭头所指的位置和方向，否则公差要求的解释可能不同，因此要严格按国家标准的规定进行标注。指引线可以自公差框格的任意一端引出，但应垂直于框格端线，且不能自框格两端同时引出。引向被测要素时允许弯折，但不得多于两次，如图4-12a所示。为方便起见，允许自框格的侧边直接引出，如图4-12b所示。如果需要就某个要素给出几种几何特征的公差，可将一个公差框格放在另一个的下面，如图4-12c所示。

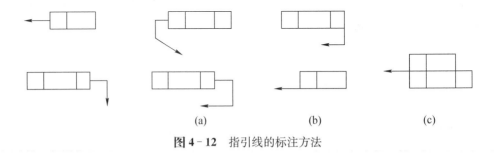

（a）　　　　　　　　　　（b）　　　　　　　　　　（c）

图4-12 指引线的标注方法

被测要素的主要标注方法如下：

（1）当被测要素为组成要素（轮廓线或轮廓面）时，指引线的箭头应指在该要素的可见轮廓线或其延长线，并应与尺寸线明显错开，如图4-13a、图4-14a、图4-14b所示。被测要素为视图上的局部表面时，可在该面上用一小黑点引出线，公差框格的指引线箭头只在引出线上进行标注，如图4-13b、图4-14c所示。

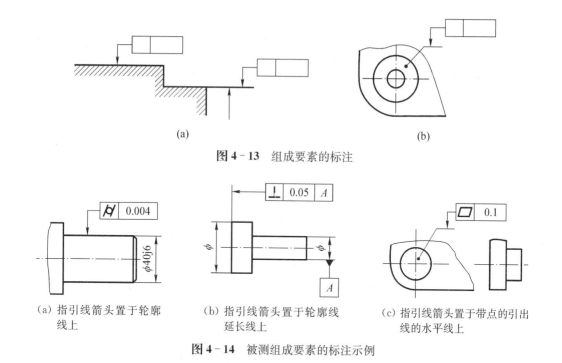

图 4 - 13 组成要素的标注

（a）指引线箭头置于轮廓
　　线上

（b）指引线箭头置于轮廓线
　　延长线上

（c）指引线箭头置于带点的引出
　　线的水平线上

图 4 - 14 被测组成要素的标注示例

（2）当被测要素为导出要素（如中心点、中心线和中心面）时，指引线的箭头应与相应尺寸线对齐，即与尺寸线的延长线相重合，如图 4 - 15a 所示；当箭头与尺寸线的箭头重叠时，可代替尺寸线箭头，如图 4 - 15b 所示；但指引线的箭头不允许直接指向中心线，如图 4 - 15c 所示。

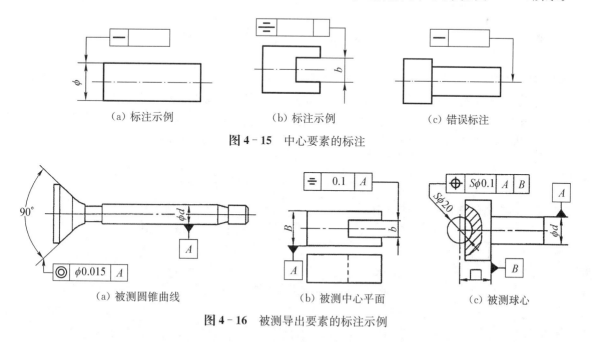

（a）标注示例　　　　　　　（b）标注示例　　　　　　　（c）错误标注

图 4 - 15 中心要素的标注

（a）被测圆锥曲线　　　　　（b）被测中心平面　　　　　（c）被测球心

图 4 - 16 被测导出要素的标注示例

（3）当被测要素为圆锥体的轴线时，指引线的箭头应与圆锥体直径尺寸线（大端或小端）对齐，如图 4 - 16a、图 4 - 17a 所示；必要时也可在圆锥体内增加一个空白尺寸线，并将指引线的箭头与该空白的尺寸线对齐，如图 4 - 17b 所示；如圆锥体采用角度尺寸标注，则指引线的箭头应对着该角度的尺寸线，如图 4 - 17c 所示。

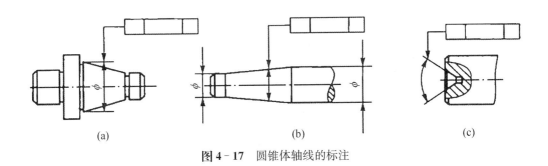

图 4-17 圆锥体轴线的标注

(4) 指引线的箭头应指向几何公差带的宽度方向或直径方向。当指引线的箭头指向公差带的宽度方向时,公差框格中的几何公差值只写出数字,该方向垂直于被测要素(图 4-18a),或者与给定的方向相同(图 4-18b)。当指引线的箭头指向圆形或圆柱形公差带的直径方向时,需要在几何公差值的数字前面标注符号"ϕ",如图 4-18c 所示孔心(点)的位置度的圆形公差带和图 4-18 所示轴线直线度的圆柱形公差带。当指引线的箭头指向圆球形公差带的直径方向时,需要在几何公差值的数字前面标注符号"$S\phi$",如图 4-16c 所示球心的圆球形公差带。

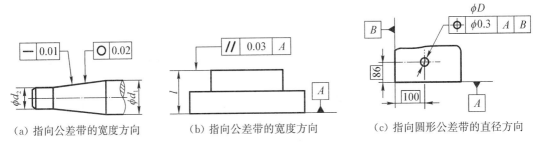

(a) 指向公差带的宽度方向   (b) 指向公差带的宽度方向   (c) 指向圆形公差带的直径方向

图 4-18 被测要素几何公差框格指引线箭头的指向

(5) 当多个分离的被测要素有相同几何特征(单项或多项)和公差值时,可以在从框格引出的指引线上绘制多个指示箭头,并分别与被测要素相连,如图 4-19 所示。用同一公差带控制几个被测要素时,应在公差框格内公差值的后面加注公共公差带的符号"CZ",如图 4-20 所示。如果给出的公差仅适用于要素的某一指定局部时,应采用粗点画线示出该部分的范围,

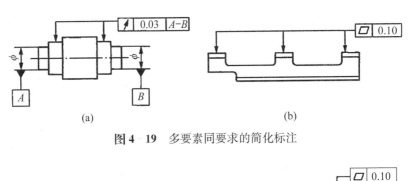

(a)   (b)

图 4-19 多要素同要求的简化标注

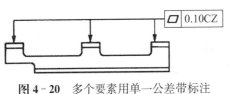
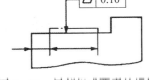

图 4-20 多个要素用单一公差带标注   **图 4-21** 局部组成要素的标注

并加注尺寸,如图 4-21 所示。

图 4-19b 和图 4-20 所表示的意义是不同的。前者表示三个被测表面的几何公差要求相同,但有各自独立的公差带;后者表示三个被测表面的几何公差要求相同,而且具有单一的公共公差带。

同时控制多个被测要素误差变动范围的同一个公差带,称为公共公差带。生产中经常遇到有些零件因结构需要,将几何特性和使用性能要求相同的要素分隔成几个要素,但从功能要求讲,它仍起到一个整体要素的作用,为获得其功能所要求的精度,需用同一公差带来控制其形位误差变动范围,故采用公共公差带来满足这一要求。

如图 4-20 所示,机座上表面在同一平面上,但中间被立柱隔开,形成三个平面要素。从其功能要求应保持该三段平面在同一平面内,为保证其使用精度要求,故图样上绘出同一公差带同时控制三个平面的精度。

公共公差带的标注方法,通常是用同一公差框格引出多条指引线,分别指向各被测要素,并在公差框格内公差值的后面加注公共公差带的符号"CZ"。上述要求表示:三个被测平面要素的实际表面,应控制在同一个平面度公差带范围内。凡对若干个分离要素给出单一公差带时,均应按上述规定。

(6) 当同一个被测要素有多项几何特征公差要求,其标注方法又一致时,可将这些框格绘制在一起,并引用一根指引线,如图 4-31 所示。

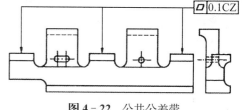

图 4-22　公共公差带

4.2.2　基准要素的标注

基准符号由基准三角形、方格、连线和基准字母组成。基准字母标注在基准方格内,与一个涂黑或空白的基准三角形相连以表示基准,涂黑的和空白的基准三角形含义相同。无论基准三角形在图样上的方向如何,方格及基准字母均应水平放置,如图 4-23 所示。

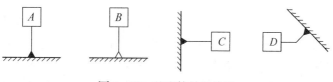

图 4-23　基准符号及放置

基准要素的主要标注方法如下:

(1) 当基准要素为组成要素(轮廓线或轮廓面)时,基准三角形放置在要素的轮廓线或其延长线上,并应与尺寸线明显错开,如图 4-24a、图 4-25a 和图 4-25b 所示。当受图形限制

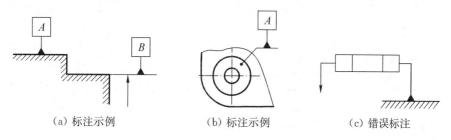

(a) 标注示例　　　　　　(b) 标注示例　　　　　　(c) 错误标注

图 4-24　组成基准要素的标注

不便按上述方法标注时,基准三角形也可放置在轮廓面引出线的水平线上,标注方法如图4-24b、图4-25c所示,此时基准面为环形表面。但基准三角形的连线不能直接与公差框格相连,如图4-24c所示。

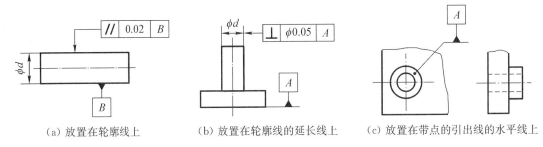

（a）放置在轮廓线上　　　　（b）放置在轮廓线的延长线上　　　（c）放置在带点的引出线的水平线上

图4-25 基准组成要素标注中基准三角形的底边的放置位置

（2）当基准是尺寸要素确定的轴线、中心平面或中心点等导出要素时,基准三角形连线应与该要素尺寸线对齐,如图4-26a所示。当基准三角形与基准要素尺寸线的箭头重叠时,可代替其中一个箭头,如图4-26b所示。基准三角形不允许直接标注在导出要素上,如图4-26c所示。

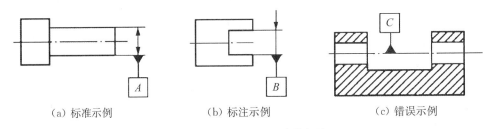

（a）标准示例　　　　　　　（b）标注示例　　　　　　　（c）错误示例

图4-26 导出基准要素的标注

当基准要素为轴线或中心平面等导出要素(中心要素)时,应把基准符号的基准三角形的底边放置于基准轴线或者基准中心平面所对应的尺寸要素(轮廓要素)的尺寸界线上,并且基准符号的细实线位于该尺寸要素的尺寸线的延长线上,如图4-27a所示。如果尺寸线处安排不下它的两个箭头,则保留尺寸线的一个箭头,其另一个箭头用基准符号的基准三角形代替,如图4-27b所示。

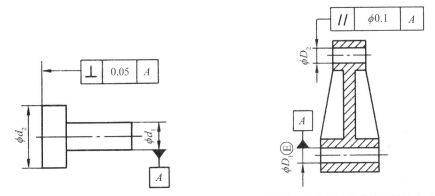

（a）基准符号的细实线位于尺寸线的延长线上　　（b）尺寸线的一个箭头用基准符号的基准三角形代替

图4-27 基准导出要素标注中基准符号的基准三角形的置放位置示例

（3）当基准要素为圆锥轴线时,基准符号的细实线应位于圆锥直径尺寸线的延长线上,如图 4 - 28a 所示。若圆锥采用角度标注,则基准符号的基准三角形应放置在对应圆锥的角度的尺寸界线上,且基准符号的细实线正对该圆锥的角度尺寸线,如图 4 - 28b 所示。

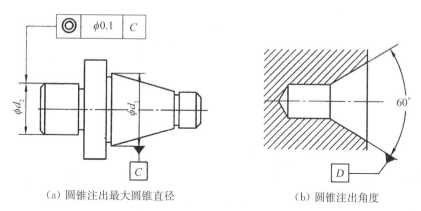

(a) 圆锥注出最大圆锥直径　　　　　(b) 圆锥注出角度

图 4 - 28　对基准圆锥轴线标注基准符号

（4）如果只以要素的某一局部作基准,则应用粗点画线示出该部分并加注尺寸,如图 4 - 29 所示。

（5）公共基准的标注方法。对于由两个同类要素构成而作为一个基准使用的公共基准轴线、公共基准中心平面等公共基准,应对这两个同类要素分别标注基准符号,采用两个不同的基准字母,并且在被测要素方向、位置或者跳动公差框格第三格或其以后某格中填写用短横线隔开的这两个字母,如图 4 - 30 所示。

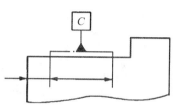

图 4 - 29　局部基准要素的标注

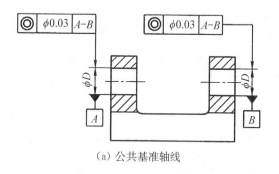
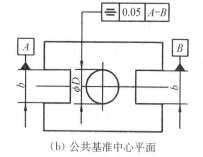

(a) 公共基准轴线　　　　　　(b) 公共基准中心平面

图 4 - 30　公共基准标注示例

4.2.3　几何公差的简化标注

为了减少图样上几何公差框格或指引线的数量,简化绘图,在保证读图方便和不引起误解的前提下,可以简化几何公差的标注。

1) 同一被测要素有几项几何公差要求的简化标注方法

同一被测要素有几项几何公差要求时,可以将这几项要求的公差框格重叠绘出,只用一条指引线引向被测要素。图 4 - 31 的标注表示对左端面有垂直度和平面度公差要求。

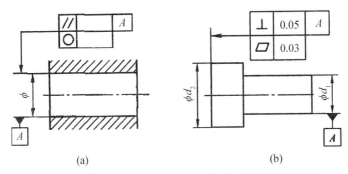

图4-31 同一被测要素的几项几何公差简化标注示例

2）几个被测要素有同一几何公差带要求的简化标注方法

几个被测要素有同一几何公差带要求时,可以只使用一个公差框格,由该框格的一端引出一条指引线,在这条指引线上绘制几条带箭头的连线,分别与这几个被测要素相连。如图4-32所示,三个不要求共面的被测表面的平面度公差值均为0.1 mm。

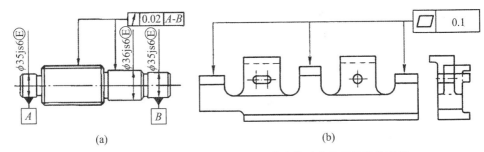

图4-32 几个被测要素有同一几何公差带要求的简化标注示例

3）几个同型被测要素有相同几何公差带要求的简化标注方法

结构和尺寸分别相同的几个被测要素有相同几何公差带要求时,可以只对其中一个要素绘制公差框格,在公差框格的上方所标注被测要素的定形尺寸之前注明被测要素的个数(阿拉伯数字),并在两者之间加上乘号"×",如图4-33所示齿轮轴的两个轴颈的结构和尺寸分别相同,且有相同的圆柱度公差和径向圆跳动公差要求。对于非尺寸要素,可以在公差框格的上方注明被测要素的个数和乘号"×"(如"6×"),如图4-34所示三条刻线的中心线间距离的位置度公差值均为0.05 mm。

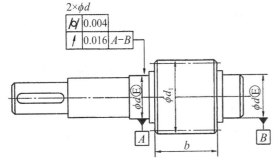

图4-33 两个轴颈有相同几何公差带要求

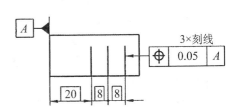

图4-34 三条刻线有同一位置度公差要求

4）多个被测要素具有相同的多项几何公差要求时的标注

可按上述简化方法将多项形位公差框格上下重叠在一起，然后从框格的一端引出多个指示箭头分别指向各被测要素，如图 4-35 所示。

5）以中心孔为基准要素时的标注

当中心孔为基准时，可以从中心线和端面的交点处引出标注，如图 4-36 所示。图中所示跳动公差的基准要素是 A、B 两端中心孔的公共轴线。

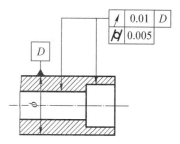

图 4-35　多部位相同几何公差的简化标注

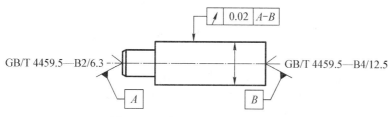

图 4-36　中心孔为基准时的标注

4.2.4　特殊表示法

1）限定范围内的公差值标注

图 4-37　局部限制性要求标注和进一步限制性要求标注

由于功能要求，有时不仅需限制被测要素在整个范围内的几何公差，还需要限定特定范围（长度或面积）上的几何公差，为此可在公差值的后面加注限定范围的线性尺寸值，并在两者之间用斜线隔开，如图 4-37a 所示。如果标注的是两项或两项以上同样几何特征的公差，可直接在整个要素公差框格的下方放置另一个公差框格，如图 4-37b 所示。

图 4-37a 所示在被测要素的整个范围内的任一 200 mm 长度上，直线度公差值为 0.05 mm。属于局部限制性要求。图 4-37b 所示在被测要素的整个范围内的直线度公差值为 0.1 mm，而在任一 200 mm 长度上的直线度公差值为 0.05 mm。此时，两个要求应同时满足，可见其属于进一步限制性要求。

2）螺纹、齿轮和花键的标注

螺纹、齿轮、花键时机械零件中常见的结构要素，根据其工作性能需要，都具有较高的配合精度要求，除要素本身结构精度外，通常要求控制轴线与其他要素之间的位置关系。

（1）螺纹几何公差的标注。对螺纹几何公差的要求，通常能是控制其轴线与其他要素之间的位置精度。根据其功能要求不同，可分别以螺纹的中径、大径或小径的轴线作为被测要素或基准要素，应分别采用以下不同方法标注，如图 4-38 所示。

当以螺纹中径轴线作为被测要素或者基准要素时，指引线箭头或基准符号应直接与螺纹尺寸线对齐，不需要另加说明，如图 4-38a 所示。

当以螺纹大径轴线作为被测要素或者基准要素时，应在框格下方或基准方格下方加注"MD"，如图 4-38b 所示。

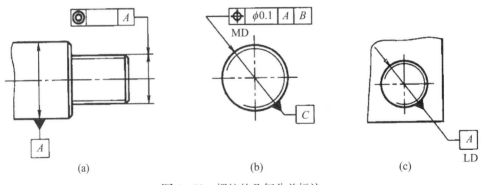

图 4-38　螺纹的几何公差标注

当以螺纹小径轴线作为被测要素或基准要素时,应在框格下方或基准方格下方加注"LD",如图 4-38c 所示。

(2)齿轮和花键几何公差的标注:齿轮和花键的几何公差要求,根据其功能要求不同,可以分别以其节径、大径(对外齿轮是齿顶圆直径,内齿轮是齿根圆直径)或小径(对外齿轮时齿根圆直径,对内齿轮是齿顶圆直径)的轴线作为被测要素或基准要素,应采用以下不同方法标注,如图 4-39 所示。

当以齿轮和花键节径轴线作为被测要素或基准要素时,应在框格下方或基准方格下方加注"PD",如图 4-39a 所示。

当以其大径轴线或小径轴线作为被测要素或基准要素时,则应分别加注"MD"(图4-39b)或"LD"(图 4-39c)表示。

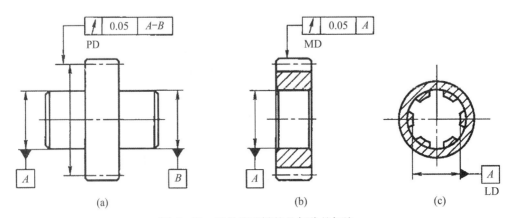

图 4-39　齿轮和花键的几何公差标注

3)全周符号的标注

如果轮廓度特征适用于横截面的整周轮廓或由该轮廓所示的整周表面时,应采用"全周"符号表示,即在公差框格指引线的弯折处画一个细实线小圆圈,如图 4-40 所示。图 4-40a 所示为线轮廓度要求,图 4-40b 所示为面轮廓度要求。

"全周"符号并不包括整个工件的所有表面,只包括由轮廓和公差标注所表示的各个表面。图 4-40b 所示的零件标注,不包括主视图中前、后表面。

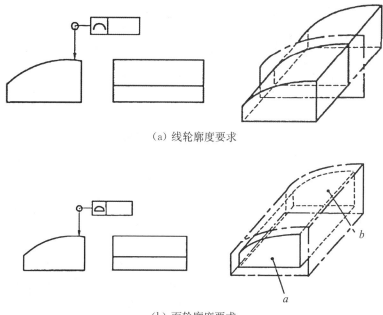

（a）线轮廓度要求

（b）面轮廓度要求

图 4 - 40　全周符号标注

注：图中长画短画线表示所涉及的要素，不涉及图中的表面 a 和表面 b。

4）理论正确尺寸的标注

对于要素的位置度、轮廓度或倾斜度，其尺寸由不带公差的理论正确位置、轮廓或角度确定。这种尺寸称为理论正确尺寸（TED）。理论正确尺寸没有公差，并标注在一个方框中，如图 4 - 41 所示。此时，零件提取尺寸仅是由公差框格中位置度、轮廓度或倾斜度公差限定。

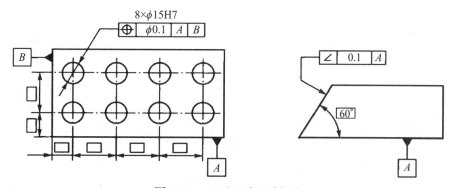

图 4 - 41　理论正确尺寸标注

5）非刚性零件标注

在自由状态下，相对其处于约束状态下会产生显著变形的零件，称作非刚性件，如金属薄壁件、挠性材质（橡胶、塑料等）零件，非刚性件用"NR"表示。

非刚性件在加工或装配时，由于受外力影响，其要素处于受约束状态，集合误差较小。一旦外力去除，其几何误差值会大大超出受力时的状态。如何判断该类零件的几何误差合格与否，是生产中常常出现的问题。为此，GB/T 16892—1997《形状和位置公差　非刚性件标注法》中规定了非刚性件的定义及几何公差标注方法，解决了这类零件误废问题。

由于非刚性件受各种因素影响都会发生变形,因此在给出几何公差要求及误差检测时,必须首先明确其所处状态。

自由状态:是指零件只受到重力时的状态。非刚性件在自由状态下虽然摆脱了外力的影响,但仍受自身重力的影响,仍会产生变形。此时零件的放置方向是影响其几何误差的重要因素。因此,非刚性零件在自由状态下给出几何公差时,必须注明造成零件变形的各种因素,如重力方向、支承状态等。

约束状态:是指零件在加工或装配时受到外力作用时的状态。

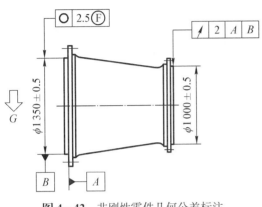

图 4 - 42　非刚性零件几何公差标注

非刚性件在外力作用下必然会产生显著变形,外力作用不同,其变形状况也不一样。因此,图样上给出约束状态下的几何公差要求时,必须确切地给出外力作用的约束条件。

非刚性零件的符号及标注方法:非刚性零件根据其功能需要和结构特点,通常需给出在自由状态下的几何公差要求;有时可同时给出约束条件和自由状态条件下的几何公差要求。

非刚性零件在自由状态下给出几何公差要求时,应在公差值右侧加注符号Ⓕ。当重力是零件产生变形的重要因素时,应用双箭头标注重力的方向,并在箭头下加注"G"字样。如图 4 - 42 所示。

约束条件:基准平面 A 是固定面(用 64 个 M6 的螺栓以 9～15 N·m 的力矩固定),基准 B 由其相应的最大实体边界约束。

非刚性件在约束状态下给出几何公差要求时,应在标题栏附近注明"GB/T 16892—NR"。此时,图样上所有不加注Ⓕ的几何公差要求,均应认为它们处于约束状态下的要求。此时在图样下面注明所要求的约束条件。如图4 - 43 中给出的跳动公差要求,其公差值后未注符号Ⓕ,而在标题栏处注有"GB/T 16892—NR"字样。该要求表示被测非刚性件在注出的约束条件下,径向圆跳动误差不大于 2 mm。

非刚性件对同一被测要素同时给出自由状态和约束状态下的几何公差要求时,可在同一项目公差框格公差值一格内分上下两部分,上部分填写约束状态下的公差值,下部分填写自由状态的公差值。其标注方法与上述相同,如图4 - 43 所示。

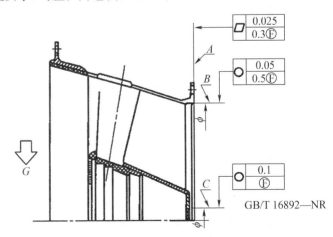

GB/T 16892—NR

图 4 - 43　同时给出自由状态与约束状态的公差要求

4.2.5　延伸公差带

为满足特殊的功能要求,将几何公差带延伸到被测要素实体之外,称为延伸公差带。延伸公差带是为了满足零件的特殊功能要求所规定的一种公差带设置方法。GB/T 17773—1999《形状和位置公差　延伸公差带及其表示方法》中规定了延伸公差带的含义、符号及图样上的标注形式。

1）延伸公差带的含义

图样上给出的几何公差要求所指被测范围，都是指引线箭头所示被测要素整个表面或全长，即表示公差带均位于零件实体范围内。

但是，有些零件形位公差要求具有特殊功能作用。如图 4 - 44a 所示，螺钉 3 穿过盖板 2 上的光孔旋紧在箱体 1 的螺孔内，将其连接在一起。为使螺钉能顺利穿过光孔旋入螺孔内，螺孔与光孔必须保持正确位置。为此，图样上分别对各孔给出位置度公差要求（图 4 - 44b）。根据上述要求螺孔与光孔轴线的理论正确位置是完全一致的，而各自位置公差带则分别位于各孔实体（厚度）范围内，即螺孔的公差带在 30 mm 范围内；光孔的公差带在 27 mm 范围内。实际孔的轴线位置只要控制在相应公差带范围内，不论其方向如何，均为合格。若孔的实际轴线在公差带范围内出现偏斜现象时（图 4 - 44c），装配时连接件之间产生干涉现象，无法保证正常装配。

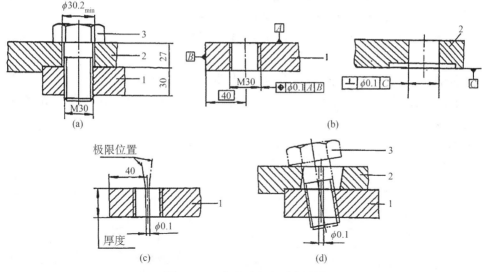

图 4 - 44　装配时产生干涉图例

为消除干涉现象，可采用将位置度公差收紧或增加垂直度公差进一步要求，但给生产带来不便。从上述零件功能要求可以看出：螺孔轴线位置度公差控制作用，不是在螺孔的实体内，而是在与其相连的光孔内。由此可见，只要将螺孔轴线的位置度公差带延伸至光孔位置上进行控制，便可避免装配时出现干涉现象。

为此，螺孔轴线位置度公差要求可采用延伸公差带，如图 4 - 45a 所示。图中给出 M30 螺孔位置公差，该公差值右侧标记有符号Ⓟ，表示为延伸公差带要求，即该公差带位于孔端面以上 27 mm 范围，如图 4 - 45b 所示。螺孔实际轴线的延长线只要控制在该公差带以内，即为合格。由此控制的螺孔轴线位置，不会产生干涉现象，如图 4 - 45c 所示。

2）延伸公差带的符号及标注

采用延伸公差带时，应加注延伸公差带符号Ⓟ。在图样上除在几何公差框格中公差值右侧加注符号Ⓟ外，还应用双点划线绘出公差带的延伸部位，并注出相应尺寸，在该尺寸数字前

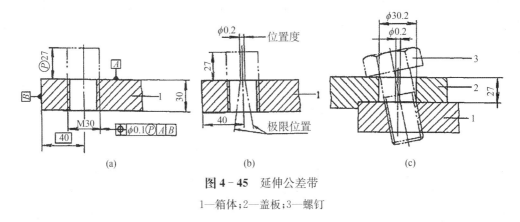

图 4 - 45　延伸公差带

1—箱体；2—盖板；3—螺钉

加注符号Ⓟ，如图 4 - 45a 所示。

3）延伸公差带的实际应用

（1）用于控制螺栓联接孔的位置精度。如上所述，螺栓连接中螺孔的位置精度作用实际上是在连接件光孔范围内，故应采用延伸公差带，以防止出现干涉现象。生产中有多种螺栓连接形式，其延伸公差带的要求也不相同，常见有以下几种形式：

① 直接连接，如图 4 - 45a 所示，此时螺纹孔轴线的延伸公差带是由螺孔端面延伸至光孔厚度尺寸位置。

② 跨距连接，如图 4 - 46a 所示。该连接件螺孔端面与连接件光孔端面间离开一段距离 L。此时公差带也应向上移动相应距离，即延伸公差带仍应置于光孔厚度 L_1 范圈内，如图 4 - 46b 所示。

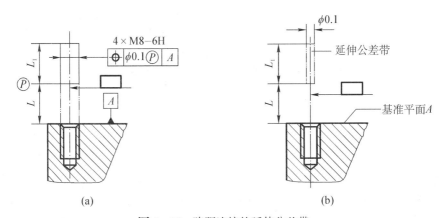

图 4 - 46　跨距连接的延伸公差带

该形式延伸公差带标注时，仍应从被测螺孔处用双点画线绘出公差带延伸部位，并分别注出跨距尺寸 L 和公差带范围尺寸 L_1 及符号Ⓟ。

③ 螺柱连接。螺柱连接通常是将双头螺柱固定端先旋紧在箱体螺孔中，然后将被连接件上的光孔穿过螺柱外伸端，外端用螺母旋紧，如图 4 - 47a 所示。由此可见，影响其装配性的范围应为螺柱延伸长度 L_1，故其延伸公差带应由螺柱延伸长度 L_1 确定，如图 4 - 47b 所示。

（2）用于控制两轴线在任意方向的垂直相交。生产中经常遇到两轴线垂直相交的结构，如两正交锥齿轮；内燃机气缸套座孔与主轴径座孔等。为满足其功能要求，通常采用位置度公

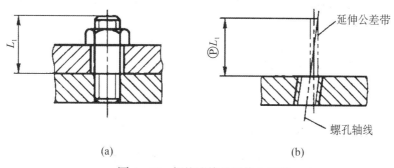

图 4 - 47　螺柱连接的延伸公差带

差保证其位置精度。

　　如图 4 - 48 所示,图中要求 $\phi40$ mm 孔的轴线与 A - B 公共轴线垂直相交,故给出位置度公差要求。上述要求的公差带不是在 $\phi40$ mm 孔的实体范围 L 内,而是在与公共基准轴线相会的位置处(图 4 - 48a),故应采用延伸公差带,将公差带移至 L_1 范围内(图 4 - 48b),以确保两轴线在任意方向的垂直相交位置精度。

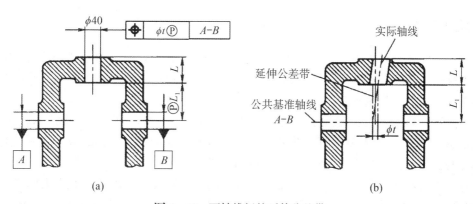

图 4 - 48　两轴线间的延伸公差带

　　(3) 用于控制两个方向对称位置精度。如图 4 - 49a 所示,图中要求 10 mm 键槽中心面与上下两端面中心面对称。其功能是要求键槽装入导向键后应保证上下端面的对称位置。由此可见,影响安装后对称位置精度的键槽中心面公差带不是在键槽实体内,而是在与其相配导向键的配合高度 10 mm 的范围内,故应给出延伸公差带的要求,其相应公差带如图 4 - 49b 所示。

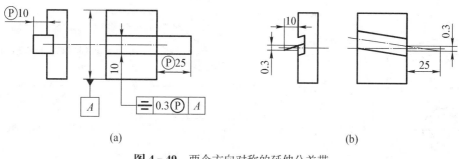

图 4 - 49　两个方向对称的延伸公差带

延伸公差带符号Ⓟ标注在公差框格内的公差值的后面,同时也应加注在图样中延伸公差带长度数值的前面,如图 4-50 所示。

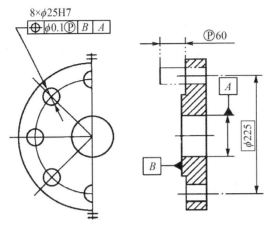

图 4-50 延伸公差带的标注

4.3 几何公差带

几何公差是指实际被测要素对图样上给定的理想形状、理想方位的允许变动量。形状公差是指实际单一要素的形状所允许的变动量。方向、位置和跳动公差是指实际关联要素相对于基准的方位所允许的变动量。

几何公差带是用来限制实际被测要素变动的区域。这个区域可以是平面区域或空间区域。除非另有要求,实际被测要素在公差带内可以具有任何形状和方位。只要实际被测要素能全部落在给定的公差带内,就表明该实际被测要素合格。

几何公差带具有形状、大小和方位等特性。几何公差带的形状取决于被测要素的几何形状、给定的几何公差特征项目和标注形式。表 4-4 列出了几何公差带的九种主要形状,它们都是几何图形。几何公差带的大小用它的宽度或直径来表示,由给定的公差值决定。几何公差带的方位则由给定的几何公差特征项目和标注形式确定。

表 4-4 几何公差带的九种主要形状

	两平行直线之间的区域		圆柱面内的区域
	两等距曲线之间的区域		内同轴线圆柱面之间的区域
	两同心圆之间区域		两平行平面之间区域

（续表）

⊕	圆内区域	（曲面图）	两等距平面之间区域
⊕	圆球内的区域		

几何公差带是按几何概念定义的（但跳动公差带除外），与测量方法无关，所以在实际生产中可以采用任何测量方法来测量和评定某一实际被测要素是否满足设计要求。而跳动是按特定的测量方法定义的，其公差带的特性则与该测量方法有关。

被测要素的形状、方向和位置精度可以用一个或几个几何公差特征项目来控制。

4.3.1 形状公差带

形状公差是单一实际被测要素的形状所允许的变动全量。它涉及的要素是线和面，一个点无所谓形状。形状公差有直线度、平面度、圆度和圆柱度等几个特征项目。它们不涉及基准，它们的理想被测要素的形状不涉及尺寸，公差带的方位可以浮动（用公差带判断实际被测要素是否位于它的区域内时，它的方位可以随实际被测要素的方位变动而变动）。

形状公差用形状公差带表达。形状公差带是限制单一实际被测要素形状变动的区域，零件提取要素在该区域内为合格。形状公差带的特点是不涉及基准，它的方向和位置均是浮动的，只能控制被测要素形状误差的大小。

也就是说，形状公差带只有形状和大小的要求，而没有方位的要求。如图 4-51 所示平面度公差特征项目中，理想被测要素的形状为平面，因此限制实际被测要素在空间变动的区域（公差带）的形状为两平行平面，公差带可以上下移动或朝任意方向倾斜，只控制实际被测要素的形状误差（平面度误差）。

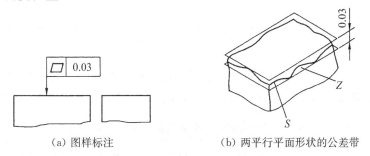

（a）图样标注　　　　　　　　　（b）两平行平面形状的公差带

图 4-51　平面度公差带

S—实际被测要素；Z—公差带

形状公差有直线度、平面度、圆度和圆柱度四项。

1）直线度

直线度是限制实际直线对理想直线变动量的一项指标，其被测要素为直线。直线度公差用于控制直线、轴线的形状误差。根据被测直线的空间特性和零件使用要求，直线度公差可分为在给定平面内、在给定方向上和任意方向上三种情况。

直线度公差带的定义、标注和解释见表 4-5。

表 4-5　直线度公差带的定义、标注示例和解释　　　　　　　　　　（mm）

特征	公差带的定义	标注示例和解释
在给定平面内	公差带为在给定平面内和给定方向上,间距等于公差值 t 的两平行直线所限定的区域 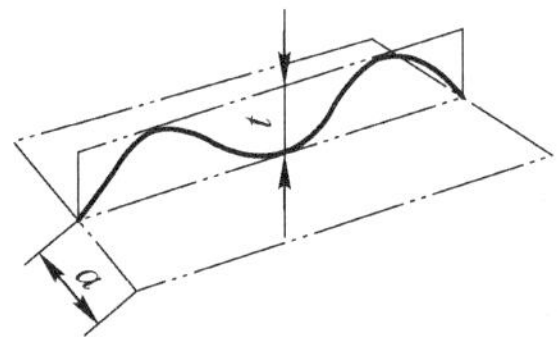 a—任一距离	在任一平行于图示投影面的平面内,上平面的提取(实际)线应限定在间距等于 0.1 的两平行直线之间 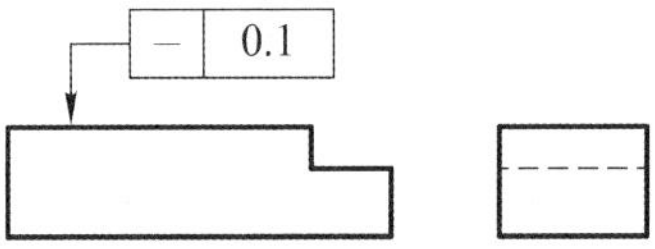
在给定方向上	公差带为间距等于公差值 t 的两平行平面所限定的区域 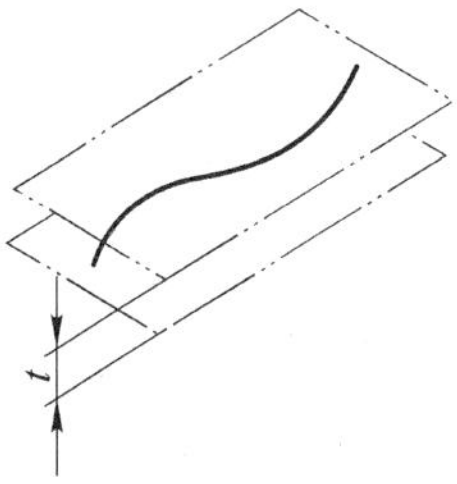	提取(实际)的棱边应限定在箭头所指方向间距等于 0.02 的两平行平面之间 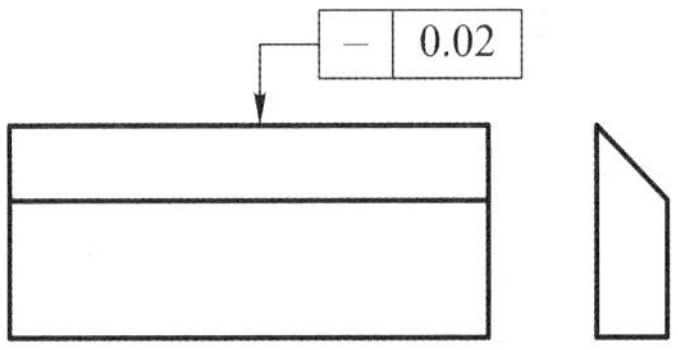
在任意方向上	由于公差值前加注了符号 ϕ,公差带为直径等于公差值 ϕt 的圆柱面所限定的区域 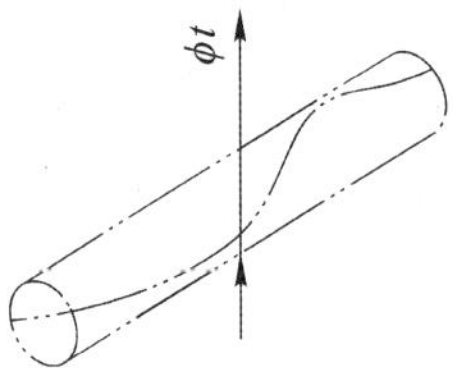	外圆柱面的提取(实际)中心线应限定在直径等于 $\phi 0.08$ 的圆柱面内 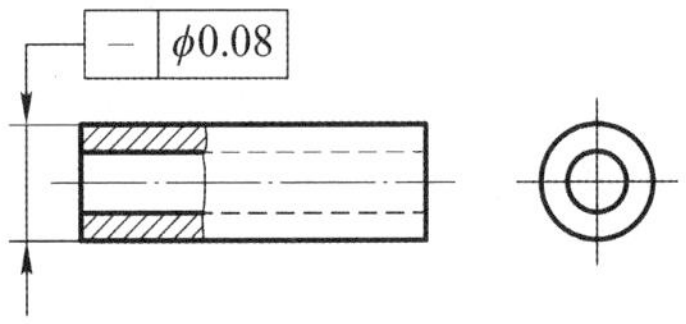

2) 平面度

平面度是限制实际平面对其理想平面变动量的一项指标,其被测要素为平面。平面度公差用于控制平面的形状误差。平面度公差带的定义、标注和解释见表 4-6。

表 4-6　平面度公差带的定义、标注示例和解释　　　　　　　　　　（mm）

公差带的定义	标注示例和解释
公差带为间距等于公差值 t 的两平行平面所限定的区域 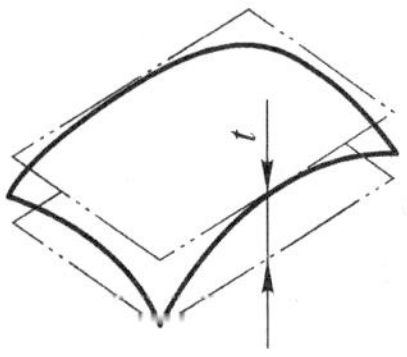	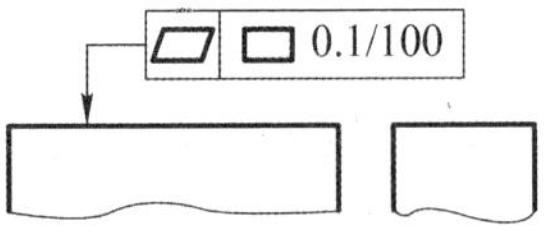 （a）提取(实际)表面应限定在间距等于 0.1 的两平行平面之间; （b）提取(实际)表面上任意 100 mm×100 mm 的范围,应限定在间距等于 0.1 的两平行平面之间 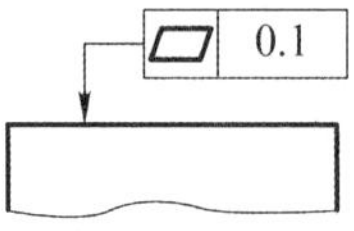

3）圆度

圆度是限制实际圆对理想圆变动量的一项指标,其被测要素为圆。圆度公差用于控制具有圆柱形、圆锥形等回转体零件,在一正截面内圆形轮廓的形状误差。圆度公差带的定义、标注和解释见表 4-7。

表 4-7　圆度公差带的定义、标注示例和解释　　　　　　　　　　　　　（mm）

公差带的定义	标注示例和解释
公差带为在给定横截面内,半径差等于公差值 t 的两同心圆所限定的区域 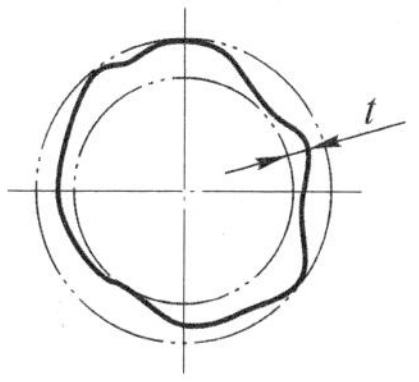 任一横截面	在圆柱面的任意横截面内,提取(实际)圆周应限定在半径差等于 0.02 的两共面同心圆之间 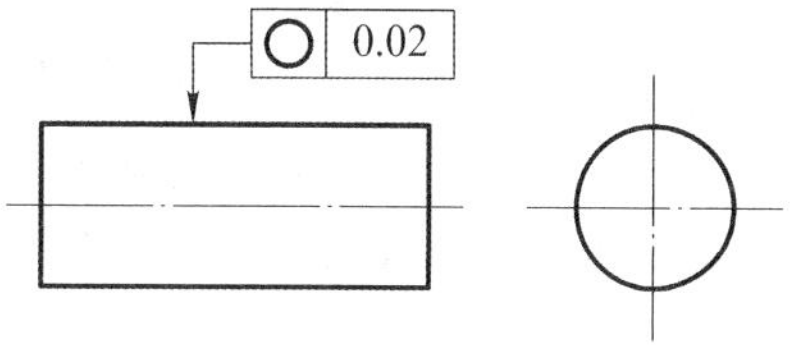 在圆锥面的任意横截面内,提取(实际)圆周应限定在半径差等于 0.03 的两同心圆之间 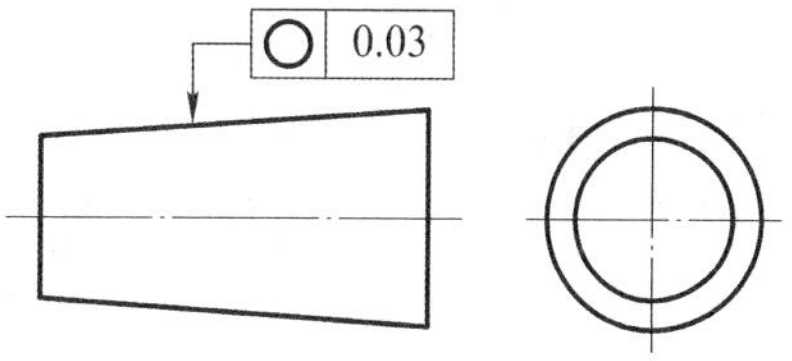 注:提取圆周的定义尚未标准化

4）圆柱度

圆柱度是限制实际圆柱面对理想圆柱面变动量的一项指标,其被测要素为圆柱面。圆柱度公差可控制圆柱体横截面和轴截面内的各项形状误差,如圆度、素线直线度、轴线直线度等,是圆柱体各项形状误差的综合指标。圆柱度公差带的定义、标注和解释见表 4-8。

表 4-8　圆柱度公差带的定义、标注示例和解释　　　　　　　　　　　　（mm）

公差带定义	标注示例和解释
公差带为半径等于公差值 t 的两同轴圆柱面所限定的区域 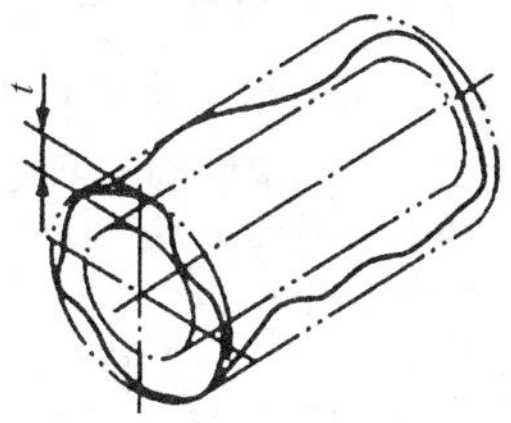 	提取(实际)圆柱面应限定在半径等于 0.02 的两同轴圆柱面之间 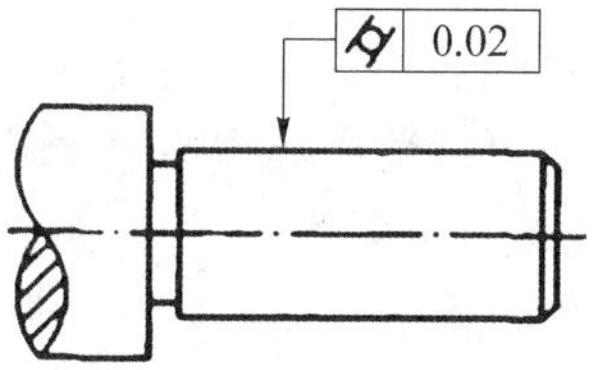

4.3.2 基准

1）基准的种类

基准是用来确定实际关联要素几何位置关系的参考对象，应具有理想形状（有时还应具有理想方向）。

基准有基准点、基准直线（包括基准轴线）和基准平面（包括基准中心平面）等几种形式。基准点用得极少，基准直线和基准平面则得到广泛应用。按需要，关联要素的方位可以根据单一基准、公共基准或三基面体系来确定。

（1）单一基准。单一基准是指由一个基准要素建立的基准。如图 4-18b 所示，由一个平面要素建立基准平面 A；再如图 4-9a 所示，由 $\phi12H8$ 圆柱面轴线（基准导出要素）建立基准轴线 A。

（2）公共基准。公共基准是指由两个或两个以上的同类基准要素建立的一个独立的基准，又称组合基准。如图 4-52 的同轴度示例中，由两个直径皆为 ϕd_1 的圆柱面的轴线建立公共基准轴线。它作为一个独立的基准使用。

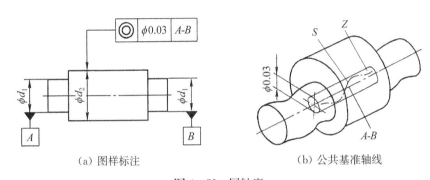

（a）图样标注　　　　　　　　　　　（b）公共基准轴线

图 4-52　同轴度

S—实际被测轴线；Z—圆柱形公差带

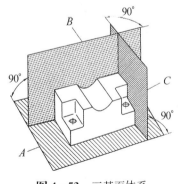

图 4-53　三基面体系

（3）三基面体系。当单一基准或一个独立的公共基准不能对关联要素提供完整而正确的方向或位置时，就有必要引用基准体系。为了与空间直角坐标系一致，规定以三个互相垂直的基准平面构成一个基准体系——三基面体系。如图 4-53所示，三个互相垂直的平面 A、B、C 构成了一个三基面体系，它们按功能要求分别称为第一、第二、第三基准平面（基准的顺序）。第二基准平面 B 垂直于第一基准平面 A，第三基准平面 C 垂直于第一基准平面 A（且垂直于第二基准平面 B）。

三基面体系中每两个基准平面的交线构成一条基准轴线，三条基准轴线的交点构成基准点。确定关联要素的方位时，可以使用三基面体系中的三个基准平面，也可以使用其中的两个基准平面或一个基准平面（单一基准平面），或者使用一个基准平面和一条基准轴线。

2）基准的体现

零件加工后，其实际基准要素不可避免地存在或大或小的形状误差（有时还存在方向误差）。如果以存在形状误差的实际基准要素作为基准，则难以确定实际关联要素的方位。如图

4-18b 和图 4-54 所示，上表面(被测表面)对底平面有平行度要求。实际基准表面 1 存在形状误差，用两点法测得实际尺寸 $H_1 = H_2 = H_i = \cdots = H_n$，则平行度误差值似乎为零；但实际上，该上表面相对于具有理想形状的基准平面(平板工作面 2)来说，却有平行度误差，其数值为指示表最大与最小示值的差值。

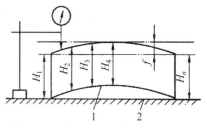

图 4-54　实际基准要素存在形状误差
1—实际基准表面；2—平板工作平面

再如图 4-55a 所示，ϕD 孔的轴线相对于基准平面 A 有位置度要求。如图 4-55b 所示，由于两个实际基准要素存在形状误差，它们之间还存在方向误差(互不垂直)，因此根据实际基准要素就很难评定该孔轴线的位置度误差值。显然，当两个基准分别为理想平面 A 和 B，并且它们互相垂直时，就不难确定该孔轴线的实际位置 S 对其理想位置 O 的偏移量 δ，进而确定位置度误差值，$\phi f_U = \phi(2\Delta)$，如果 $\phi f_U \leqslant \phi t$ 则表示合格。

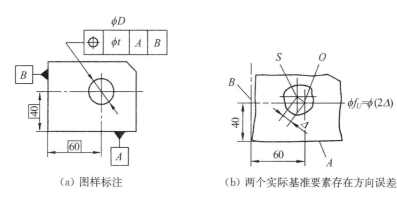

(a) 图样标注　　　　　(b) 两个实际基准要素存在方向误差

图 4-55　实际基准要素存在形状误差和方向误差
S—孔轴线的世纪位置；O—孔轴线的理想位置

从上述可知，在加工和检测中实际基准要素的形状误差较大时，不宜直接使用实际基准要素作为基准。基准通常用形状足够精确的表面来模拟体现。例如，基准平面可用平台、平板的工作面来模拟体现(图 4-54)，孔的基准轴线可用与孔成无间隙配合的心轴或可膨胀式心轴的轴线来模拟体现(图 4-56)，轴的基准轴线可用 V 形块来体现(图 4-57)，三基面体系中的基准平面可用平板和方箱的工作面来模拟体现。

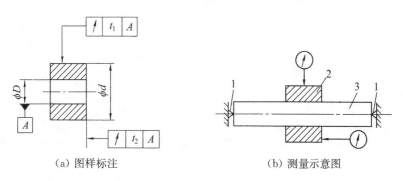

(a) 图样标注　　　　　(b) 测量示意图

图 4-56　径向和轴向圆跳动测量
1—顶尖；2—被测零件；3—心轴

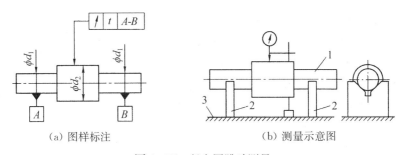

（a）图样标注　　　　　　　　　　（b）测量示意图

图 4 - 57 径向圆跳动测量

1—被测零件；2—两个等高 V 形块；3—平板

4.3.3　轮廓度公差带

轮廓度公差涉及的要素是曲线和曲面。轮廓度公差有线轮廓度和面轮廓度，合称轮廓度。轮廓度公差的被测要素有曲线和曲面。线轮廓度公差是用以限制平面曲线（或曲面的截面轮廓）的误差。面轮廓度公差用以限制曲面的误差。

它们的理想被测要素的形状需要用理论正确尺寸（把数值围以方框表示的没有公差而绝对准确的尺寸）决定。采用方框这种形式表示，是为了区别于图样上的未注公差尺寸。

轮廓度公差带有两种情况，一是不涉及基准，属于形状公差，其公差带的方向和位置是浮动的；另一种是涉及基准，属于方向或（和）位置公差，公差带的方向或（和）位置是固定的。轮廓度的公差带具有以下特点：

（1）无基准要求的轮廓度，只能限制被测要素的轮廓形状，其公差带的形状由理论正确尺寸决定。

（2）有基准要求的轮廓度，其公差带的位置需由理论正确尺寸和基准来决定。在限制被测要素相对于基准方向误差或位置误差的同时，也限制了被测要素轮廓的形状误差。

线、面轮廓度公差带的定义和标注示例见表 4 - 9。

表 4 - 9　线、面轮廓度公差带的定义和标注示例

特征项目	公差带定义	标注示例和解释
无基准的线轮廓度公差	公差带为直径等于公差值 t，圆心位于被测要素理论正确几何形状上的一系列圆的两包络线所限定的区域 a—任一距离； b—垂直于右图视图所在平面	在任一平行于图示投影面的截面内，实际轮廓线应限定在直径等于 0.04 mm、圆心位于被测要素理论正确几何形状上的一系列圆的两等距包络线之间

（续表）

特征项目	公差带定义	标注示例和解释
相对于基准体系的线轮廓度公差	公差带为直径等于公差值 t，圆心位于由基准平面 A 和基准平面 B 确定的被测要素理论正确几何形状上的一系列圆的两包络线所限定的区域 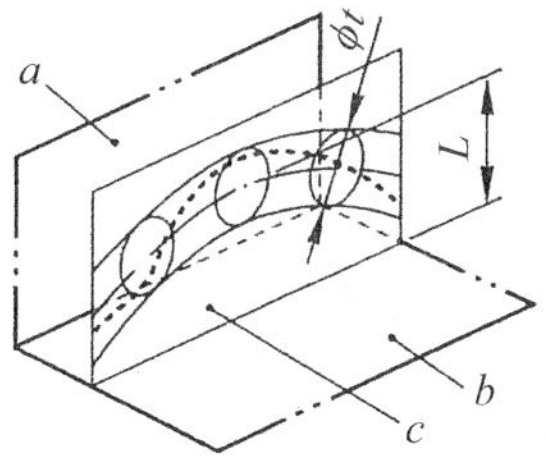 a，b—基准平面 A、B； c—平行于基准平面 A 的平面	在任一平行于图示投影面的截面内，实际轮廓线应限定在直径等于 0.04 mm、圆心位于由基准平面 A 和基准平面 B 确定的被测要素理论正确几何形状上的一系列圆的两等距包络线之间 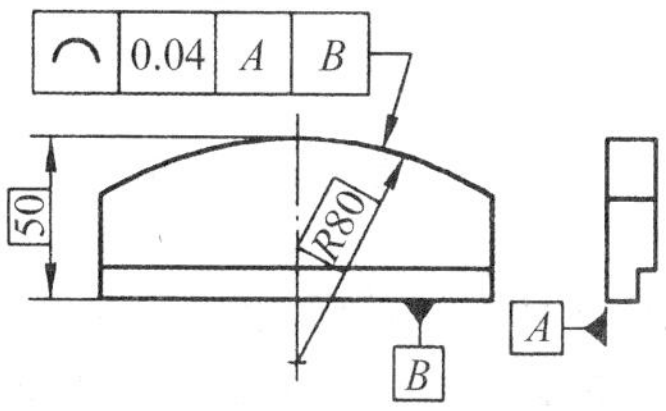
无基准的面轮廓度公差	公差带为直径等于公差值 t，球心位于被测要素理论正确几何形状上的一系列圆球的两包络面所限定的区域 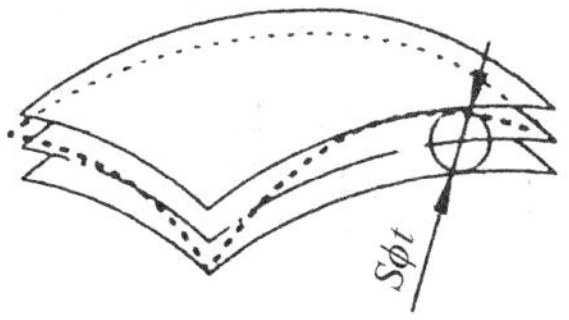	实际轮廓面应限定在直径等于 0.02 mm，球心位于被测要素理论正确几何形状上的一系列圆球的两等距包络面之间 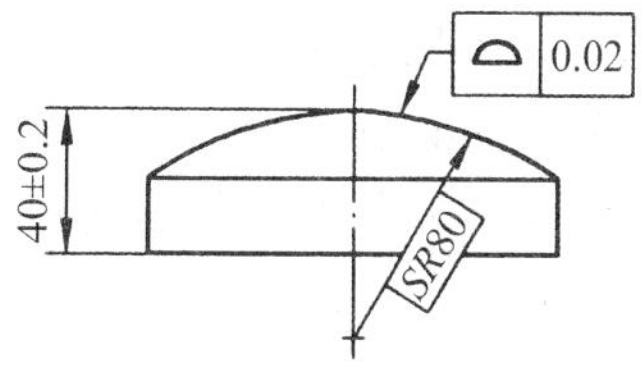
相对于基准体系的面轮廓度公差	公差带为直径等于公差值 t，球心位于由基准平面 A 确定的被测要素理论正确几何形状上的一系列圆球的两包络面所限定的区域 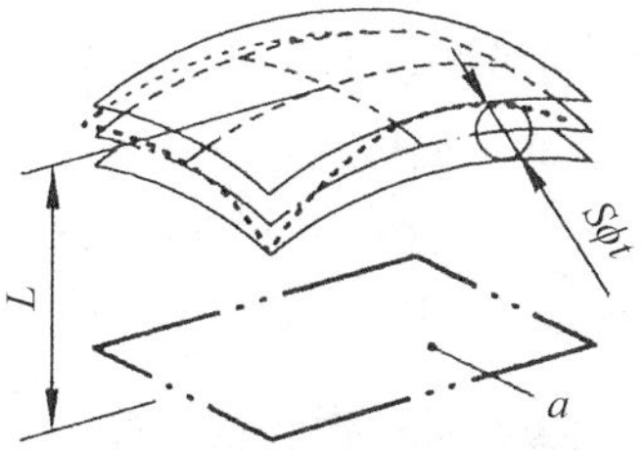	实际轮廓面应限定在直径等于 0.01 mm，球心位于由基准平面确定的被测要素理论正确几何形状上的一系列圆球的两等距包络面之间 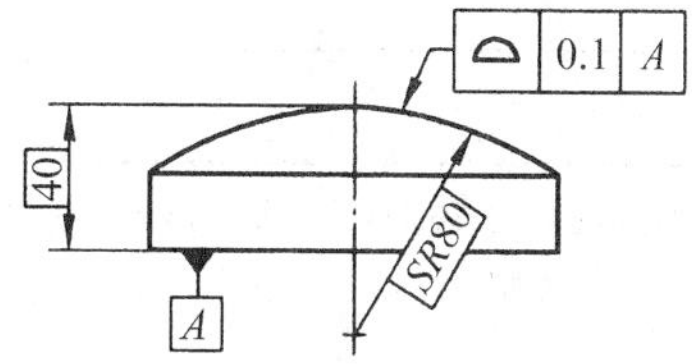

4.3.4　方向公差与公差带

方向公差是关联实际要素对基准在方向上允许的变动全量，用于限制被测要素相对基准在方向上的变动，因而其公差带相对于基准有确定的方向，即方向公差带的方向是固定的，而其位置往往是浮动的，其位置由被测实际要素的位置而定。

方向公差包括平行度、垂直度和倾斜度三项，被测要素和基准要素都有直线和平面之分。被测要素相对于基准要素，均有线对线、线对面、面对线和面对面四种情况。根据要素的空间特性和零件功能要求，方向公差中被测要素相对基准要素为线对线或线对面时，可分为给定一个方向、给定相互垂直的两个方向和任意方向上的三种。平行度、垂直度和倾斜度公差带分别相对于基准保持平行、垂直和倾斜某一理论正确角度 ⓐ 的关系。它们分别如图 4 - 58 所示。

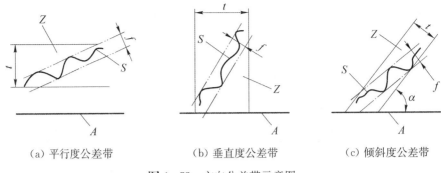

（a）平行度公差带　　　　　（b）垂直度公差带　　　　　（c）倾斜度公差带

图 4-58　方向公差带示意图

A—基准；*t*—方向公差值；*Z*—方向公差带；*S*—实际被测要素；*f*—形状误差值

方向公差涉及基准，被测要素相对于基准要素必须保持图样给定的平行、垂直和倾斜所夹角度的方向关系，被测要素相对基准要素的方向关系要求由理论正确角度来确定。平行和垂直时的理论正确角度分别为 $0°$ 和 $90°$，在图样标注时省略。

方向公差带有形状和大小的要求，还有特定方向的要求。例如，图 4-18b 所示的平行度公差特征项目中，理想被测要素的形状为平面，因而公差带的形状为两平行平面（图 4-58a），该公差带可以平行于基准平面 A 移动，既控制实际被测要素的平行度误差（面对面的平行度误差），同时又自然地在 $t = 0.03$ mm 平行度公差范围内控制该实际被测要素的平面度误差。

方向公差带具有综合控制被测要素的方向和形状的功能，能自然地把同一被测要素的形状误差控制在方向公差带范围内。如平面的平行度公差，可以控制该平面的平面度和直线度误差；轴线的垂直度公差，可以控制该轴线的直线度误差。

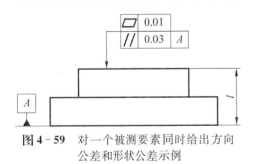

图 4-59　对一个被测要素同时给出方向公差和形状公差示例

因此，在保证功能要求的前提下，规定了方向公差的要素，一般不再规定形状公差。只有需要对该要素的形状有进一步要求时，则可同时给出形状公差，但其公差数值应小于方向公差值。如图 4-59 所示，对被测表面给出 0.03 mm 平行度公差和 0.01 mm 的平面度公差。

典型平行度、垂直度和倾斜度公差带的定义和标注示例见表 4-10。

表 4-10　典型平行度、垂直度和倾斜度公差带的定义和标注示例

特征项目		公差带定义	标注示例和解释
平行度公差	面对面平行度公差	公差带为间距等于公差值 t 且平行于基准平面的两平行平面所限定的区域 *a*—基准平面	基准平面 D 的两平行平面之间 // | 0.01 | D

（续表）

特征项目			公差带定义	标注示例和解释
平行度公差	线对面平行度公差		公差带为间距等于公差值 t 且平行于基准平面的两平行平面所限定的区域 a—基准平面	被测孔的实际轴线应限定在间距等于 0.01 mm 且平行于基准平面 B 的两平行平面之间
	面对线平行度公差		公差带为间距等于公差值 t 且平行于基准轴线的两平行平面所限定的区域 a—基准轴线	实际表面应限定在间距等于 0.1 mm 且平行于基准轴线 C 的两平行平面之间
	线对线平行度公差	任意方向上	公差带为直径等于公差值 ϕt 且轴线平行于基准轴线的圆柱面所限定的区域 a—基准轴线	被测孔的实际轴线应限定在直径等于 $\phi 0.03$ mm 且平行于基准轴线的圆柱面内
		互相垂直的方向上	公差带为互相垂直的间距分别等于公差值 t_1 和 t_2 且平行于基准轴线的两组平行平面所限定的区域 a—基准轴线	被测孔的实际轴线应限定在间距分别等于 0.2 mm 和 0.1 mm，在给定的相互垂直方向上且平行于基准轴线 A 的两组平行平面之间

（续表）

特征项目		公差带定义	标注示例和解释
垂直度公差	面对面垂直度公差	公差带为间距等于公差值 t 且垂直于基准平面的两平行平面所限定的区域 a—基准平面	实际表面应限定在间距等于 0.08 mm 且垂直于基准平面 A 的两平行平面之间
	面对线垂直度公差	公差带为间距等于公差值 t 且垂直于基准轴线的两平行平面所限定的区域 a—基准轴线	实际表面应限定在间距等于 0.08 mm 且垂直于基准轴线 A 的两平行平面之间
	线对线垂直度公差	公差带为间距等于公差值 ϕt 且垂直于基准轴线的两平行平面所限定的区域 a—基准轴线	被测孔的实际轴线应限定在间距等于 0.06 mm 且垂直于基准轴线 A 的两平行平面之间
	线对面垂直度公差	在任意方向上，公差带为直径等于公差值 ϕt 轴线垂直于基准平面的圆柱面所限定的区域 a—基准平面	被测圆柱面的实际轴线应限定在直径等于 $\phi 0.01$ mm 且轴线垂直于基准平面 A 的圆柱面内

（续表）

特征项目		公差带定义	标注示例和解释
倾斜度公差	面对面倾斜度公差	公差带为间距等于公差值 ϕt 的两平行平面所限定的区域。该两平行平面按给定角度倾斜于基准平面 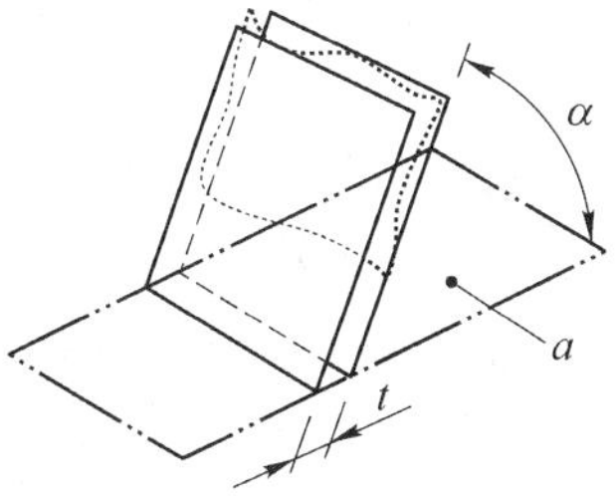 a—基准平面	实际表面应限定在间距等于 0.08 mm 的两平行平面之间。该两平行平面按理论正确角度 40° 倾斜于基准平面 A 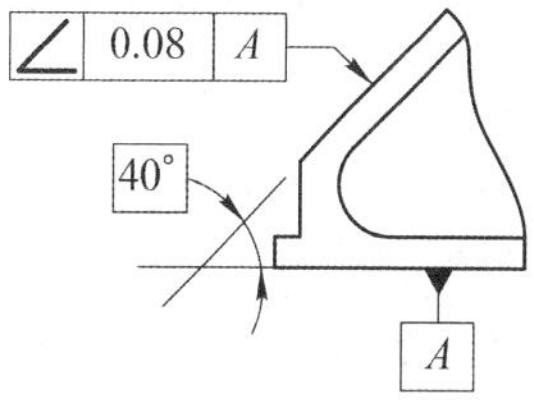
	线对线倾斜度公差	被测直线与基准直线在同一平面上。 公差带为间距等于公差值 t 的两平行平面所限定的区域。该两平行平面按给定角度倾斜于基准轴线 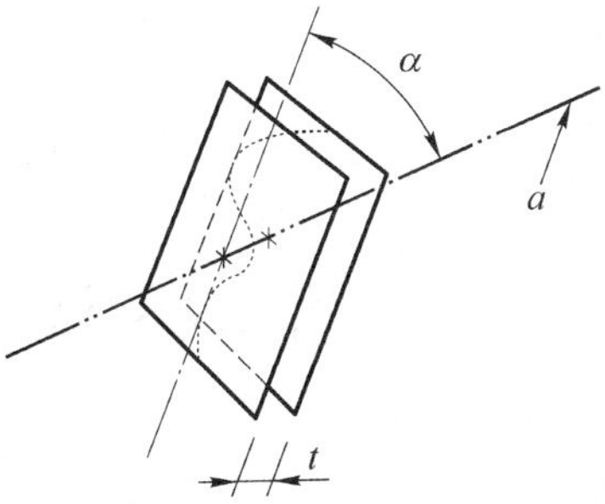 a—基准轴线	被测孔的实际轴线应限定在间距等于 0.08 mm 的两平行平面之间。该两平行平面按理论正确角度 60° 倾斜于公共基准轴线 $A-B$ 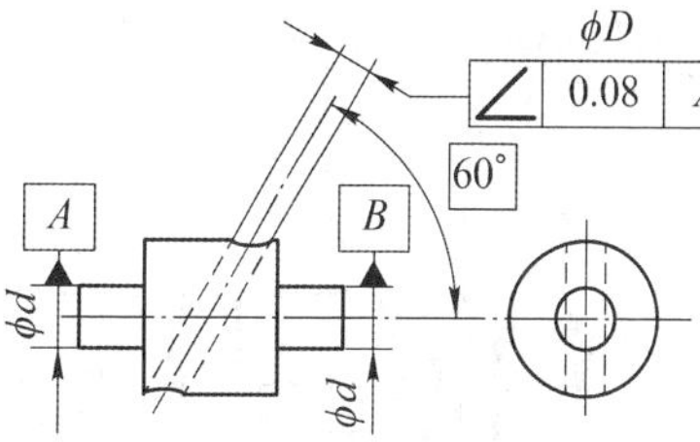

4.3.5　位置公差与公差带

位置公差是关联实际要素对基准在位置上允许的变动全量，包括同心度、同轴度、对称度和位置度等几个特征项目。

4.3.5.1　同心度和同轴度公差与公差带

1）同心度公差带

同心度公差涉及的要素是点。同心度是指被测点应与基准点重合的精度要求。

同心度公差是指实际被测点对基准点（被测点的理想位置）的允许变动量。同心度公差带是指直径等于公差值，且与基准点同心的圆内的区域。该公差带的方位是固定的。

同心度公差带和同心度公差标注示例见表 4-11 第一栏。

2）同轴度公差带

同轴度公差涉及的要素是圆柱面和圆锥面的轴线。同轴度是指被测轴线应与基准轴线（或公共基准轴线）重合的精度要求。

同轴度公差是指实际被测轴线对基准轴线（被测轴线的理想位置）的允许变动量。同轴度公差带是指直径等于公差值,且与基准轴线同轴线的圆柱面内的区域,如图 4-52a 所示的图样标注,圆柱面的被测轴线应与公共基准轴线 $A-B$ 重合,理想被测要素的形状为直线,以公共基准轴线 $A-B$ 为中心,在任意方向上控制实际被测轴线的变动范围。因此,公差带应是以公共基准轴线为轴线,直径等于公差值 $\phi0.03$ mm 的圆柱面内的区域(图 4-52b)。该公差带的方位是固定的。

同轴要素结构形式多种多样,其功能要求也各不相同,为此应给出不同形式的同轴度公差要求,且采用不同方法进行标注。

应当指出:无论哪种形式的同轴度公差要求,其被测与基准要素均为中心要素(轴线),故在标注时框格指引线箭头和基准符号均应与相应的尺寸线对齐。

(1) 单一基准要素同轴度公差要求,是指基准要素为单一轴线要素,如图 4-60 所示的中间齿轮座用于支承中间齿轮,为保证安装在其上的中间齿轮与齿轮系相关齿轮间正确啮合,必须使其安装位置正确。该零件上 $\phi30$ mm 圆柱面作为安装定位面,而 $\phi25$ mm 圆柱面是中间齿轮回转中心面,因而必须保持两轴线间同轴,才能保证其正确的啮合位置,故给出同轴度公差。标注时,首先与基准要素尺寸线对齐注出基准符号,以确定基准轴线 A。并在公差框格内注出相应的基准字母代号,同时在公差值前加注"ϕ",然后将框格指引线箭头与被测要素尺寸线 $\phi25$ mm 对齐,注明被测轴线,如图 4-60a 所示,它表明:$\phi25$ mm 圆柱面轴线对 $\phi30$ mm 圆柱面轴线同轴度公差为 0.003 mm。其公差带为以 $\phi30$ mm 轴线为中心,公差值 0.03 mm 为直径的圆柱面所限定的区域,如图 4-60b 所示。

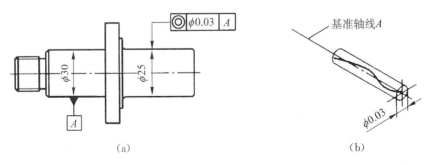

图 4-60 单一基准要素同轴度公差标注

(2) 带有辅助基准的同轴度公差要求,是指当基准轴线长度很小,难以确定其轴向方位时,采用第二基准作为辅助基准以确定基准轴线的方位。图 4-61 所示中间齿轮轴度的功能要求与上述图 4-60 所示完全相同,但其结构上不同。主要区别是 $\phi30$ mm 定位圆柱面长度很小,只能起到中心点位置定位作用,而轴向方向难以确定。实际应用时,通过中间法兰固定,且以法兰左侧面定位。因而定位轴颈的方向即由该定位面确定。为此,在给出同轴度公差时,可选定该定位面作为第二基准,以确定准轴线的方位。

标注时,仍按图 4-60 所示方法进行标注,只是增加第二基准要素 B,如图 4-61a 所示。图中要求表示:以 $\phi30$ mm 圆柱面轴线作为中心定位,与基准平面 B 垂直的线作为基准轴线,$\phi25$ mm 轴线对该轴线的同轴度公差为 0.03 mm。其公差带为以过 $\phi30$ mm 中心与 B 面垂直的直线为轴线,直径为公差值 0.03 mm 的圆柱而所限定的区域,如图 4-61b 所示。

(3) 公共轴线为基准的同轴度公差要求,是指以两个或两个以上轴线要素的公共轴线作为

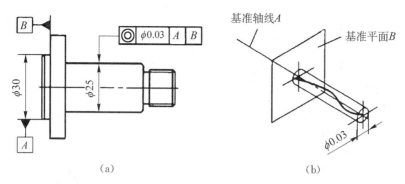

图 4 - 61　带辅助基准的同轴度公差标注

基准要素。如图 4 - 62 所示传动轴工作时,两端 ϕ25 mm 轴颈支承在箱体轴承上,安装在中间 ϕ30 mm 上的传动件绕其旋转。该旋转中心应为两端轴线构成的公共轴线。为保证传动件正常运转,防止偏心产生的震动,故应给出同轴度公差。

标注时,首先应注出 A、B 两基准要素,并在公差框格内注出公共基准字母代号"A - B",通常应在公差值前加注"ϕ",然后将公差框格指引线箭头与被测要素尺寸线对齐,如图 4 - 62a 所示。图中要求表示:ϕ30 mm 圆柱面轴线对 A、B 两圆柱面公共基准轴线的同轴度公差为 0.02 mm。其公差带是:直径为公差值 0.02 mm,且轴线与"A - B"公共基准轴线同轴的圆柱面所限定的区域,如图 4 - 62b 所示。

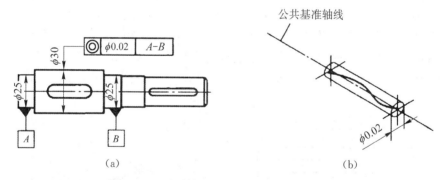

图 4 - 62　公共轴线为基准的同轴度公差标注

由多个轴线要素构成的公共轴线基准给出的同轴度公差要求。如图 4 - 63 所示内燃机曲轴箱,该零件上有三个 ϕ100 mm 座孔,用于支承曲轴。为保持各轴颈均匀的配合间隙,要求各孔轴线同轴。从功能要求来看,三孔轴线同时组成曲轴回转中心,而各孔对该中心保持同轴,故给出以三孔公共轴线为基准,各孔对其同轴度公差要求。

标注方式与上述两要素公共基准基本相同,主要区别是将各基准要素均用基准符号注出,并在公差框格内注出基准字母"A - B - C",由框格引出多条指引线分别指向被测要素,同时在公差框格上方注出数量"3×G",如图 4 - 63a 所示。图中要求表示:三处 ϕ100 mm 孔的轴线对公共基准轴线"A - B - C"的同轴度公差为 0.02 mm,如图 4 - 63b 所示。

同心度是表示在同一平面内两个圆的圆心保持在一点的状况。同心度公差是被测实际圆心相对于基准圆心所允许的最大变动量。其公差带为直径为公差值 ϕt 且与圆心同心的圆所限定的区域。

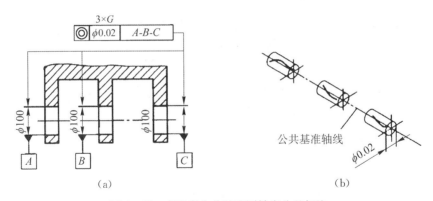

图 4 - 63 多要素公共基准同轴度公差标注

同心度与同轴度为同类性质的公差要求,故在图样上采用同一几何特征代号,标注方法也完全相同。

4.3.5.2 对称度公差带

对称度公差涉及的要素是中心平面(或公共中心平面)和轴线(或公共轴线、中心直线)。对称度是指被测导出要素应与基准导出要素重合,或者应通过基准导出要素的精度要求。

对称度公差是指实际被测导出要素的位置对基准的允许变动量,有被测中心平面相对于基准中心平面(面对面)、被测中心平面相对于基准轴线(面对线)、被测轴线相对于基准中心平面(线对面)和被测轴线相对于基准轴线(线对线)四种形式。

对称度公差带是指间距等于公差值,且相对于基准对称配置的两平行平面之间的区域,如图 4 - 64a 所示的图样标注,宽度为 b 的槽的被测中心平面应与宽度为 B 的两平行平面的基准中心平面 A 重合。理想被测要素的形状为平面,以基准中心平面 A 为中心,在给定方向上控制实际被测要素的变动范围。因此,公差带应是间距等于 0.02 mm 且相对于基准中心平面 A 对称配置的两平行平面之间的区域,如图 4 - 64b 所示。该公差带的方位是固定的。

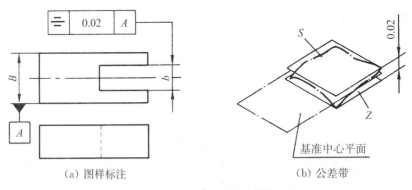

(a) 图样标注　　　　　　　　　　(b) 公差带

图 4 - 64 面对面的对称度

S—实际被测中心平面;Z—两平行平面形状的公差带

对称度是表示零件上两对称中心要素保持在同一平面的状况。对称度公差是被测实际中心要素相对于基准中心要素所允许的最大变动量。

零件上对称结构要素很多。导向块上下两平面与中间凹槽两侧面间(图 4 - 65a)、滑块两侧导向面与中间轴线间(图 4 - 65b)、轴上键槽两侧面与轴线间(图 4 - 65c 左侧)、轴上轴线与定位孔轴线间(图 4 - 65c 右侧)等。

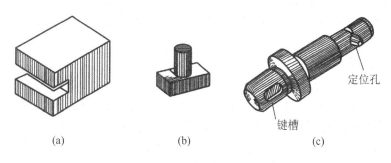

图 4-65　零件上对称结构要素

根据零件的结构特点和功能要求不同,对其对称度公差提出不同形式的要求。

(1) 中心面对基准中心面的对称度公差,是指被测要素与基准要素均为平面所构成的对称中心面(图 4-65a)。其公差带是:间距等于公差值 t,且相对于基准的中心平面对称配置的两平行平面所限定的区域。

(2) 中心面对基准轴线的对称度公差,是指被测要素是由两平面所构成的中心面,基准要素则为一轴线(图 4-65b、图 4-65c 左侧)。其公差带是:间距等于公差值 t,且相对于基准轴线对称配置的两平行平面所限定的区域。

(3) 轴线对基准轴线的对称度公差,是指被测与基准要素均为轴线(图 4-65c 右侧)。其公差带是:间距等于公差值 t,且相对于基准轴线对称配置的两平行平面所限定的区域。

4.3.5.3　位置度公差带

位置度公差涉及的被测要素有点、线、面,而涉及的基准要素通常为线和面。位置度是指被测要素应位于由基准和理论正确尺寸确定的理想位置上的精度要求。

各种零件的结构形式和功能要求各不相同,其上各要素间位置度公差要求的形式也各不相同。由于位置度公差都是由理论正确位置确定的,故其公差带均为相对于理论正确位置对称分布。

1) 点的位置公差

被测要素为点,常见有以下两种形式。

(1) 在给定平面内的点的位置公差:其公差带是直径为公差值 t 的圆所限定的区域。该圆公差带的中心位置是由基准理论正确位置所确定的。标注时应在公差值前加注"ϕ"。

(2) 空间上点的位置度公差:其公差带是直径为公差值 t 的球内区域。该球的中心点的位置是由相对于基准的理论正确位置所确定的。标注时应在前加注"$S\phi$"

2) 线的位置度公差

被测要素为一直线(中心线),根据零件功能要求不同,线的位置度公差要求有以下几种形式:

(1) 在一个方向上给定线的位置度公差:其公差带是以线的理想位置为中心线,对称配置的两平行直线所限定的区域。该中心线的位置是由相对于基准的理论正确尺寸确定,公差带的宽度方向是框格指引线箭头所指的方向。

(2) 在相互垂直的两个方向上给定线的位置度公差。其公差带是两对相互垂直的,间距分别等于公差值 t_1 和 t_2,且以轴线的理想位置为中心对称配置的两平行平面所限定的区域。两公差值可以不相等或相等。该轴线的理想位置是由相对于三基面体系的理论正确尺寸确定的。

（3）在任意方向上线的位置度公差。其公差带是直径为公差值 t 的圆柱所限定的区域。公差带的轴线位置是由相对于三基面体系的理论正确位置所确定。标注时应在公差值前面加注"ϕ"。

3）面的位置度公差

被测要素为一平面或中心面，其公差带是间距等于公差值 t，且以面的理想位置为中心，对称配置的两平面所限定的区域。面的理想位置是由相对于三基面体系的理论正确位置确定的。

位置度公差是指被测要素所在的实际位置对其理想位置的允许变动量。位置度公差带是指以被测要素的理想位置为中心来限制实际被测要素变动的区域，该区域相对于理想位置对称配置，该区域的宽度或直径等于公差值。如图 4-66a 所示的图样标注，理想被测要素的形状为平面，它应位于平行于基准平面 A 且至该基准平面的距离（定位尺寸）为理论正确尺寸 $\boxed{l}$ 的理想位置 $P_。$ 上（图 4-66b）。以这理想位置为中心在给定方向上控制实际被测要素的变动范围。因此，公差带应是间距等于 0.05 mm 且相对于上述理想位置对称配置的两平行平面之间的区域（图 4-66b）。该公差带的方位是固定的。

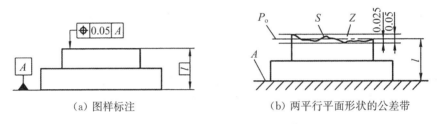

（a）图样标注　　　　　　　　（b）两平行平面形状的公差带

图 4-66　平面的位置度公差带

S—实际被测要素；Z—公差带；$P_。$—被测表面的理想位置

对于尺寸和结构分别相同的几个被测要素（称为成组要素，如孔组），用由理论正确尺寸，按确定的几何关系把它们联系在一起，作为一个整体而构成的几何图框，来给出它们的理想位置。如图 4-67a 所示的图样标注，矩形布置的六孔组有位置度要求。六个孔心之间的相对位置关系由保持垂直关系的理论正确尺寸 $\boxed{x_1}$、$\boxed{x_2}$ 和 $\boxed{y}$ 确定。

图 4-67b 为六孔组的几何图框；图 4-67c 所示为该几何图框的理想位置，由基准（后者垂直于前者）和定位的理论正确尺寸 $\boxed{L_x}$、$\boxed{L_y}$ 来确定。各孔心位置度公差带（图 4-67c 所示带网点的圆）是分别以各孔的理想位置为中心（圆心）的圆内的区域，它们分别相对于各自的理想位置对称配置，公差带的直径等于公差值 ϕt。

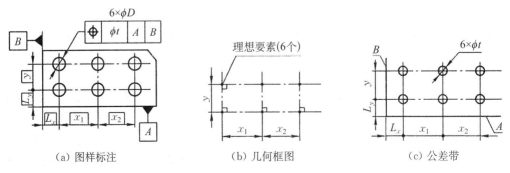

（a）图样标注　　　　（b）几何框图　　　　（c）公差带

图 4-67　矩形布置六孔组的位置度公差带示例

再如图 4 - 68a 所示的图样标注,圆周布置的六孔组有位置度要求,六个孔的轴线之间的相对位置关系是它们均布在直径为理论正确尺寸 $\boxed{\phi L}$ 的圆周上。参看图 4 - 68(b)。

六孔组的几何图框就是这个圆周及均布的六条轴线,该几何图框的中心与基准轴线 ϕL 重合,其定位的理论正确尺寸为零。各孔轴线的位置度公差带是以由基准轴线 A 和几何图框确定的。各自理想位置(按均匀分布)为中心的圆柱面内的区域,它们分别相对于各自的理想位置对称分布,公差带的直径等于公差值 ϕt。

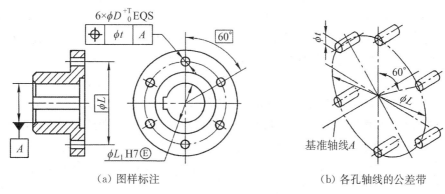

| (a) 图样标注 | (b) 各孔轴线的公差带 |

图 4 - 68　圆周布置六孔组的位置度公差带示例

综上所述,位置公差带具有综合控制被测要素位置、方向和形状的功能。位置公差带不仅有形状和大小的要求,而且相对于基准的定位尺寸为理论正确尺寸,因此还有特定方位的要求,即位置公差带的中心具有确定的理想位置,且以该理想位置来对称配置公差带。如平面的位置度公差,可控制该平面的平面度误差和相对于基准的方向误差;同轴度公差可控制被测轴线的直线度误差和相对于基准轴线的平行度误差。如图 4 - 66 所示的被测表面位置度公差带,既控制实际被测表面距基准平面 A 的位置度误差,同时又自然地在 0.05 mm 位置度公差带范围内控制该实际被测表面对基准平面 A 的平行度误差和它本身的平面度误差。

位置公差带能自然地把同一被测要素的形状误差和方向误差控制在位置公差带范围内。在满足使用要求的前提下,对被测要素给出位置公差后,通常对该要素不再给出方向公差和形状公差。如果需要对方向和形状有进一步要求时,则可另行给出方向或形状公差,但其数值应小于位置公差值。

因此,对某一被测要素给出位置公差后,仅在对其方向精度或(和)形状精度有进一步要求时,才另行给出方向公差或(和)形状公差,而方向公差值必须小于位置公差值,形状公差值必须小于方向公差值。如图 4 - 69 所示,对被测表面同时给出 0.05 mm 位置度公差、0.03 mm 平行度公差和 0.01 mm 平面度公差。

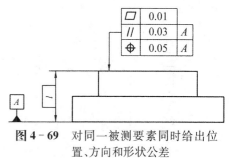

图 4 - 69　对同一被测要素同时给出位置、方向和形状公差

4.3.5.4　复合位置度

如果一组要素相互之间的位置度关系由位置度公差标注,且整个要素组(几何框图)相对于其他基准要素的位置关系也用位置度公差定位,称为复合位置度要求。复合位置度公差标

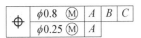

图 4 - 70 复合位置度
公差标注

注可由上下两部分框格组成,如图 4 - 70 所示。

上框格为孔组定位公差(或者称为阵列位置公差),给出整组要素的定位公差,它主要实现孔组整体要素相对于基准体系的定位,描述的是整列形体作为一个整体的位置度公差,其公差值相对下框格的公差值较大;下框格为组内各孔轴线位置度公差(或者称为形体相关公差),表示组内各孔轴线的位置精度要求,描述的是阵列中各个形体相互间的位置和方向公差,其公差值相对上框格的公差值较小,表明它的公差带只能在上框格公差带内进行小范围的平移或者旋转。

如果下框格中没有参照基准,则形体相关公差可在阵列位置公差定义的公差带内任意移动或者转动。如果下框格中有参照基准,则该基准约束了形体相关公差在阵列位置公差内的旋转自由度,不约束移动自由度;只控制方向,不控制位置。

同时,当下框格中有参照基准时,这些基准必须按序重复上框格公差基准中的一部分或者全部。

图 4 - 71 所示模板用于加工孔时定位,根据被加工件功能需要,其上四个 $\phi 8$ mm 的孔之间具有严格的位置度精度要求,故应给出严格的位置精度要求。而四孔相对于两端面基准 B、C 也有一定的位置精度要求,为此图中给出复合位置度公差要求。标注时,首先注出四孔间的理论正确尺寸 $\boxed{30}$、$\boxed{35}$,构成该要素的理想框图。然后注出基准要素 A、B、C 三相互垂直平面构成三基面体系。同时又注出理论正确位置 $\boxed{15}$,以确定四孔成组要素相对于三基面体系定位理想位置。公差框格由上下两个框格组成:上框格内给出整组要素的定位公差 $\phi 0.2$ mm,同时

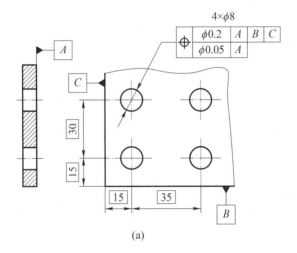

(a)

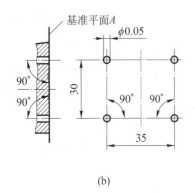

(b)

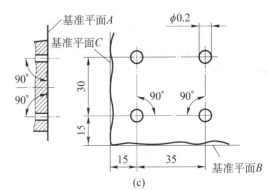

(c)

图 4 - 71 复合位置度公差标注

注出基准要素代号字母 A、B、C;下框格内则给出四孔组要素内各要素之间的位置度公差 $\phi 0.05$ mm。为保持孔的轴线与地面 A 垂直,故同时标注出基准代号字母 A,如图 4 - 71 所示。

上述标注的两项位置度公差分别满足要求,即下框格的标注要求表示:四孔的每一个孔的实际轴线应位于直径 0.05 mm 的圆柱形公差带内,各位置度公差带相互之间以 ⌐30⌐、⌐35⌐ 理论正确位置定位,并垂直于基准平面 A,如图 4 - 71b 所示。上框格标注要求表示:四孔的第一个孔的实际轴线还应位于直径 0.2 mm 的圆柱形公差带内,其位置度公差带应以 A、B、C 三个基准平面所建立的三基面体系及正确理论尺寸定位。

上述要求表示:四孔的实际轴线位置只允许在几何框图所确定的 $\phi 0.02$ mm 公差带范围内变动,而整组要素可以刚性地(几何框图不变)在定位公差带 $\phi 0.2$ mm 范围内变动,如图 4 - 71c 所示。

应当指出:标准中不再推荐以前一直沿用的一组要素用位置度公差标注,而整组要素的位置又用尺寸公差定位的复合标注,如图 4 - 72 所示,而应采用标准中规定的复合位置度公差标注法,如图 4 - 71a 所示。

典型的位置公差带的定义、标注和解释见表 4 - 11。

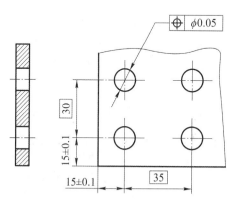

图 4 - 72 不再采用的尺寸公差定位复合注法

表 4 - 11 位置公差带的定义、标注示例和解释 (mm)

特征	公差带的定义	标注示例和解释
点的同心度	公差值前加注符号 ϕ,公差带为直径等于公差值 ϕt 的圆周所限定的区域。该圆周的圆心与基准点重合	在任意横截面内,内圆的提取(实际)中心应限定在直径等于 $\phi 0.01$,以基准点 A 为圆心的圆周内 ACS ◎ $\phi 0.01$ A
轴线的同轴度	公差值前加注符号 ϕ,公差带为直径等于公差值 ϕt 的圆柱面所限定的区域。该圆柱面的轴线与基准轴线重合	ϕd 圆柱面的提取(实际)中心线应限定在直径等于 $\phi 0.08$,以公共基准轴线 A - B 为轴线的圆柱面内 ϕd ◎ $\phi 0.08$ $A-B$ A B ϕd 圆柱面的提取(实际)中心线应限定在直径等于 $\phi 0.1$,以垂直于基准平面 A 的基准轴线 B 为轴线的圆柱面内

（续表）

特征	公差带的定义	标注示例和解释
轴线的同轴度		
面对基准平面	公差带为间距等于公差值 t，对称于基准中心平面的两平行平面所限定的区域	提取（实际）中心面应限定在间距等于 0.1、对称于基准中心平面 A 的两平行平面之间
面对基准轴线	公差带为间距等于公差值 t，对称于基准轴线的两平行平面所限定的区域	键槽提取（实际）中心面应限定在间距等于0.08、对称于通过基准轴线 A 的辅助平面的两平行平面之间
点的位置度	公差值前加注符号 ϕ，公差带为直径等于公差值 ϕt 的圆周所限定的区域。该圆周的圆心的理论正确位置由基准 A、B 和理论正确尺寸确定	提取（实际）中心点应限定在直径等于 $\phi 0.3$ 的圆周内。该中心点由基准平面 A、基准平面 B 和理论正确尺寸确定
线的位置度	任意方向时，公差值前加注符号 ϕ，公差带为直径等于公差值处的 ϕt 圆柱面所限定的区域。该圆柱面的轴线的位置由基准平面 A、B、C 和理论正确尺寸确定	提取（实际）中心线应限定在直径等于 $\phi 0.1$ 的圆柱面内。该圆柱面的轴线的位置应处于由基准平面 A、B、C 和理论正确尺寸 100、68 确定的理论正确位置上

（续表）

特征	公差带的定义	标注示例和解释
线的位置度	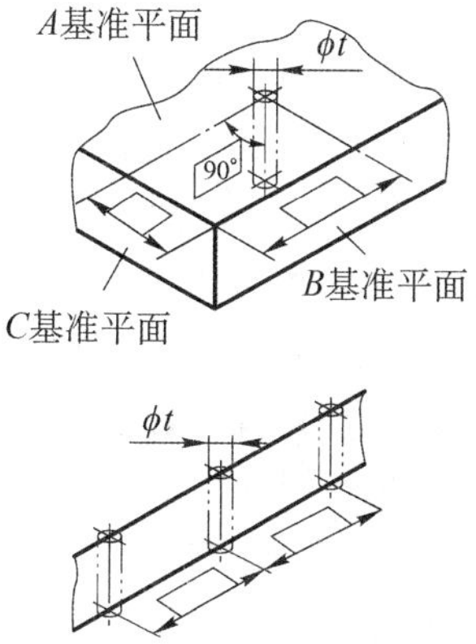	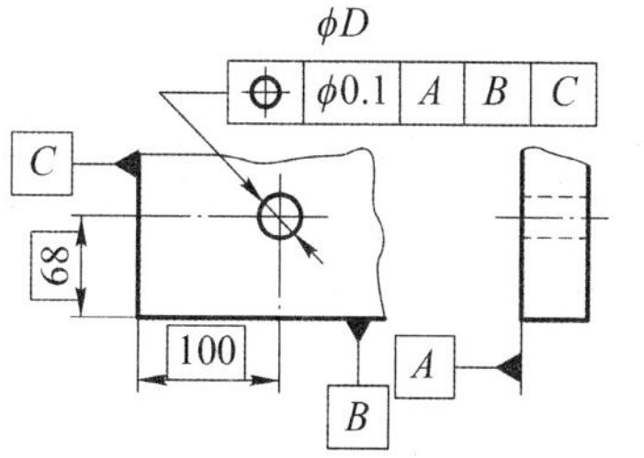 　各提取(实际)中心线应各自限定在直径等于 $\phi 0.1$ 的圆柱面内。该圆柱面的轴线应处于由基准平面 C、A、B 和理论正确尺寸 20、15、30 确定的各孔轴线的理论正确位置上 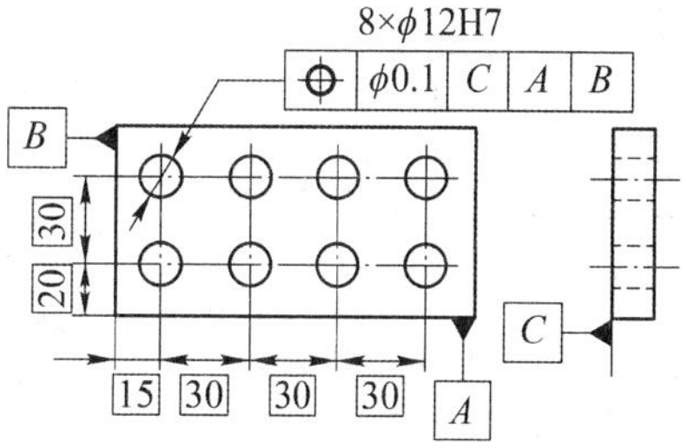
面的位置度	公差带为间距等于公差值 t,且对称于被测面理论正确位置的两平行平面所限定的区域。面的理论正确位置由基准平面、基准轴线和理论正确尺寸确定 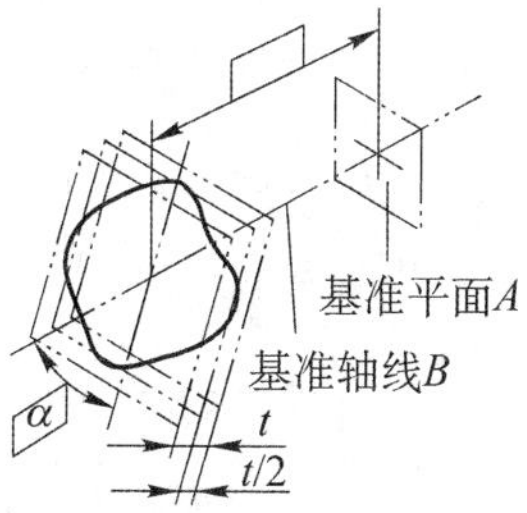 	提取(实际)表面应限定在间距等于 0.05,且对称于被测面的理论正确位置的两平行平面之间。该两平行平面对称于由基准平面 A、基准轴线 B 和理论正确尺寸 20、60° 确定的被测面的理论正确位置 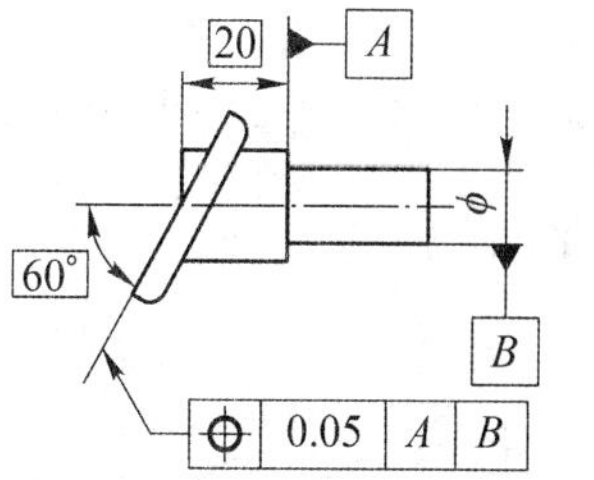

4.3.6　跳动公差与公差带

1) 跳动公差与公差带的特点

跳动公差是关联实际要素绕基准轴线回转一周或连续回转时所允许的最大跳动量。跳动公差带是按特定的测量方法定义的公差项目,跳动误差测量方法简便,但仅限于回转表面。跳动误差是实际被测要素在无轴向移动的条件下绕基准轴线回转的过程中(回转一周或连续回转),由指示计在给定的测量方向上测得的最大与最小示值之差。

跳动公差涉及基准,跳动公差带的方向和位置是固定的。跳动公差包括两个项目:圆跳动和全跳动。

圆跳动的被测要素有圆柱面、圆锥面和端面等组成要素,基准要素为轴线。圆跳动是指被测要素在某个测量截面内相对于基准轴线的变动量。测量时被测要素回转一周,而指示计的位置固定。根据测量方向的不同,圆跳动分为径向圆跳动、轴向圆跳动和斜向圆跳动。

全跳动的被测要素有圆柱面和端面,基准要素为轴线。全跳动是指整个被测要素相对于基准轴线的变动量。测量时被测要素连续回转且指示计相对于基准作直线移动。全跳动分为径向全跳动和轴向全跳动。

跳动公差带有形状和大小的要求,还有方位的要求,即公差带相对于基准轴线有确定的方位。例如,某一横截面径向圆跳动公差带的中心点在基准轴线上;径向全跳动公差带的轴线(中心线)与基准轴线同轴线(重合);轴向全跳动公差带(两平行平面)垂直于基准轴线。

此外,跳动公差具有综合控制被测要素的位置、方向和形状的作用。例如,径向圆跳动公差带综合控制同轴度误差和圆度误差;径向全跳动公差带可综合控制同轴度和圆柱度误差;轴向全跳动公差可综合控制端面对基准轴线的垂直度误差和平面度误差(轴向全跳动公差带与端面对轴线的垂直度公差带是相同的,两者控制位置误差的效果也一样)。

因此,在采用跳动公差时,若综合控制被测要素能够满足功能要求,一般不再标注相应的位置公差和形状公差,若不能够满足功能要求,则可进一步给出相应的位置公差和形状公差,但其数值应小于跳动公差值,如图 4 - 73 所示。

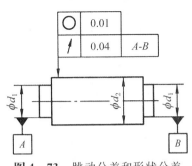

图 4 - 73 跳动公差和形状公差同时标注示例

2) 跳动公差带的定义、标注和解释

典型的圆跳动、全跳动公差带的定义、标注和解释见表 4 - 12。

表 4 - 12 跳动公差带的定义、标注示例和解释　　　　　　　　　(mm)

特征	公差带的定义	标注示例和解释
径向圆跳动	公差带为在任一垂直于基准轴线的横截面内、半径差等于公差值 t 圆心在基准轴线上的两同心圆所限定的区域	在任一垂直于基准 A 的横截面内,提取(实际)圆应限定在半径差等于 0.05,圆心在基准轴线 A 上的两同心圆之间
	基准轴线 t 横截面	在任一垂直于公共基准 A - B 的横截面内,提取(实际)圆应限定在半径差等于 0.1,圆心在基准轴线 A - B 上的两同心圆之间

（续表）

特征	公差带的定义	标注示例和解释
轴向圆跳动	公差带为与基准轴线同轴的任一半径的圆柱截面上,间距等于公差值 t 的两圆所限定的圆柱曲区域 基准轴线 公差带 c t c—任意直径	在与基准轴线 D 同轴的任一圆柱截面上,提取(实际)圆应限定在轴向距离等于0.1的两个等圆之间 ϕ　$\nearrow$ 0.1 A D
斜向圆跳动	公差带为与基准轴线同轴的某一圆锥截面上,间距等于公差值 t 的两圆所限定的圆锥面区域。 除非另有规定,测量方向应沿被测表面的法向 基准轴线　t 公差带 基准轴线　基准轴线　α 公差带　公差带	在与基准轴线 C 同轴的任一圆锥截面上,提取(实际)线应限定在素线方向间距等于0.1的两不等圆之间 $\nearrow$ 0.10 C ϕ C 在与基准轴线 C 同轴且具有给定角度60°的任一圆锥截面上,提取(实际)圆应限定在素线方向间距等于0.1的两个不等圆之间 $\nearrow$ 0.10 C 60° ϕ C
径向全跳动	公差带为半径差等于公差值。与基准轴线同轴的两圆柱面所限定的区域 t 基准轴线	提取(实际)表面应限定在半径差等于0.1,与公共基准轴线 A-B 同轴的两圆柱面之间 $\nearrow\nearrow$ 0.1 A-B ϕ　　ϕ A　　　B

(续表)

特征	公差带的定义	标注示例和解释
轴向全跳动	公差带为间距等于公差值 t，垂直于基准轴线的两平行平面所限定的区域 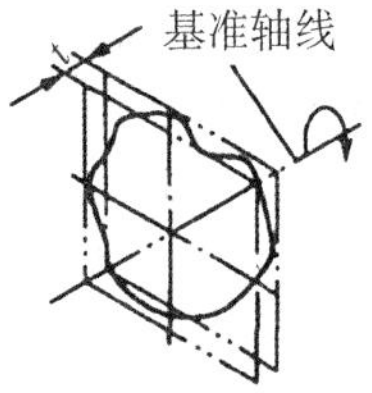 	提取(实际)表面应限定在间距等于 0.05、垂直于基准轴线 A 的两平行平面之间 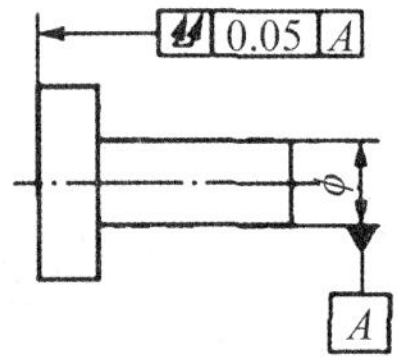

形状、轮廓、方向、位置和跳动公差之间，既有联系，又有区别。有的公差项目不同，而公差带的形状是相同的，如轴线的直线度、轴线的同轴度、轴线对端面的垂直度、组孔的位置度等，它们的公差带的形状都是直径为公差值 t 的圆柱；有的同一个公差项目却有几种形状不同的公差带，如直线度公差带有间距为 t 的两平行直线、间距为 t 的两平行平面和直径为 t 的圆柱面三种不同的形状。

因此，要从被测要素的种类、有无相对基准及方位的要求、能够控制误差的功能等方面，分析各类形状公差、方向公差、位置公差、跳动公差带的特点及相互之间的关系。一般来说，公差带形状主要由被测要素的种类来确定，公差带的方向和位置主要由被侧要素相对基准的方向与位置来确定，公差带的大小则是按被测要素功能要求所需精度来确定。

4.4 公差原则

零件几何要素既有尺寸公差的要求，又有几何公差的要求。它们都是对同一要素的精度要求。在设计零件时，根据零件的功能要求，对零件上重要的几何要素常常需要同时给定尺寸公差、几何公差等。零件上几何要素的实际状态是由要素的尺寸误差和几何误差综合作用的结果，两者都会影响零件的配合性能。因此，在设计和检测时需要明确尺寸公差与几何公差之间的关系。

而确定几何公差与尺寸公差之间的相互关系应遵循的原则，称为公差原则。公差原则分为独立原则(同一要素的尺寸公差与几何公差彼此无关的公差要求)和相关要求(同一要素的尺寸公差与几何公差相互有关的公差要求)，而相关要求又分为包容要求、最大实体要求、最小实体要求和可逆要求。设计时，从功能要求(配合性质、装配互换及其他功能要求等)出发，来合理地选用独立原则或不同的相关要求。

4.4.1 有关公差原则的术语及定义

1) 体外作用尺寸 (d_{fe}、D_{fe})

由于零件实际要素存在形状误差，还可能存在方向、位置误差，因而不能单从实际尺寸这一个因素来判断该零件实际要素与另一零件实际要素之间的配合性质或装配状态。例如，孔、轴配合 $\phi 20H7/h6$ 属于最小间隙为零的间隙配合，但实际孔与实际轴的装配是否间隙配合不能单从它们的实际尺寸的大小来判断。如图 4-74 所示，加工后孔具有正确的形状，且实际尺寸处处皆为 20 mm，而轴的实际尺寸虽然处处也为 20 mm，且横截面的形状正确，但是存在轴

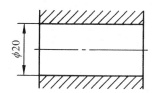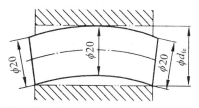

图 4 - 74　理想孔与轴线弯曲的轴配合

d_{fe}—轴的体外作用尺寸

线直线度误差,相当于轴的轮廓尺寸增大(若孔存在轴线直线度误差,则相当于孔的轮廓尺寸减小)。

　　因此,上述实际孔与实际轴的装配不是"零碰零"的间隙配合,而是有过盈的配合。为了保证指定的孔与轴配合性质,同时考虑其实际尺寸和形状误差(有时还有方向、位置误差)的影响,它们的综合结果用某种包容实际孔或实际轴的理想面的直径(或宽度)来表示,该直径(或宽度)称为体外作用尺寸。

　　轴的体外作用尺寸是指与实际轴表面外接的最小理想圆柱体的直径;孔的体外作用尺寸是指与实际孔表面外接的最大理想圆柱体的直径,如图 4 - 74 和图 4 - 75 所示。轴和孔的体外作用尺寸分别用 d_{fe} 和 D_{fe} 表示。

　　在被测要素的给定长度上,与实际外表面(轴)体外相接的最小理想面(孔)或与实际内表面(孔)体外相接的最大理想面(轴)的直径或宽度。对于关联要素,该理想面的轴线或中心平面必须与基准保持图样给定的几何关系。

　　外表面(轴)的体外作用尺寸是指在被测外表面的给定长度上,与实际被测外表面体外相接的最小理想面(最小理想孔)的直径(或宽度),如图 4 - 75a 所示。内表面(孔)的体外作用尺寸是指在被测内表面的给定长度上,与实际被测内表面体外相接的最大理想面(最大理想轴)的直径(或宽度),如图 4 - 75b 所示。

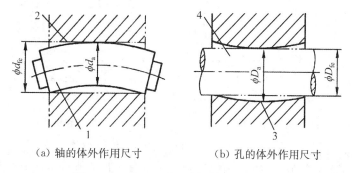

（a）轴的体外作用尺寸　　　　　（b）孔的体外作用尺寸

图 4 - 75　单一尺寸要素的体外作用尺寸

1—实际被测轴;2—最小的外接理想孔;3—实际被测孔;4—最大外接理想轴

d_{a}—轴的实际尺寸;D_{a}—孔的实际尺寸

　　对于关联要素,该理想面的轴线(或中心平面)必须与基准保持图样上给定的几何关系,如图 4 - 76 所示,被测轴的体外作用尺寸是指在被测轴的配合面全长上,与实际被测轴体外相接的最小理想孔的直径,而该理想孔的轴线必须垂直于基准平面 G。

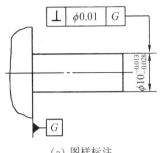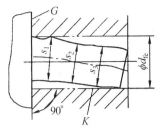

(a) 图样标注   (b) 最小理想孔的轴线垂直于基准平面

图 4-76 关联尺寸要素轴的体外作用尺寸

s_1，s_2，s_3—轴的实际尺寸

对于按同一图样加工后的一批轴或孔来说，各个实际轴或孔的体外作用尺寸不相同或者不尽相同。

轴或孔在加工后可能出现的情况称为状态。在轴或孔的尺寸公差范围内，有最大和最小实体状态两种极限情况。考虑到由轴或孔得到的导出要素（轴线、中心平面）的形状公差或方向、位置公差，还有最大和最小实体实效状态两种极限情况。

2）体内作用尺寸（d_{fi}、D_{fi}）

外表面（轴）的体内作用尺寸用符号 d_{fi} 表示，是指在被测外表面的给定长度上，与实际外表面体内相接的最大理想面的直径或宽度，如图 4-77a 所示。内表面（孔）的体内作用尺寸用符号 D_{fi} 表示，是指在被测内表面的给定长度上，与实际内表面体内相接的最小理想面的直径或宽度，如图 4-77b 所示。对于关联尺寸要素，该理想面的轴线或中心平面应与基准保持图样上给定的几何关系。

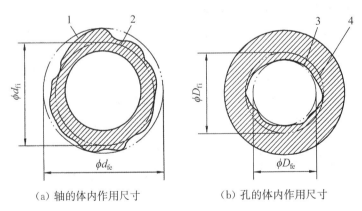

(a) 轴的体内作用尺寸   (b) 孔的体内作用尺寸

图 4-77 单一尺寸要素的体内作用尺寸

1—实际被测轴；2—最大的内接理想面；3—实际被测孔；4—最小的内接理想面；
d_{fi}，d_{fe}—轴的体内、体外作用尺寸；D_{fi}，D_{fe}—孔的体内、体外作用尺寸

对于按同一图样加工的一批轴或孔来说，各个实际轴或实际孔的体内作用尺寸不相同或者不尽相同。

在被测要素的给定长度上，与实际外表面（轴）体内相接的最大理想面（孔）或与实际内表面（孔）体内相接的最小理想面（轴）的直径或宽度。对于关联要素，该理想面的轴线或中心平面必须与基准保持图样给定的几何关系。

　　轴的体内作用尺寸是指与实际轴表面内接的最大理想圆柱体的直径;孔的体内作用尺寸是指与实际孔表面内接的最小理想圆柱体的直径,如图 4-78 所示。轴和孔的体内作用尺寸分别用 d_{fi} 和 D_{fi} 表示。

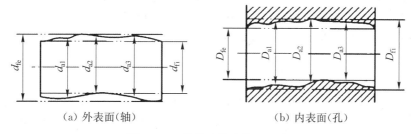

（a）外表面（轴）　　　　　　　　　　　（b）内表面（孔）

图 4-78　体外和体内作用尺寸

　　3）最大实体状态和最大实体尺寸

　　最大实体状态 MMC 是指实际要素在给定长度上处处位于尺寸公差带内并具有实体最大（即材料量最多）的状态。实际要素在最大实体状态下的极限尺寸,称为最大实体尺寸 MMS。外表面（轴）的最大实体尺寸用符号 d_M 表示,它等于轴的上极限尺寸 d_{max}。内表面（孔）的最大实体尺寸用符号表示 D_M,它等于孔的下极限尺寸 D_{min}。

　　4）最小实体状态和最小实体尺寸

　　最小实体状态 LMC 是指实际要素在给定长度上处处位于尺寸公差带内并具有实体最小（即材料量最少）的状态。实际要素在最小实体状态下的极限尺寸,称为最小实体尺寸 LMS。外表面（轴）的最小实体尺寸用符号 d_L 表示,它等于轴的下极限尺寸 d_{min};内表面（孔）的最小实体尺寸用符号 D_L 表示,它等于孔的上极限尺寸 D_{max}。

　　5）最大实体实效状态和最大实体实效尺寸

　　最大实体实效状态 MMVC 是指实际要素在给定长度上处于最大实体状态（具有最大实体尺寸）,且其对应导出要素的几何误差等于图样上标注的几何公差时的综合极限状态（图样上该几何公差的数值后面标注了符号Ⓜ,如图 4-8 和图 4-9 所示）。此综合极限状态下的体外作用尺寸,称为最大实体实效尺寸 MMVS。外表面（轴）和内表面（孔）的最大实体实效尺寸分别用符号 d_{MV} 和表示 D_{MV}。

　　被测要素的最大实体实效尺寸是最大实体尺寸与标注了符号Ⓜ的几何公差的综合结果,按下列公式计算:

$$d_{MV} = 轴的上极限尺寸\ d_{max} + 该轴所对应导出要素的带Ⓜ的几何公差值\ t \quad (4-1)$$

$$D_{MV} = 孔的下极限尺寸\ D_{min} - 该孔所对应导出要素的带Ⓜ的几何公差值\ t \quad (4-2)$$

　　6）最小实体实效状态和最小实体实效尺寸

　　最小实体实效状态 LMVC 是指实际要素在给定长度上处于最小实体状态（具有最小实体尺寸）,且对应导出要素的几何误差等于图样上标注的几何公差时的综合极限状态（图样上该几何公差的数值后面标注了符号Ⓛ,如图 4-102 所示）。此综合极限状态下的体内作用尺寸称为最小实体实效尺 LMVS。外表面（轴）和内表面（孔）的最小实体实效尺寸分别用符号 d_{LV} 和 D_{LV} 表示。它们分别按下列公式计算:

$$D_{\text{LV}} = 轴的下极限尺寸 \, d_{\min} - 该轴所对应导出要素的带 \textcircled{L} 的几何公差值 \, t \quad (4-3)$$

$$D_{\text{LV}} = 孔的上极限尺寸 \, D_{\max} + 该孔所对应导出要素的带 \textcircled{L} 的几何公差值 \, t \quad (4-4)$$

作用尺寸与实效尺寸的区别：作用尺寸是由提取尺寸和几何误差综合形成的，在一批零件中各不相同，是一个变量，但就每个实际的轴或孔而言，作用尺寸却是唯一的；实效尺寸是由实体尺寸和几何公差综合形成的，对一批零件而言是一定量。实效尺寸可以视为作用尺寸的允许极限值。

7）边界

设计时为了控制被测要素的实际尺寸和几何误差的综合结果，需要对该综合结果规定允许的极限。这极限用边界的形式表示。边界是由设计给定的具有理想形状的极限包容面（极限圆柱面或两平行平面），是设计所给定的具有理想形状的极限包容面。孔（内表面）的理想边界是一个理想轴（外表面），轴（外表面）的理想边界是一个理想孔（内表面）。

单一要素的边界没有方位的约束，而关联要素的边界应与基准保持图样上给定的几何关系。该极限包容面的直径或宽度称为边界尺寸。对于外表面（轴）来说，它的边界相当于一个具有理想形状的内表面（孔）。对于内表面（孔）来说，它的边界相当于一个具有理想形状的外表面（轴），被测轴和被测孔的边界分别用环规和塞规模拟体现，如图 4-79 所示。

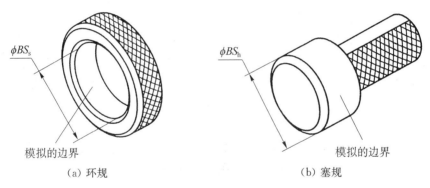

（a）环规　　　　　　　　　　（b）塞规

图 4-79 边界的模拟

（1）最大实体边界（MMB）：尺寸为最大实体尺寸的边界。

（2）最小实体边界（LMB）：尺寸为最小实体尺寸的边界。

（3）最大实体实效边界（MMVB）：尺寸为最大实体实效尺寸的边界。

（4）最小实体实效边界（LMVB）：尺寸为最小实体实效尺寸的边界。

有关公差原则的术语及符号或公式见表 4-13。

表 4-13　公差原则术语及符号或公式

术语	符号或公式	术语	符号或公式
孔的体外作用尺寸	$D_{\text{fe}} = D_a - f$	最大实体状态	MMC
轴的体外作用尺寸	$d_{\text{fe}} = d_a + f$	最大实体实效状态	MMVC
孔的体内作用尺寸	$D_{\text{fi}} = D_a + f$	最小实体状态	LMC
轴的体内作用尺寸	$d_{\text{fi}} = d_a - f$	最小实体实效状态	LMVC

（续表）

术语	符号或公式	术语	符号或公式
最大实体边界	MMB	孔的最小实体尺寸	$D_{\text{L}} = D_{\text{max}}$
最大实体实效边界	MMVB	轴的最小实体尺寸	$D_{\text{L}} = d_{\text{min}}$
最小实体边界	LMB	最大实体实效尺寸	MMVS
最小实体实效边界	LMVB	孔的最大实体实效尺寸	$D_{\text{MV}} = d_{\text{max}} + t_{\text{M}}$
最大实体尺寸	MMS	轴的最大实体实效尺寸	$d_{\text{MV}} = d_{\text{max}} + t_{\text{M}}$
孔的最大实体尺寸	$D_{\text{M}} = D_{\text{min}}$	最小实体实效尺寸	LMVS
轴的最大实体尺寸	$d_{\text{M}} = d_{\text{max}}$	孔的最小实体实效尺寸	$D_{\text{LV}} = D_{\text{max}} + t_{\text{L}}$
最小实体尺寸	LMS	轴的最小实体实效尺寸	$D_{\text{LV}} = d_{\text{min}} - t_{\text{L}}$

4.4.2 独立原则

1）独立原则的含义

独立原则是指图样上给定的几何公差和尺寸公差各自独立，应分别满足要求的公差原则。它是处理几何公差和尺寸公差相互关系所遵循的基本原则。

采用独立原则时，应在图样上标注下列文字说明：公差原则按 GB/T 4249。

这表示图样上给定的每一个尺寸公差要求和几何公差（形状、方向或位置公差）要求均是独立的，应分别满足要求。如果对尺寸公差与几何公差之间的相互关系有特定要求，应在图样上予以规定。

2）独立原则下尺寸公差和几何公差的职能

（1）尺寸公差的职能：尺寸公差仅控制被测要素的实际尺寸的变动量（把实际尺寸控制在给定的极限尺寸范围内），不控制该要素本身的形状误差（如圆柱要素的圆度和轴线直线度误差，两平行平面要素的平面度误差）。

（2）几何公差的职能：几何公差控制实际被测要素对其理想形状、方向或位置的变动量，而与该要素的实际尺寸的大小无关。因此，不论要素的实际尺寸的大小如何，该实际被测要素应能全部落在给定的几何公差带内，几何误差值应不大于图样上标注的几何公差值。

图 4-80 为按独立原则注出尺寸公差和圆度公差、素线直线度公差的示例：零件加工后，其实际尺寸应在 29.979～30 mm 范围内，任一横截面的圆度误差应不大于 0.05 mm，素线直线度误差应不大于 0.01 mm。圆度和素线直线度误差的允许值与零件实际尺寸的大小无关。实际尺寸和圆度误差、素线直线度误差皆合格，该零件才合格，其中只要有一项不合格，则该零件就不合格。

被测要素采用独立原则时，其实际尺寸用两点法测量，其几何误差使用普通计量器具来测量。

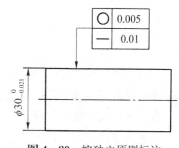

图 4-80 按独立原则标注公差示例

3）独立原则的特点

独立原则的适用范围较广，各种组成要素和导出要素均可采用，其具有以下特点：

（1）尺寸公差仅控制要素的尺寸误差，不控制其几何误差；给出的几何公差为定值，不随提取要素的局部尺寸变化而变化。

(2) 采用独立原则时,在图样上不需任何附加标注。

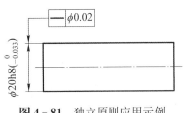

图 4 - 81 独立原则应用示例

图 4-81 所示为采用独立原则的示例,图样上注出的尺寸要求 $\phi20h8$ 仅限制提取圆柱面的局部尺寸,即不管轴线如何弯曲,轴的提取圆柱面的局部直径必须位于 $\phi19.967\sim\phi20$ mm 之间;同样,不论轴的提取圆柱面的局部直径为何值,其轴线的直线度误差都不得大于 $\phi0.02$ mm。

4) 独立原则的主要应用范围

(1) 尺寸公差与几何公差需要分别满足要求,两者不发生联系的要素,不论两者数值的大小,均采用独立原则。

例如,印刷机或印染机的滚筒(图 4-82a)精度的重要要求是控制其圆柱度误差,以保证印刷或印染时它与纸面或面料接触均匀,使印刷的图文或印染的花色清晰,而滚筒尺寸(直径 d)的变动量对印刷或印染质量则无甚影响,即该滚筒的形状精度要求高,而尺寸精度要求不高。

在这种情况下,应该采用独立原则,规定严格的圆柱度公差 t 和较大的尺寸公差,以获得最佳的技术经济效益。如果通过严格控制滚筒的尺寸的变动量来保证圆柱度要求,就需要规定严格的尺寸公差(把圆柱度误差控制在尺寸公差范围内),因而增加尺寸加工的难度,仍需要使用高精度机床,以保证被加工零件形状精度的要求,这显然是不经济的。

再如,零件上的通油孔(图 4-82b),它不与其他零件配合。只要能控制通油孔尺寸的大小,就能保证规定的油流量,而该孔的轴线弯曲并不影响油的流量。因此,按独立原则规定通油孔的尺寸公差较严而轴线直线度公差较大是经济而合理的。

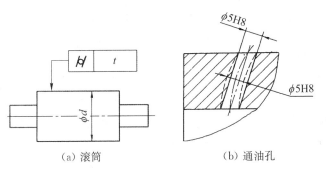

(a) 滚筒   (b) 通油孔

图 4 - 82 独立原则的应用示例

(2) 对于除配合要求外,还有极高几何精度要求的要素,其尺寸公差与几何公差的关系应采用独立原则。

例如,汽车空气压缩机连杆的小头孔(图 4-83),它与活塞销配合,功能上要求该孔圆柱度误差不大于 0.003 mm。若用尺寸公差控制只允许这样小的形状误差,将造成尺寸加工极为困难。考虑到汽车的产量颇大,可以对该孔规定适当大小的尺

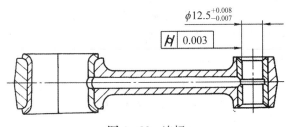

图 4 - 83 连杆

寸公差 $\phi 12.5^{+0.008}_{-0.007}$ mm 和严格的圆柱度公差 0.003 mm,采用把实际尺寸分组装配来满足配合要求和功能要求。这样,该孔的尺寸公差和圆柱度公差按独立原则给出,就经济而合理了。

(3) 对于未注尺寸公差的要素,由于它们仅有装配方便、减轻重量等要求,而没有配合性质等特殊要求,因此它们的尺寸公差与几何公差的关系应采用独立原则,不需要它们的尺寸公差与几何公差相互有关。通常,这样的几何公差是不标注的(即采用 4.5.2 节所述的未注几何公差)。

独立原则可以应用于各种功能要求,但公差值是固定不变的。对于功能上允许几何公差与尺寸公差相关的要素,采用独立原则就不经济。这种要素的尺寸公差与几何公差的关系可以根据具体情况采用不同的相关要求。

4.4.3　相关要求

相关要求是指图样上给定的尺寸公差和几何公差相互有关的公差要求。根据被测实际要素所应遵守的边界不同,相关要求可分为包容要求、最大实体要求(MMR,包括附加最大实体要求的可逆要求)和最小实体要求(LMR,包括附加最小实体要求的可逆要求)。

可逆要求是最大实体要求或最小实体要求的附加要求,不单独使用,它表示尺寸公差可以在实际几何误差小于几何公差之间的差值范围内增大,即在制造可能性的基础上,可逆要求允许尺寸和几何公差之间相互补偿。可逆要求仅用于注有公差的要素。

4.4.3.1　包容要求

1) 包容要求的含义和图样标注

包容要求是尺寸要素的非理想要素不得超越最大实体边界的一种尺寸要素要求,即提取组成要素(体外作用尺寸)不得超越其最大实体边界,其局部提取尺寸不得超出最小实体尺寸。包容要求适用于圆柱表面或两平行对应面,用于处理单一要素的尺寸公差与几何公差的相互关系。

采用包容要求的尺寸要素应在其尺寸极限偏差或公差带代号之后加注符号Ⓔ,如图 4-84a 所示。单一尺寸要素采用包容要求时,在最大实体边界范围内,该要素的实际尺寸和形状误差相互依赖,所允许的形状误差值完全取决于实际尺寸的大小因此,若轴或孔的实际尺寸处处皆为最大实体尺寸,则其形状误差必须为零才能合格。

单一尺寸要素孔、轴采用包容要求时,应该用光滑极限量规检验。这量规的通规模拟体现孔、轴的最大实体边界,用来检验该孔、轴的实际轮廓是否在最大实体边界范围内;止规则体现两点法测量,用来判断该孔、轴的实际尺寸是否超出最小实体尺寸。

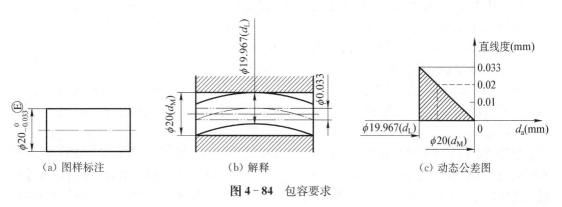

(a) 图样标注　　　　(b) 解释　　　　(c) 动态公差图

图 4-84　包容要求

2) 包容要求的主要应用范围

包容要求常用于保证孔与轴的配合性质,特别是配合公差较小的精密配合要求,用最大实体边界保证所需要的最小间隙或最大过盈。

例如,孔与轴的间隙定位配合中,所需要最小间隙为零的间隙配合性质是通过孔和轴各自遵守最大实体边界来保证的,不会因为孔和轴的形状误差而产生过盈。而图 4 - 74 所示采用独立原则的 ϕ20H7 孔和 ϕ20h6 轴的装配却可能产生过盈。

采用包容要求时,基孔制配合中,轴的上极限偏差数值即为最小间隙或最大过盈;基轴制配合中,孔的下极限偏差数值即为最小间隙或最大过盈。应当指出,对于最大过盈要求不严而最小过盈必须保证的配合,其孔和轴不必采用包容要求,因为最小过盈的大小取决于孔和轴的实际尺寸,是由孔和轴的最小实体尺寸控制的,而不是由它们的最大实体边界控制的,在这种情况下可以采用独立原则。

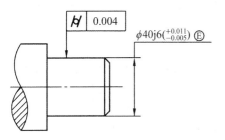

图 4 - 85 单一尺寸要素采用包容要求并对形状精度提出更高要求的标注示例

按包容要求给出单一尺寸要素孔、轴的尺寸公差后,若对该孔、轴的形状精度有更高的要求,还可以进一步给出形状公差值,这形状公差值必须小于给出的尺寸公差值,如图 4 - 85 所示的与滚动轴承内圈配合的轴颈的形状精度要求。

3) 包容要求的特点

包容要求的实质是当要素的提取尺寸偏离最大实体尺寸时,允许其形状误差增大。它反映了尺寸公差与形状公差之间的补偿关系,因而包容要求具有以下特点:

(1) 被测实际要素的体外作用尺寸不得超出最大实体尺寸,局部提取尺寸不得超出最小实体尺寸。

(2) 当被测实际要素的提取尺寸处处为最大实体尺寸时(在最大实体状态下),不允许有任何形状误差。

(3) 当被测实际要素的提取尺寸偏离最大实体尺寸时,其偏离量可补偿给几何误差。

补偿量的一般计算公式为:

$$t_{补} = |\, \mathrm{MMS} - d_{\mathrm{a}}(D_{\mathrm{a}}) \,|$$

(4) 符合包容要求的被测实际要素的合格条件为:

对于孔(内表面):$D_{\mathrm{fe}} \geqslant D_{\mathrm{M}} = D_{\mathrm{min}}$;$D_{\mathrm{a}} \leqslant D_{\mathrm{L}} = D_{\mathrm{max}}$。

对于轴(外表面):$d_{\mathrm{fe}} \leqslant d_{\mathrm{M}} = d_{\mathrm{max}}$;$d_{\mathrm{a}} \geqslant d_{\mathrm{L}} = d_{\mathrm{min}}$。

4) 包容要求的示例分析

图 4 - 84a 所示的轴当采用包容要求时,被测轴的尺寸公差 $T_{\mathrm{s}} = 0.033\,\mathrm{mm}$,$d_{\mathrm{M}} = d_{\mathrm{max}} = \phi$19.967 mm。其含义为:该轴的最大实体边界为直径等于 ϕ20 mm 理想圆柱面(孔),如图 4 - 84b所示。

当轴的实际尺寸处处为最大实体尺寸 ϕ20 mm 时,轴的直线度误差应为零;当轴的提取尺寸偏离最大实体尺寸时,可以允许轴的直线度误差(形状误差)相应增加,增加量为提取尺寸与最大实体尺寸之差(绝对值),其最大增加量等于尺寸公差,此时轴的实际尺寸应处处为最小实体尺寸,如图 4 - 84b 所示,轴的直线度公差(形状公差)可增大到 ϕ0.033 mm,即 $t_{补} = T_{\mathrm{R}} =$

0.033 mm。图 4-84c 所示为反映其补偿关系的动态公差图,表达了轴为不同提取尺寸时所允许的形状误差值。

表 4-14 列出了轴为不同实际尺寸所允许的几何误差值,与图 4-84c 相对应。

表 4-14 包容要求的提取尺寸及允许的形状误差　　　　　　　　(mm)

被测要素提取尺寸	允许的直线度误差	被测要素提取尺寸	允许的直线度误差
$\phi 20$	$\phi 0$	$\phi 19.98$	$\phi 0.02$
$\phi 19.99$	$\phi 0.01$	$\phi 19.968$	$\phi 0.033$

由此可见:当采用包容要求时,尺寸公差不仅限制了被测要素的提取尺寸,还控制了被测要素的形状误差。包容要求主要用于有配合要求,且其极限间隙或极限过盈必须严格得到保证的场合,即用最大实体边界保证必要的最小间隙或最大过盈,用最小实体尺寸防止间隙过大或过盈过小。

包容要求适用于单一要素,图样上所注的尺寸公差既限定了尺寸误差,也限定了形状误差。

4.4.3.2 最大实体要求

1) 最大实体要求的含义和图样标注

最大实体要求(MMR)是尺寸要素的非理想要素不得超越最大实体实效边界的一种尺寸要素要求,即被测要素提取组成要素(体外作用尺寸)应遵守其最大实体实效边界,局部提取尺寸同时受最大实体尺寸和最小实体尺寸所限。当其提取尺寸偏离最大实体尺寸时,允许其几何误差值超出在最大实体状态下给定的公差值 t_1 的一种公差要求。

最大实体要求既可用于被测要素,也可用于基准要素。应用时,前者应在被测要素几何公差框格内的几何公差给定值后加注符号 Ⓜ,后者应在几何公差框格内的基准字母代号后加注符号 Ⓜ。

2) 最大实体要求主要应用范围

最大实体要求适用于尺寸要素的尺寸及其导出要素几何公差的综合要求,是指设计时应用边界尺寸为最大实体实效尺寸的边界(称为最大实体实效边界,MMVB),来控制被测要素的实际尺寸和几何误差的综合结果,要求该要素的实际轮廓不得超出这边界,并且实际尺寸不得超出极限尺寸。

图 4-86 为轴和孔的最大实体实效边界的示例。关联要素的最大实体实效边界应与基准保持图样上给定的几何关系,图 4-86b 所示关联要素的最大实体实效边界垂直于基准平面 A。

当要求轴线、中心平面等导出要素的几何公差与其对应的尺寸要素(圆柱面、对应的两平行平面等)的尺寸公差相关时,可以采用最大实体要求。

(1) 最大实体要求应用于被测要素。

① 最大实体要求应用于被测要素的含义和在图样上的标注方法。最大实体要求应用于被测要素时,应在被测要素几何公差框格中的公差值后面标注符号 Ⓜ,如图 4-8 和图 4-9 所示。它包含以下三项内容:

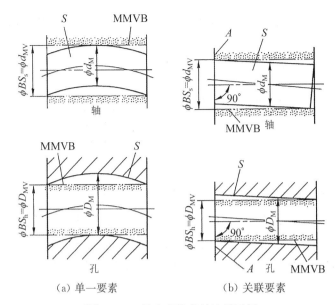

（a）单一要素　　　　　　（b）关联要素

图 4 - 86 最大实体实效边界示例

S—轴或孔的实际轮廓；MMVB—最大实体等效边界；BS_s，BS_h—轴，孔的边界尺寸；
d_M、D_M 和 d_{MV}、D_{MV}—轴、孔的最大实体尺寸和最大实效尺寸

A. 图样上标注的几何公差值是被测要素处于最大实体状态时给出的公差值，并且给出控制该要素实际尺寸和几何误差的综合结果（实际轮廓）的最大实体实效边界。

B. 被测要素的实际轮廓在给定长度上不得超出最大实体实效边界（即其体外作用尺寸应不超过最大实体实效尺寸），且其实际尺寸不得超出极限尺寸。这可用下式表示：

对于轴：$d_{fe} \leqslant d_{MV}$，且 $d_{max} \geqslant d_a \geqslant d_{min}$。

对于孔：$D_{fe} \geqslant D_{MV}$，且 $D_{max} \geqslant D_a \geqslant D_{min}$。

式中，d_{fe} 和 D_{fe} 为轴和孔的体外作用尺寸；d_a 和 D_a 为轴和孔的实际尺寸；d_{MV} 和 D_{MV} 为轴和孔的最大实体实效尺寸；d_{max}，d_{min} 和 D_{max}，D_{min} 为轴和孔的最大、最小极限尺寸。

C. 当被测要素的实际轮廓偏离其最大实体状态时，即其实际尺寸偏离最大实体尺寸时（$d_a \leqslant d_{max}$ 时，$D_a \geqslant D_{min}$ 时），在被测要素的实际轮廓不超出最大实体实效边界的条件下，允许几何误差值大于图样上标注的几何公差值，即此时的几何公差值可以增大（允许用被测要素的尺寸公差补偿其几何公差）。

② 被测要素按最大实体要求标注的图样解释。图 4 - 87 为最大实体要求应用于单一尺寸要素的示例。图 4 - 87a 的图样标注表示 $\phi 20^{~0}_{-0.021}$ 轴的轴线直线度公差与尺寸公差的关系采用最大实体要求。当轴处于最大实体状态时，其轴线直线度公差值为 0.01 mm。实际尺寸应在 19.979～20 mm 范围内。轴的边界尺寸即轴的最大实体实效尺寸 d_{MV} 按式（4 - 1）计算：

$$BS_s = d_{MV} = d_{max} + 带 \text{Ⓜ} 的轴线直线度公差值 = 20 + 0.01 = 20.01 \text{ mm}$$

在遵守最大实体实效边界 MMVB 的条件下，当轴处于最大实体状态，即轴的实际尺寸处处皆为最大实体尺寸 20 mm 时，轴线直线度误差允许值为 0.01 mm（图 4 - 87b）；当轴处于最小实体状态，即轴的实际尺寸处处皆为最小实体尺寸 19.979 mm 时，轴线直线度误差允许值可以增大到 0.031 mm（图 4 - 87c，设轴横截面形状正确），它等于图样上标注的轴线直线度公差值 0.01 mm 与轴尺寸公差值 0.021 mm 之和。图 4 - 87c 给出了轴线直线度误差允许值 t

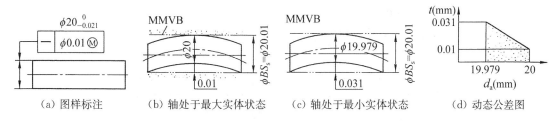

(a) 图样标注 (b) 轴处于最大实体状态 (c) 轴处于最小实体状态 (d) 动态公差图

图 4-87 最大实体要求应用于单一尺寸要素的示例及其解释

随轴的实际尺寸 d_a 变化的规律的动态公差图。

图 4-88 为另外一个最大实体要求应用于单一尺寸要素的示例与解释。

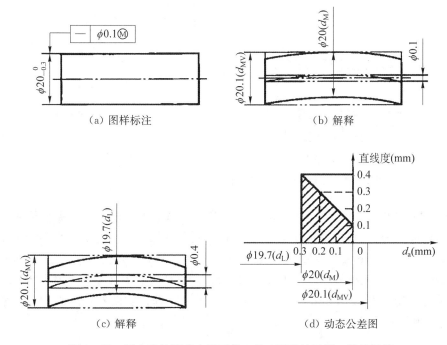

图 4-88 最大实体要求应用于单一尺寸要素的示例二及其解释

图 4-89 为最大实体要求应用于关联尺寸要素的示例。图 4-89a 的图样标注表示 $\phi50_{0}^{0.13}$ mm 孔的轴线对基准平面 A 的垂直度公差与尺寸公差的关系采用最大实体要求,当孔处于最大实体状态时,其轴线垂直度公差值为 0.08 mm,实际尺寸应在 50~50.13 mm 范围内。孔的边界尺寸即孔的最大实体实效尺寸 D_{MV} 按式(4-2)计算:

$$BS_h = D_{MV} = D_{min} - 带 Ⓜ 的轴线垂直度公差值 = 50 - 0.08 = 49.92 \text{ mm}$$

在遵守最大实体实效边界 MMVB 的条件下,当孔的实际尺寸处处皆为最大实体尺寸 50 mm 时,轴线垂直度误差允许值为 0.08 mm(图 4-89b);当孔的实际尺寸处处皆为最小实体尺寸 50.13 mm 时,轴线垂直度误差允许值可以增大到 0.21 mm(图 4-89c),它等于图样上标注的轴线垂直度公差值 0.08 mm 与孔尺寸公差值 0.13 mm 之和。图 4-89d 给出了轴线垂直度误差允许值 t 随孔实际尺寸 D_a 变化的规律的动态公差图。

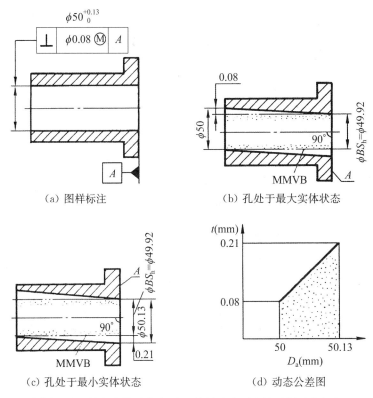

（a）图样标注　　　　　　　　（b）孔处于最大实体状态

（c）孔处于最小实体状态　　　　（d）动态公差图

图 4 - 89　最大实体要求应用于关联尺寸要素的示例及其解释

图 4 - 90 为关联尺寸要素采用最大实体要求并限制最大方向、位置误差值的示例。图 4 - 90a 的图样标注表示：上公差框格按最大实体要求标注孔处于最大实体状态时给出的轴线垂直度公差 0.08 mm；下公差框格规定孔的轴线垂直度误差允许值应不大于 0.12 mm。因此，无论孔的实际尺寸偏离其最大实体尺寸到什么程度，即使孔处于最小实体状态，其轴线垂直度误差值也不得大于 0.12 mm。图 4 - 90b 给出了轴线垂直度误差允许值 t 随孔的实际尺寸 D_a 变化的规律的动态公差图。

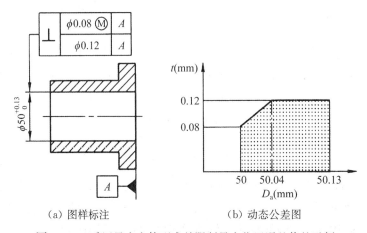

（a）图样标注　　　　　　　　（b）动态公差图

图 4 - 90　采用最大实体要求并限制最大位置误差值的示例

③ 最大实体要求应用于被测要素而标注的几何公差值为零。当采用最大实体要求的被

测关联要素的几何公差值标注为"0"或"ϕ"时,如图 4 - 91a 所示,是最大实体要求的特殊情况,称为最大实体要求的零几何公差。此时被测实际要素的最大实体实效边界就变成了最大实体边界。对于几何公差而言,最大实体要求的零几何公差比一般最大实体要求更为严格。如图 4 - 91b 所示,零几何公差的动态公差图形状由直角梯形(最大实体要求)变为直角三角形。

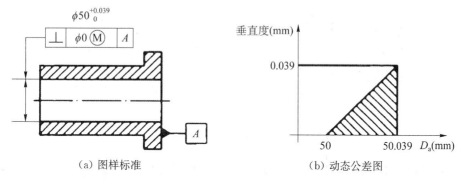

（a）图样标准　　　　　　　　（b）动态公差图

图 4 - 91　最大实体要求的零几何公差

最大实体要求应用于被测要素时,可以给出被测要素处于最大实体状态下的几何公差值为零,而在几何公差框格第二格中的几何公差值用"0 M"的形式注出(图 4 - 92a 和图 4 - 94a),这是最大实体要求应用于被测要素的特例。在这种情况下,被测要素的最大实体实效边界就是最大实体边界,这边界尺寸等于最大实体尺寸。

下面用两个示例加以说明。如图 4 - 92a 所示,标注的几何公差为形状公差(轴线直线度公差)。这时标注的"0 M"与"$\phi20^{~0}_{-0.021}$ E"意义相同:单一尺寸要素轴的实际轮廓不得超出边界尺寸为 $\phi20$ mm 最大实体尺寸的最大实体边界;轴的实际尺寸应不小于 19.979 mm 最小实体尺寸(轴的下极限尺寸)。

由于轴受最大实体边界的限制,当轴处于最大实体状态时,轴线直线度误差允许值为零;如果轴的实际尺寸小于 20 mm 的最大实体尺寸,则允许轴线直线度误差存在;当轴处于最小实体状态时,则轴线直线度误差允许值可达 0.021 mm(尺寸公差值)。图 4 - 92b 给出了表示上述关系的动态公差图,该图表示轴线直线度误差允许值 t 随轴实际尺寸 d_a 变化的规律。

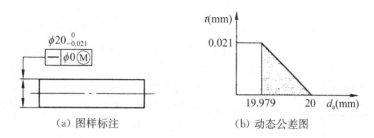

（a）图样标注　　　　　　　　（b）动态公差图

图 4 - 92　单一尺寸要素采用最大实体要求而标注零几何公差值示例及其解释

④ 最大实体要求的受限几何公差。当对被测要素的几何公差有进一步要求(限制几何公差最大值)时,可采用如图 4 - 93a 所示的双格几何公差值的标注方法。该标注表示被测孔的轴线垂直度公差采用最大实体要求,当孔的提取尺寸偏离最大实体尺寸时,允许将偏离量补偿给垂直度公差,但该垂直度公差最大值不允许超过公差框格的下格中给定值 $\phi0.04$(无最大值

限定要求时,垂直度公差为 0.059 mm)。如图 4 - 93b 所示,动态公差图的形状由直角梯形 $ABCFE$ 变为五边形 $ABCDE$。

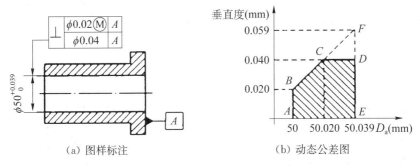

（a）图样标注　　　　　　　　　　（b）动态公差图

图 4 - 93　最大实体要求的受限几何公差

如图 4 - 94a 所示,标注的几何公差为方向公差(轴线垂直度公差)。该图样标注表示:关联尺寸要素孔的实际轮廓不得超出边界尺寸为 $\phi50$ mm 最大实体尺寸(孔的下极限尺寸)的最大实体边界;孔的实际尺寸应不大于 $\phi50.13$ mm 的最小实体尺寸(孔的上极限尺寸)。由于孔受到最大实体边界的限制,当孔处于最大实体状态时,轴线垂直度误差允许值为零;如果孔实际尺寸大于 50 mm 的最大实体尺寸,则允许轴线垂直度误差存在;当孔处于最小实体状态时,轴线垂直度误差允许值可达 0.13 mm。图 4 - 94b 给出了表达上述关系的动态公差图,该图表示垂直度误差允许值 t 随孔实际尺寸 D_a 变化的规律。

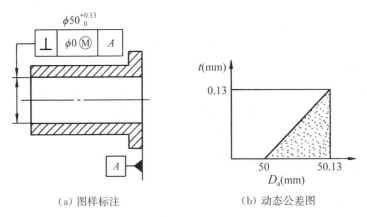

（a）图样标注　　　　　　　　　　（b）动态公差图

图 4 - 94　关联尺寸联要素采用最大实体要求而标注零几何公差值示例及其解释

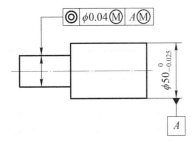

图 4 - 95　最大实体要求用于基准要素

（2）最大实体要求应用于基准要素。最大实体要求用于基准要素时,应在图样上相应的几何公差框格的基准字母后面加注符号 Ⓜ,如图 4 - 95 所示。

此时基准要素应遵守相应的边界。若基准要素的实际轮廓偏离其相应的边界,即其体外作用实际尺寸偏离其相应的边界尺寸,则允许基准要素在一定范围内浮动,其浮动范围等于基准要素的体外作用尺寸与其相应的边界尺寸之差。

基准要素应遵守的边界则由其自身要求而定。通常采用有以下两种要求：

① 基准要素本身不采用最大实体要求，即采用独立原则或包容原则，其遵守的边界为最大实体边界。当最大实体要求应用于基准要素时，应在几何框格内基准字母代号后加注符号Ⓜ。

如图 4 - 96 所示，当基准要素尺寸标注无附加符号时，该基准要素采用独立原则（图 4 - 96a 和 b）；当基准要素尺寸后加注有Ⓔ时，则应采用包容要求（图 4 - 96c）。

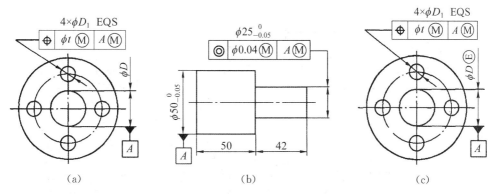

图 4 - 96　基准要素本身不采用最大实体要求的标注

② 基准要素自身采用最大实体要求时，其所遵守的边界为最大实体实效边界。标准中规定：此时的基准符号应直接标注在形成该最大实体实效边界的公差框格下面。

如图 4 - 97 所示，基准要素 ϕd 自身几何公差要求标注为 ϕt Ⓜ，即采用最大实体要求，若以其自身作为基准要素且要求遵守边界为最大实体实效边界时，其基准代号则标注在相应公差框格的下方。

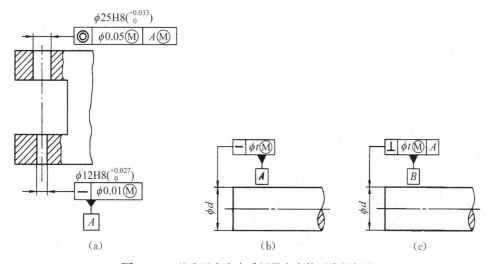

图 4 - 97　基准要素自身采用最大实体要求的标注

最大实体要求很少单独用于基准要素，通常是同时用于被测要素和基准要素。

如图 4 - 98 所示，给出 $\phi 12_{-0.05}^{\ 0}$ mm 的轴线间同轴度公差要求，且在公共框格内标注同轴度公差为 $\phi 0.04$ Ⓜ，基准字母代号为 A Ⓜ。该要求表示最大实体要求同时应用于被测要素与基准要素。为此该被测轴应满足以下要求：

A. 实际尺寸应为 11.95～12 mm。

B. 实际轮廓不超出关联最大实体实效边界，即其关联体外作用尺寸不大于最大实体实效尺寸 12 mm + 0.04 mm = 12.04 mm，如图 4-98 所示。

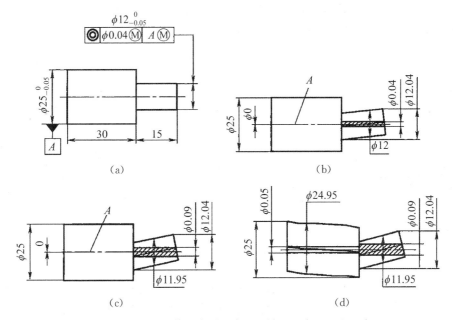

图 4-98 最大实体要求同时应用于被测要素和基准要素

上述要求表示：当被测轴处于最小实体状态时，其轴线对基准轴线 A 的同轴度误差允许达到最大值，即等于图样上给出的同轴度公差（$\phi0.04$ mm）与轴的尺寸公差（0.05 mm）之和 $\phi0.09$ mm，如图 4-98c 所示。

当 A 基准的实际轮廓处于最大实体边界上，即其体外作用尺寸等于最大实体尺寸 $\phi25$ mm 时，其基准轴线不能浮动，如图 4-98b、c 所示。当 A 基准的实际轮廓偏离最大实体边界（即其体外作用尺寸偏离最大实体尺寸 $\phi25$ mm）时，其基准轴线可以浮动。当其体外作用尺寸等于最小实体尺寸 $\phi24.59$ mm 时，其浮动范围达到最大值 $\phi0.05$ mm（即最大实体尺寸 — 最小实体尺寸），如图 4-98d 所示。

（3）最大实体要求应用于成组要素位置度公差和基准要素。如图 4-99 所示，给出四孔 $\phi8^{+0.2}_{+0.1}$ mm 的轴线对 A 基准轴线的位置度公差要求，且被测要素与基准要素同时要求遵守最大实体原则，即当被测孔均处于最大实体状态时，其轴线对 A 基准的位置度公差为 $\phi0.1$ mm，如图 4-99b 所示。为此各被测孔应满足下列要求：

① 被测各孔的实际尺寸应为 8.1～8.2 mm。

② 实际轮廓不超出关联最大实体实效边界，即其关联体外作用尺寸不小于最大实体实效尺寸 $\phi8.1 - \phi0.1 = \phi8$ mm。

上述要求表示：当被测要素处于最小实体状态时，其轴线的位置度误差允许达到最大值 $\phi0.2$ mm，即等于图样上给出的位置度公差（$\phi0.1$ mm）与孔的尺寸公差（$\phi0.1$ mm）之和（$\phi0.2$ mm）。当基准的体外作用尺寸等于最大实体尺寸时，该基准轴线 A 不能浮动，如图 4-99b

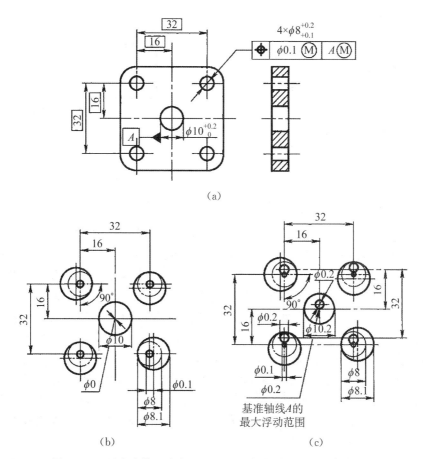

图 4 - 99 最大实体要求应用于成组要素位置度公差和基准要素

所示。当基准要素的体外作用尺寸偏离最大实体尺寸时,该基准轴线 A 可以浮动,其浮动量等于基准要素的体外作用尺寸对其最大实体尺寸的偏离量,基准轴线 A 获得最大浮动范围 $\phi 0.2$ mm,如图 4 - 99c 所示。

(4) 可逆要求(RPR)用于最大实体要求。可逆要求是最大实体要求的附加要求。可逆要求是指在不影响零件功能的前提下,当被测轴线、被测中心平面等被测导出要素的几何误差值小于图样上标注的几何公差值时,允许对应被测尺寸要素的尺寸公差值大于图样上标注的尺寸公差值。

采用最大实体要求时可附加可逆要求。这样几何公差可以反过来补偿给尺寸公差,即几何公差有富余的情况下,允许尺寸误差超过给定的尺寸公差,其结果在一定程度上能够降低零件制造精度的要求。

① 可逆要求用于最大实体要求的含义和在图样上的标注方法。在图样上,可逆要求用于最大实体要求时,应在被测要素几何公差框格中的公差值后面标注双重符号 Ⓜ Ⓡ (图 4 - 100a),即标注方法是:用符号 Ⓡ 标注在导出要素的几何公差值和符号 Ⓜ 之后。

可逆要求用于最大实体要求时,表示在被测要素的实际轮廓不超出其最大实体实效边界的条件下,允许被测要素的尺寸公差补偿其几何公差,并允许被测要素的几何公差补偿其尺寸公差;当被测要素的几何误差值小于图样上标注的几何公差值或等于零时,允许被测要素的实

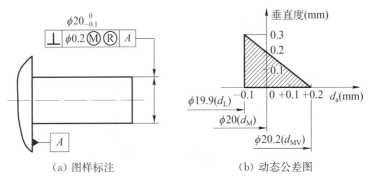

(a) 图样标注　　　(b) 动态公差图

图 4 - 100　可逆要求用于最大实体要求

际尺寸超出其最大实体尺寸,甚至可以等于其最大实体实效尺寸。

② 被测要素按可逆要求用于最大实体要求标注的图样解释。可逆要求用于最大实体要求时,仍应遵守最大实体实效边界,由于几何公差可以反补偿给尺寸公差,尺寸公差也可超差。图 4 - 100b 所示为其动态公差图,图形形状由最大实体要求时的直角梯形转变为直角三角形。

可逆要求用于最大实体要求时,尺寸公差对几何公差的补偿作用与单独采用最大实体要求时完全相同。下面以图 4 - 100a 所示图样标注为例,简要分析可逆要求标注的含义。

在被测要素轴的几何误差(轴线垂直度)小于给定几何公差(垂直度为 $\phi0.2$ mm)的条件下,被测要素的尺寸误差可以超差,即轴的提取圆柱面的局部尺寸可超出上极限尺寸 $\phi20$ mm,但不得超出最大实体实效尺寸 $\phi20.2$ mm。当轴线垂直度为 0 时,尺寸公差获得的最大补偿量为 0.2 mm。图 4 - 100b 所示横轴的 $\phi20\sim\phi20.02$ mm 为尺寸误差可超差的范围(或称可逆范围)。

综合以上,即当轴线垂直度误差 $f\leqslant0.2$ mm 时,轴的提取尺寸 d_a 的合格条件为:

$$d_{fe}\leqslant\phi20.2\ \text{mm},\ \phi19.9\leqslant d_a\leqslant(\phi20\sim\phi20.2\ \text{mm})$$

上式中,轴的提取尺寸 d_a 的上极限尺寸值视垂直度误差大小而定。

图 4 - 101 为可逆要求用于最大实体要求的另一示例。图 4 - 101a 的图样标注表示 $\phi20_{-0.1}^{\ 0}$ mm 轴的轴线垂直度公差与尺寸公差两者可以相互补偿。该轴应遵守边界尺寸 BS_s 为 20.2 mm、最大实体实效尺寸 d_{MV} 的最大实体实效边界 MMVB。在遵守该边界的条件下,轴的实际尺寸 d_a 在其上极限尺寸与下极限尺寸 $20\sim19.9$ mm 范围内变动时,其轴线垂真度误差允许值 t 应在 $0.2\sim0.3$ mm 之间(图 4 - 101b 和 c)。如果轴的轴线垂直度误差值 f 小于 0.2 mm,甚至为零,则该轴的实际尺寸 d_a 允许大于 20 mm,并可达到 20.2 mm(图 4 - 101d),即允许该轴的轴线垂直度公差补偿其尺寸公差。图 4 - 101e 给出了表达上述关系的动态公差图。

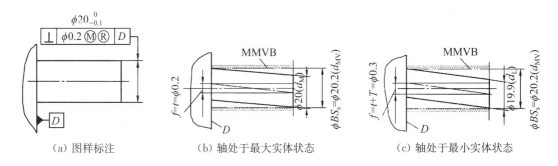

(a) 图样标注　　　(b) 轴处于最大实体状态　　　(c) 轴处于最小实体状态

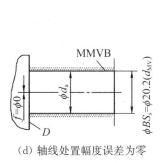
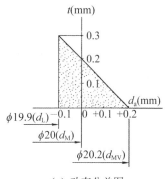

（d）轴线处置幅度误差为零　　　　　（e）动态公差图

图4-101 可逆要求用于最大实体要求的示例

d_{MV}、d_M、d_L、d_a—最大实体实效尺寸、最大实体尺寸、最小实体尺寸、实际尺寸；MMVB—最大实体实效边界；
T—尺寸公差值；t—轴线垂直度公差值；f—轴线垂直度误差值

最大实体要求应用于被测要素时（图4-102），被测要素的实际轮廓是否超出最大实体实效边界，应该使用功能量规的检验部分（它模拟体现被测要素的最大实体实效边界）来检验；其实际尺寸是否超出极限尺寸，用两点法测量。最大实体要求应用于被测要素对应的基准要素时，可以使用同一功能量规的定位部分（它模拟体现基准要素应遵守的边界）来检验基准要素的实际轮廓是否超出这边界；或者使用光滑极限量规通规或另一功能量规来检验基准要素的实际轮廓是否超出这边界。

（5）最大实体要求的特点。最大实体要求涉及组成要素的尺寸和几何公差的相互关系，其只用于尺寸要素的尺寸及其导出要素几何公差的综合要求，其主要特点如下：

① 被测要素遵守最大实体实效边界，即被测要素的体外作用尺寸不超过最大实体实效尺寸。

② 当被测要素的局部提取尺寸处处为最大实体尺寸时，允许的几何公差为图样上给定的几何公差值。

③ 当被测实际要素的局部尺寸偏离最大实体尺寸后，其偏离量可补偿给几何公差，允许的几何公差为图样上给定的几何公差值 t 与偏离量之和；补偿量 $t_补$ 的一般计算公式为：

$$t_{补max} = |\ MMS - d_a(D_a)\ |$$

当被测实际要素为最小实体状态时，几何公差获得的补偿量最大，即 $t_{补max} = T_s(T_h)$ 这种情况下允许几何公差的最大值 t_{max} 为：

$$t_{max} = t_1 + t_{补max} = t_1 + T_s(T_h)$$

④ 局部尺寸必须在最大实体尺寸和最小实体尺寸之间变化。

⑤ 符合最大实体要求的被测实际要素的合格条件为：

对于孔（内表面）：$D_{fe} \geqslant D_M = D_{min} - t_1$；$D_{min} = D_M \leqslant D_a \leqslant D_L = D_{max}$。

对于轴（外表面）：$d_{fe} \leqslant d_M = d_{max} + t_1$；$d_{max} = d_M \geqslant d_a \geqslant d_L = d_{min}$。

式中，t_1 为在最大实体状态下给定的几何公差值。

最大实体要求与包容要求相比，由于被测要素的几何公差可以不分割尺寸公差值，因而在相同尺寸公差值的前提下，采用最大实体要求的实际尺寸精度更低些；对于几何公差而言，尺寸公差可以补偿形位公差，允许最大几何误差等于图样给定的几何公差与尺寸公差之和。

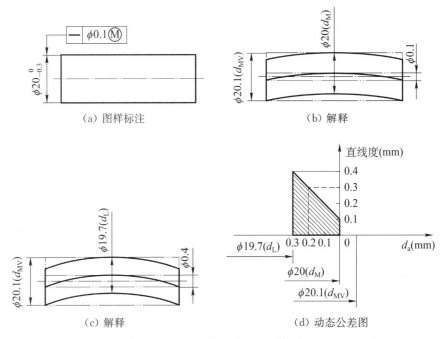

（a）图样标注　　　　　　（b）解释

（c）解释　　　　　　（d）动态公差图

图 4‑102　最大实体要求用于被测要素

综上所述，与包容要求相比，最大实体要求可得到较大的尺寸制造公差和几何制造公差，故具有良好的工艺性和经济性。因此，最大实体要求主要用于保证装配互换性的场合，一方面可用于零件尺寸精度和几何精度较低、配合性质要求不严的情况，另一方面也可用于要求保证自由装配的情况。

最大实体要求仅用于导出要素。对于平面、直线等组成要素，由于不存在尺寸公差对几何公差的补偿问题，因而不具备应用条件。

4.4.4　最小实体要求

最小实体要求适用于尺寸要素的尺寸及其导出要素几何公差的综合要求。这种公差要求的提出是基于在产品和零件设计中获取最佳技术经济效益的需要。

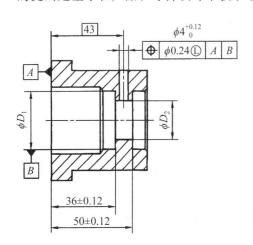

图 4‑103　应用最小实体要求保证最小壁厚示例

在产品和零件设计中，有时要涉及保证同一零件上相邻内外组成要素间的最小壁厚这样的功能要求。如图 4‑103 所示，零件上 $\phi 4^{+0.12}_{0}$ mm 小孔有特定的位置要求，还要求该孔的孔壁与 ϕD_2 孔两端面之间的壁厚不得小于某个极限值。

图 4‑103 示例中小孔的最不利状态是：小孔的实际尺寸等于它的 4.12 mm 最小实体尺寸，并且它的实际轴线在位置度公差带范围内从理想位置偏移 0.12 mm，到达最靠近 ϕD_2 孔的一个端面的极限位置，同时孔两端面之间的距离为最小极限值。这时小孔与该端面之间的最小壁厚 $C_{\min}$ 等于 ϕD_2 孔两端面之间的最小距离减去小孔最小实体尺寸与其位置度公差之和所得差值的一半，即

$$C_{\min} = \{[(50-0.12)-(36+0.12)]-(4.12+0.24)\}/2 = 4.7 \text{ mm}$$

当小孔的实际尺寸偏离(小于)最小实体尺寸时,它就不再处于最不利状态,即使它的位置度误差大于图样上标注的位置度公差,只要它的实际尺寸和位置度误差的综合结果不超出最不利状态,就仍然能够保证实际壁厚不小于最小极限值的功能要求。

如图 4-103 所示,当小孔的实际尺寸偏离 4.12 mm 最小实体尺寸而减小到 4 mm 最大实体尺寸时,小孔的位置度误差允许值可大于图样上标注的 $\phi0.24$ mm 位置度公差值,并可达到 $\phi[0.24+(4.12-4)]=\phi0.36$ mm,最小壁厚仍为:

$$C_{\min} = [(49.88-36.12)-(4+0.36)]/2 = 4.7 \text{ mm}$$

为了保证实际壁厚不小于最小极限值的功能要求,又能获得最佳的技术经济效益,不宜采用独立原则,因其允许的位置度公差值是固定不变的,不能充分利用尺寸公差带;也不可能采用最大实体要求来实现同时保证被测要素所要求的位置度精度和最小壁厚;而应采用最小实体要求,设计时应使被测要素的位置度公差与尺寸公差相关,在图样上规定并标注最小实体状态下的位置度公差。

最小实体要求也用于在获得最佳的技术经济效益的前提下,控制同一零件上特定表面至理想导出要素的最大距离等功能要求。

1) 最小实体要求的含义和图样标注

最小实体要求(LMR)是尺寸要素的非理想要素不得超越最小实体实效边界的一种尺寸要素要求,即被测要素提取组成要素(体内作用尺寸)应遵守其最小实体实效边界,局部提取尺寸同时受最大实体尺寸和最小实体尺寸所限。当其提取尺寸偏离最小实体尺寸时,允许其几何误差值超出在最小实体状态下给定的公差值 t_1 的一种公差要求。

最小实体要求既可用于被测要素,也可用于基准要素。应用时,前者应在被测要素几何公差框格内的几何公差给定值后加注符号Ⓛ,后者应在几何公差框格内的基准字母代号后加注符号Ⓛ。

(1) 最小实体要求应用于被测要素时,应在被测要素几何公差框格中公差值后面标注符号Ⓛ,如图 4-103 所示。这表示图样上标注的几何公差值是被测要素处于最小实体状态下给出的公差值,在被测要素的实际轮廓不超出其最小实体实效边界的条件下,允许被测要素的尺寸公差补偿其几何公差,其实际尺寸应在其极限尺寸范围内。

当最小实体要求应用于被测要素而给出的最小实体状态下的几何公差值为零时,则被测要素几何公差框格第二格中的几何公差值用"0 Ⓛ"的形式注出(图 4-104),这是最小实体要求应用于被测要素的特例。在这种情况下,被测要素的最小实体实效边界就是最小实体边界,其边界尺寸等于最小实体尺寸。

(2) 最小实体要求应用于基准要素,是指基准要素的尺寸公差与被测要素的方向、位置公差的关系采用最小实体要求。这时必须在被测要素几何公差框格中的基准字母的后面标注符号Ⓛ(图 4-105),以表示被测要素的方向、位置公差与基准要素的尺寸公差相关。这表示在基准要素遵守的最小实体边界的范围内,当实际基准要素的体内作用尺寸偏离这边界的尺寸时,允许基准要素的尺寸公差补偿被测要素的方向、位置公差,前提是基准要素和被测要素的实际轮廓都不得超出各自应遵守的边界,并且基准要素的实际尺寸应在其极限尺寸范围内。

(3) 可逆要求附加用于最小实体要求时,应在被测要素几何公差框格中的公差值后面标注双重符号Ⓛ Ⓡ（图4-106）。这表示在被测要素的实际轮廓不超出其最小实体实效边界的条件下，允许被测要素的尺寸公差补偿其几何公差，同时也允许被测要素的几何公差补偿其尺寸公差。

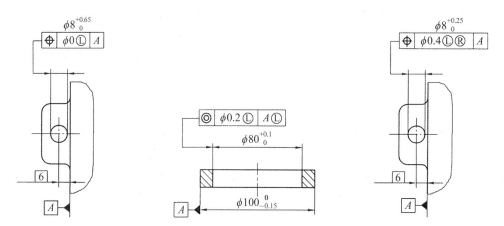

图4-104 采用最小实体要求而标注零几何公差示例　**图4-105** 最小实体要求应用基准要素的标注示例　**图4-106** 可逆要求用于最小实体要求的标注示例

当基准要素的导出要素注有几何公差，且几何公差值后面标注符号Ⓛ时，基准要素的边界为最小实体实效边界，边界尺寸为最小实体实效尺寸，它等于最小实体尺寸减去（对于外尺寸要素）或加上（对于内尺寸要素）该几何公差值。在这种情况下，基准符号建议标注在形成该最小实体实效边界的几何公差框格的下方，类似图4-97的标注。

当基准要素的导出要素没有标注几何公差，或者注有几何公差，但几何公差值后面没有标注符号Ⓛ时，基准要素的边界为最小实体边界，边界尺寸为最小实体尺寸，类似图4-96的标注。

虽然最小实体要求属于相关要求，但是它没有类似能够体现最大实体要求那样的量规。因为最小实体实效边界是自最小实体状态朝着入体方向叠加而形成的（而最大实体实效边界是自最大实体状态朝着体外方向叠加而形成的），所以设计不出随外表面实际尺寸由最小实体尺寸增大，或内表面实际尺寸由最小实体尺寸减小而允许其几何误差相应增大的量规。对于采用最小实体要求的要素，其几何误差使用普通计量器具来测量，其实际尺寸则用两点法测量。

2）最小实体要求的特点

最小实体要求涉及组成要素的尺寸和几何公差的相互关系，最小实体要求只用于尺寸要素的尺寸及其导出要素几何公差的综合要求，其主要特点如下：

（1）被测要素遵守最小实体实效边界，即被测要素的体内作用尺寸不超过最小实体实效尺寸。

（2）当被测要素处于最小实体状态时，几何公差为图样上给定的几何公差值。

（3）当被测要素的局部尺寸偏离最小实体尺寸后，其偏离量可补偿给几何公差，允许的几何公差为图样上给定的几何公差值 t 与偏离量之和；补偿量的一般计算公式为：

$$t_{补} = |\, \mathrm{LMS} - d_a(D_a) \,|$$

当被测实际要素为最大实体状态时，几何公差获得的补偿量最大，即 $t_{补\max} = T_s(T_h)$，这种情况下允许几何公差的最大值 $t_{max} = t_1 + t_{补max} = t_1 + T_s(T_h)$。

（4）局部尺寸必须在最小实体尺寸和最大实体尺寸之间变化。

（5）符合最小实体要求的被测实际要素的合格条件为：

对于孔（内表面）：$D_{fi} \leqslant D_{LV} = D_{max} + t_1$；$D_{min} = D_M \leqslant D_a \leqslant D_L = D_{max}$。

对于轴（外表面）：$d_{fi} \geqslant d_{LV} = d_{min} - t_1$；$d_{max} = d_M \geqslant d_a \geqslant d_L = d_{min}$。

式中，t_1 为在最小实体状态下给定的几何公差值。

最小实体要求仅用于导出要素。至于平面、直线等组成要素，由于不存在尺寸公差对几何公差的补偿问题，因而不具备应用条件。

3）最小实体要求的示例分析

如图 4-107a 所示，轴 $\phi 20_{-0.3}^{\ 0}$ mm 的轴线直线度公差采用最小实体要求给出，即当被测要素处于最小实体状态时，其轴线直线度公差为 $\phi 0.1$ mm，则轴的最小实体实效尺寸为：

$$D_{LV} = d_{min} - t_1 = \phi 19.7 - \phi 0.1 = \phi 19.6 \text{ mm}$$

D_{LV} 所确定的最小实体实效边界是一个直径为 $\phi 19.6$ mm 的理想圆柱面，如图 4-107b 所示。该轴应满足下列要求：

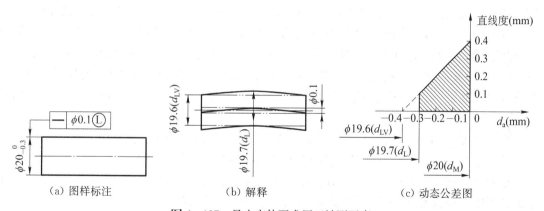

图 4-107　最小实体要求用于被测要素

（1）当轴处于最小实体状态（$d_L = \phi 19.7$ mm）时，轴线的直线度公差为给定的公差值 $\phi 0.1$ mm，如图 4-107b 所示。

（2）当轴的提取圆柱面的局部尺寸偏离最小实体尺寸（计算偏离量的基准），如均为 $\phi 19.8$ mm 时，这时偏离量 0.1 mm 可补偿给直线度公差，此时轴线的直线度公差为 $\phi 0.2$ mm，即为给定的公差值 0.1 mm 与偏离量 0.1 mm 之和。

（3）当轴的提取圆柱面的局部尺寸为最大实体尺寸 $\phi 20$ mm 时，偏离量达到最大值（等于尺寸公差 T_s），几何公差（直线度）获得最大的补偿量（$t_{补max} = T_s = 0.3$ mm），此时轴线的直线度公差为给定的直线度公差 $\phi 0.1$ mm 与尺寸公差 0.3 mm 之和，即为 $\phi 0.4$ mm。图 4-107c 为反映其补偿关系的动态公差图。

（4）轴的提取圆柱面的局部尺寸必须在 $\phi 19.7 \sim \phi 20$ mm 之间变化。

与最大实体要求类似，当采用最小实体要求的被测关联要素的几何公差值标注为"0"或"$\phi 0$"时，是最小实体要求的特殊情况，称为最小实体要求的零几何公差。此时被测实际要素的最小实体实效边界就变成了最小实体边界；在不影响零件功能要求的前提下，在采用最小实体要求时也可附加可逆要求。这样几何公差可反过来补偿给尺寸公差，即几何公差有富余的情况下,允许尺寸误差超过给定的尺寸公差,其结果在一定程度上能够降低零件制造精度的要求。在图样上,可逆要求用于最小实体要求的标注方法是:用符号 ⓇR 标注在导出要素的几何公差值和符号 ⓁL 之后。最小实体要求的零几何公差、可逆要求用于最小实体要求等的标注示例及分析方法类似于最大实体要求,这里不再赘述。

最小实体要求主要用于保证零件强度和最小壁厚。由于最小实体要求的被测要素不得超越最小实体实效边界,因而应用最小实体要求可保证零件强度和最小壁厚尺寸。另外,当被测要素偏离最小实体状态时,可扩大几何误差的允许值,以增加几何误差的合格范围,获得良好的经济效益。

4.5 几何公差及其未注公差值

4.5.1 几何公差的国家标准

零件加工时不可避免地会存在几何误差,GB/T 1184—1996《形状和位置公差未注公差值》规定,各类工厂一般制造精度能够保证的几何精度,其几何公差值按未注公差执行,不必在图样上逐一注出。如由于功能要求对某个要素提出更高的公差要求时,应按照国家标准的规定在图样上直接注出公差值;更粗的公差要求只有对工厂有经济效益时才需注出公差值。

几何精度的高低是用公差等级数字的大小来表示的。按国家标准规定,对 14 项几何公差,除线轮廓度、面轮廓度及位置度未规定公差等级外,其余 11 项均有规定。一般划分为 12 级,即 1~12 级,1 级精度最高,12 级精度最低;仅圆度和圆柱度划分为 13 级,增加了一个最高精度等级 0 级,以便适应精密零件的需要。各项目的各级公差值见表 4 - 15~表 4 - 18(摘自 GB/T 1184—1996 附录 B)。

对位置度,国家标准只规定了位置度数系,而未规定公差等级,见表 4 - 19。

位置度的公差值一般与被测要素的类型、连接方式等有关。

位置度常用于控制螺栓或螺钉连接中孔距的位置精度要求,其公差值取决于螺栓与光孔之间的间隙。位置度公差值 T(公差带的直径或宽度)按下式计算:

螺栓连接:$T \leqslant KZ$

螺钉连接:$T \leqslant 0 - 5KZ$

式中,Z 为孔与紧固件之间的间隙,$Z = D_{min} - d_{max}$;D_{min} 为最小孔径(光孔的最小直径);d_{max} 为最大轴径(螺栓或螺钉的最大直径);K 为间隙利用系数。推荐值为:不需调整的固定连接,$K = 1$;需要调整的固定连接,$K = 0.6 \sim 0.8$。按上式算出的公差值,经圆整后应符合国标推荐的位置系数,见表 4 - 16。

表 4 - 15 直线度、平面度的公差值(摘自 GB/T 1184—1996)

主参数 L(mm)	公 差 等 级											
	1	2	3	4	5	6	7	8	9	10	11	12
	公差值(μm)											
≤10	0.2	0.4	0.8	1.2	2	3	5	8	12	20	30	60
>10~16	0.25	0.5	1	1.5	2.5	4	6	10	15	25	40	80
>16~25	0.3	0.6	1.2	2	3	5	S	12	20	30	50	100

(续表)

主参数 L(mm)	公 差 等 级											
	1	2	3	4	5	6	7	8	9	10	11	12
	公差值(μm)											
>25~40	0.4	0.8	1.5	2.5	4	6	10	15	25	40	60	120
>40~63	0.5	1	2	3	5	8	12	20	30	50	80	150
>63~100	0.6	1.2	2.5	4	6	10	15	25	40	60	100	200
>100~160	0.8	1.5	3	5	8	12	20	30	50	80	120	250
>160~250	1	2	4	6	10	1S	25	40	60	100	150	300
>250~400	1.2	2.5	5	8	12	20	30	50	80	120	200	400

注:主参数 L 系轴线、直线、平面(表面较长的一侧或圆表面的直径)的长度。

表 4-16　圆度、圆柱度的公差值(摘自 GB/T 1184—1996)

主参数 d(D) (mm)	公 差 等 级												
	0	1	2	3	4	5	6	7	8	9	10	11	12
	公差值(μm)												
≤3	0.1	0.2	0.3	0.5	0.8	1.2	2	3	4	6	10	14	25
>3~6	0.1	0.2	0.4	0.6	1	1.5	2.5	4	5	8	12	18	30
>6~10	0.12	0.25	0.4	0.6	1	1.5	2.5	4	6	9	15	22	36
>10~18	0.15	0.25	0.5	0.8	1.2	2	3	5	8	11	18	27	43
>18~30	0.2	0.3	0.6	1	1.5	2.5	4	6	9	13	21	33	52
>30~50	0.25	0.4	0.6	1	1.5	2.5	4	7	11	16	25	39	62
>50~80	0.3	0.5	0.8	1.2	2	3	5	8	13	19	30	46	74
>80~120	0.4	0.6	1	1.5	2.5	4	6	10	15	22	35	54	87
>120~180	0.6	1	1.2	2	3.5	5	8	12	18	25	40	63	100
>180~250	0.8	1.2	2	3	4.5	7	10	14	20	29	46	72	115
>250~315	1	1.6	2.5	4	6	8	12	16	23	32	52	81	130
>315~400	1.2	2	3	5	7	9	13	18	25	36	57	89	140

注:主参数 d(D) 系轴(孔)的直径。

表 4-17　平行度、垂直度、倾斜度的公差值(摘自 GB/T 1184—1996)

主参数 L, d(D) (mm)	公 差 等 级											
	1	2	3	4	5	6	7	8	9	10	11	12
	公差值(μm)											
≤10	0.4	0.8	1.5	3	5	8	12	20	30	50	80	120
>10~16	0.5	1	2	4	6	10	15	25	40	60	100	150

（续表）

主参数 $L,d(D)$ (mm)	公差 等 级											
	1	2	3	4	5	6	7	8	9	10	11	12
	公差值（μm）											
>16～25	0.6	1.2	2.5	5	8	12	20	30	50	80	120	200
>25～40	0.8	1.5	3	6	10	15	25	40	60	100	150	250
>40～63	1	2	4	8	12	20	30	50	80	120	200	300
>63～100	1.2	2.5	5	10	15	25	40	60	100	ISO	250	400
>100～160	1.5	3	6	12	20	30	50	80	120	200	300	500
>160～250	2	4	8	15	25	40	60	100	150	250	400	600
>250～400	2.5	5	10	20	30	50	80	120	200	300	500	800

注：1. 主参数 L 为给定平行度时轴线或平面的长度，或给定垂直度、倾斜度时被测要素的长度。

　　2. 主参数 $d(D)$ 为给定面对线垂直度时被测要素的直径。

表 4-18　同轴度、对称度、圆跳动、全跳动的公差值（摘自 GB/T 1184—1996）

主参数 $d(D)$，B,L(mm)	公差 等 级											
	1	2	3	4	5	6	7	8	9	10	11	12
	公差值（μm）											
≤1	0.4	0.6	1.0	1.5	2.5	4	6	10	IS	25	40	60
>1～3	0.4	0.6	1.0	1.5	2.5	4	6	10	20	40	60	120
>3～6	0.5	0.8	1.2	2	3	5	8	12	25	50	80	150
>6～10	0.6	1	1.5	2.5	4	6	10	15	30	60	100	200
>10～18	0.8	1.2	2	3	5	8	12	20	40	80	120	250
>18～30	1	1.5	2.5	4	6	10	IS	25	50	100	150	300
>30～50	1.2	2	3	5	8	12	20	30	60	120	200	400
>50～120	1.5	2.5	4	6	10	15	25	40	80	150	250	500
>120～250	2	3	S	8	12	20	30	SO	100	200	300	500
>250～500	2.5	4	6	10	15	25	40	60	120	250	400	800

注：1. 主参数 $d(D)$ 为给定同轴度时的直径，或给定圆跳动、全跳动时轴（孔）直径。

　　2. 圆锥体斜向圆跳动公差的主要参数为平均直径。

　　3. 主参数 B 为给定对称度时槽的宽度。

　　4. 主参数 L 为给定两孔对称度时孔心距。

表 4-19　位置度公差值数系（摘自 GB/T 1184—1996）　　　　　　　　　（μm）

优先系数	1	1.2	1.6	2	2.5	3	4	5	6	8
	1×10^n	1.2×10^n	1.6×10^n	2×10^n	2.5×10^n	3×10^n	4×10^n	5×10^n	6×10^n	8×10^n

注：n 为正整数。

4.5.2　未注几何公差的规定

几何公差值在图样上的表示方法有两种：一种是在框格内注出几何公差的公差值（如前所述）；另一种是不注出几何公差值，用未注公差的规定来控制。两种都是设计要求。GB/T 1184—1996 中规定了不注公差值时仍然必须遵守的几何公差值。

应用未注公差的总原则是：实际要素的功能允许几何公差等于或大于未注公差值，一般不需要单独注出，而采用未注公差。如功能要求允许大于未注公差值，而这个较大的公差值会给工厂带来经济效益，则可将这个较大的公差值单独标注在要素上，如金属薄壁件、挠性材质零件（如橡胶件、塑料件）等。因此，未注公差值是工厂机加工和常用工艺方法就能保证的几何精度，为简化标注，不必在图样上注出的几何公差。几何公差的未注公差值适用于遵守独立原则的零件要素，也适用于某些遵守包容要求的零件要素，在要素处都是最大实体尺寸时也适用。

采用未注公差值的优点是：图样易读，可高效地进行信息交换；节省设计时间，不用详细地计算公差值，只需了解某要素的功能是否允许大于或等于未注公差值；图样很清晰地表达出哪些要素可用一般加工方法加工，既保证加工质量，又不需要一一检测。

采用未注几何公差的要素，其几何精度应按下列规定执行：

（1）国家标准对直线度、平面度、垂直度、对称度和圆跳动（径向、轴向和斜向）的未注公差各规定了 H、K、J 这 3 个公差等级，其公差值见表 4-20～表 4-23。

未注公差值的图样表示方法：应在图样标题栏附近或在技术要求、技术文件（如企业标准）中注出标准号及公差等级代号，如"GB/T 1184—K"。

（2）圆度的未注公差值等于标准的直径公差值，但不能大于表 4-23 中的径向圆跳动值。

表 4-20　直线度和平面度的未注公差值（GB/T 1184—1996）　　　　（mm）

公差等级	基本长度范围					
	～10	>10～100	>30～100	>100～300	>300～1 000	>1 000～3 000
H	0.02	0.05	0.1	0.2	0.3	0.4
K	0.05	0.1	0.2	0.4	0.6	0.8
L	0.1	0.2	0.4	0.8	1.2	1.6

注：1. 对于直线度，应按其相应线的长度选择未注公差值。
　　2. 对于平面度，按被测表面的较长一侧或圆表面的直径选择未注公差值。

表 4-21　垂直度未注公差值（GB/T 1184—1996）　　　　（mm）

公差等级	基本长度范围			
	～100	>100～300	>300～1 000	>1 000～3 000
H	0.2	0.3	0.4	0.5
K	0.4	0.6	0.8	1
L	0.6	1	1.5	2

注：取形成直角的两边中较长的一边作为基准，较短的一边作为被测要素；若两边的长度相等，则任取一边作为基准。

表 4 - 22 对称度未注公差值(GB/T 1184—1996)　　　　　　　　(mm)

公差等级	基本长度范围			
	～100	>100～300	>300～1 000	>1 000～3 000
H	0.5			
K	0.6		0.8	1
L	0.6	1	1.5	2

注:取两要素中较长者作为基准,较短者作为被测要素;若两要素长度相等则可任选一要素作为基准。

表 4 - 23 圆跳动未注公差值(GB/T 1184—1996)　　　　　　　　(mm)

公差等级	圆跳动公差值	公差等级	圆跳动公差值
H	0.1	L	0.5
K	0.2		

注:应以设计或工艺给出的支承面作为基准,否则应取两要素中较长的一个作为基准,较短者作为被测要素;若两要素长度相等,则可任选一要素为基准。

(3) 圆柱度的未注公差值不作规定。圆柱度误差由圆度、直线度和相对素线的平行度误差三部分组成,而其中每一项误差均由它们的注出公差或未注出公差控制。如因功能要求,圆柱度应小于圆度、直线度和平行度的未注公差的综合结果,应在被测要素上按规定注出圆柱度公差值。

(4) 平行度未注公差值等于给出的尺寸公差值,或是直线度和平面度未注公差值中的相应公差值取较大者。

(5) 同轴度未注公差值未作规定。在极限状况下,同轴度的未注公差值可以和表 4 - 23 中规定的径向圆跳动的未注公差值相等。

(6) 除 GB/T 1184—1996 规定的各项目未注公差外,其他项目如线轮廓度、面轮廓度、倾斜度、位置度和全跳动,均应由各要素的注出或未注出几何公差、线性尺寸或角度公差控制。

4.6 几何公差的选择

　　绘制零件图并确定该零件的几何精度时,对于那些对几何精度有特殊要求的要素,应在图样上注出它们的几何公差:一般来说,零件上对几何精度有特殊要求的要素只占少数;而零件上对几何精度没有特殊要求的要素则占大多数,它们的几何精度用一般加工工艺就能够达到,因此在图样上不必单独注出它们的几何公差,以简化图样标注。

　　几何公差的选择包括下列内容:几何公差特征项目及基准要素的选择、公差原则的选择和几何公差值的选择。

4.6.1 几何公差特征项目及基准要素的选择

　　几何公差特征项目的选择主要从被测要素的几何特征、功能要求、测量的方便性和特征项目本身的特点等几方面来考虑。

　　例如,对圆柱面的形状精度,根据其几何特征,可以规定圆柱度公差(标注如图 4 - 84 所示)或者规定圆度公差、素线直线度公差和相对素线间的平行度公差(标注在同一视图上,如图

4-108 所示)。

再如,对减速器齿轮轴的两个轴颈的几何精度,由于在功能上它们是齿轮轴在减速器箱体上的安装基准,因此要求它们同轴线,可以规定它们分别对它们的公共轴线的同轴度公差或径向圆跳动公差。考虑到测量径向圆跳动比较方便,而轴颈本身的形状精度颇高,通常都规定两个轴颈分别对它们的公共轴线的径向圆跳动公差(标注如图 4-109 所示)。

在确定被测要素的方向、位置公差的同时,必须根据需要确定基准要素,可以采用单一基准、公共基准或三面基准体系。基准要素的选择主要根据零件在机器上的安装位置、作用、结构特点以及加工和检测要求来考虑。

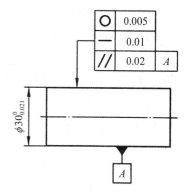

图 4-108 三项几何公差代替圆柱度公差

基准要素通常应具有较高的形状精度,它的长度较大、面积较大、刚度较大。在功能上,基准要素应该是零件在机器上的安装基准或工作基准。

4.6.2 公差原则的选择

公差原则主要根据被测要素的功能要求、零件尺寸大小和检测方便来选择,并应考虑充分利用给出的尺寸公差带,还应考虑用被测要素的几何公差补偿其尺寸公差的可能性。

按独立原则给出的几何公差值是固定的,不允许几何误差值超出图样上标注的几何公差值。而按相关要求给出的几何公差是可变的,在遵守给定边界的条件下,允许几何公差值增大。有时独立原则、包容要求和最大实体要求都能满足某种同一功能要求,但在选用它们时应注意到它们的经济性和合理性。独立原则、包容要求、最大实体要求的主要应用范围已分别在4.4.1~4.4.3 节中叙述。

对于保证最小壁厚不小于某个极限值和表面至理想中心的最大距离不大于某个极限值等功能要求,不可能应用最大实体要求来同时满足此功能要求和位置精度要求,也不适宜应用独立原则来满足,而应该选用最小实体要求来满足。

下面就单一尺寸要素孔、轴配合的几个方面来分析独立原则与包容要求的选择。

1) 从尺寸公差带的利用分析

孔或轴采用包容要求时,它的实际尺寸与形状误差之间可以相互调整(补偿),从而使整个尺寸公差带得到充分利用,技术经济效益较高。但另一方面,包容要求所允许的形状误差的大小,完全取决于实际尺寸偏离最大实体尺寸的数值。如果孔或轴的实际尺寸处处皆为最大实体尺寸或者趋近于最大实体尺寸,那么它必须具有理想形状或者接近于理想形状才合格,而实际上极难加工出这样精确的形状。

2) 从配合均匀性分析

按独立原则对孔或轴给出一定的形状公差和尺寸公差。后者的数值小于按包容要求给出的尺寸公差数值,使按独立原则加工的该孔或轴的体外作用尺寸允许值等于按包容要求确定的孔或轴最大实体边界尺寸(即最大实体尺寸),以使独立原则和包容要求都能满足指定的同一配合性质。由于采用独立原则时不允许形状误差值大于某个确定的形状公差值,采用包容要求时允许形状误差值达到尺寸公差数值,而孔与轴的配合均匀性与它们的形状误差的大小有着密切的关系,因此从保证配合均匀性来看,采用独立原则比采用包容要求好。

3) 从零件尺寸大小和检测方便分析

按包容要求用最大实体边界控制形状误差,对于中、小型零件,便于使用光滑极限量规检验。但是对于大型零件,就难以使用笨重的光滑极限量规检验。在这种情况下,按独立原则的要求进行检测就比较容易实现。

以上对包容要求的分析也适用于最大实体要求。

4.6.3 几何公差值的选择

几何公差值主要根据被测要素的功能要求和加工经济性等来选择。在零件图上,被测要素的几何精度要求有两种表示方法:一种是用几何公差框格的形式单独注出几何公差值;另一种是按 GB/T 1184—1996 的规定,统一给出未注几何公差(在技术要求中用文字说明)。

几何公差值可以采用计算法或类比法确定。计算法是指对于某些方向、位置公差值,可以用尺寸链分析计算来确定;对于用螺栓或螺钉连接两个零件或两个以上的零件上孔组的各个孔位置度公差,可以根据螺栓或螺钉与通孔间的最小间隙确定。

螺栓连接时,各个被连接零件上的孔均为通孔,位置度公差值 t 按下式确定:

$$t = X_{min} \tag{4-5}$$

式中,X_{min} 为通孔与螺栓间的最小间隙。

用螺钉连接时,各个被连接零件中有一个零件上的孔为螺孔,而其余零件上的孔则为通孔,位置度公差值 t 按下式确定:

$$t = 0.5X_{min} \tag{4-6}$$

式中,X_{min} 为通孔与螺钉间的最小间隙。

类比法是指将所设计的零件与具有同样功能要求且经使用表明效果良好而资料齐全的类似零件进行对比,经分析后确定所设计零件有关要素的几何公差值。

对已有专门标准规定的几何公差,如与滚动轴承配合的轴颈和箱体孔(外壳孔)的几何公差、矩形花键的位置度公差、对称度公差以及齿轮坯的几何公差和齿轮箱体上两对轴承孔的公共轴线之间的平行度公差等,分别按各自的专门标准确定。

GB/T 1184—1996 的附录中,对直线度、平面度、圆度、圆柱度、平行度、垂直度、倾斜度、同轴度、对称度、圆跳动和全跳动公差等 11 个特征项目分别规定了若干公差等级及对应的公差值(见表 4-15~表 4-23)。这 11 个特征项目中,GB/T 1184—1996 将圆度和圆柱度的公差等级分别规定了 13 个级,它们分别用阿拉伯数字 0、1、2、…、12 表示,其中 0 级最高,等级依次降低,12 级最低。其余 9 个特征项目的公差等级分别规定了 12 个级,它们分别用阿拉伯数字 1、2、…、12 表示,其中 1 级最高,等级依次降低,12 级最低。此外,还规定了位置度公差值数系(表 4-19)。

表 4-24~表 4-27 列出了 11 个几何公差特征项目的部分公差等级的应用场合,供选择几何公差等级时参考,根据所选择的公差等级从公差表格查取几何公差值。

表 4-24 直线度、平面度公差等级的应用实例

公差等级	应 用 举 例
5	1 级平板,2 级宽平尺,平面磨床的纵导轨、垂直导轨、立柱导轨及工作台,液压龙门刨床和六角车床床身导轨,柴油机进气、排气阀门导杆
6	普通机床导轨,如普通车床、龙门刨床、滚齿机、自动车床等的床身导轨和立柱导轨,柴油机壳体

（续表）

公差等级	应 用 举 例
7	2 级平板，机床主轴箱，摇臂钻床底座和工作台，镗床工作台，液压泵盖，减速器壳体结合面
8	机床传动箱体，交换齿轮箱体，车床溜板箱体，连杆分离面，汽车发动机缸盖与气缸体结合面，液压管件和法兰连接面
9	3 级平板，自动车床床身底面，摩托车曲轴箱体，汽车变速器壳体，手动机械的支承面

表 4‑25 圆度、圆柱度公差等级的应用实例

公差等级	应 用 举 例
5	一般计量仪器主轴、测杆外圆柱面，陀螺仪轴颈，一般机床主轴轴颈及主轴轴承孔，柴油机、汽油机活塞、活塞销，与 6 级滚动轴承配合的轴颈
6	仪表端盖外圆柱面，一般机床主轴及前轴承孔，泵、压缩机的活塞、气缸，汽油发动机凸轮轴，纺织锭子，减速器转轴轴颈，高速船用柴油机、拖拉机曲轴与主轴颈，与 6 级滚动轴承配合的外壳孔，与 0 级滚动轴承配合的轴颈
7	大功率低速柴油机的曲轴轴颈、活塞、活塞销、连杆和气缸，高速柴油机箱体轴承孔，千斤顶或压力油缸活塞，机车传动轴，水泵及通用减速器转轴轴颈，与 0 级滚动轴承配合的外壳孔
8	大功率低速发动机曲轴轴颈，压气机的连杆盖，拖拉机的气缸、活塞，炼胶机冷却轴辊，印刷机传墨辊，内燃机曲轴轴颈，柴油机凸轮轴轴颈、轴承孔，拖拉机、小型船用柴油机气缸套
9	空气压缩机缸体，液压传动筒，通用机械杠杆与拉杆用的套筒销，拖拉机的活塞环和套筒孔

表 4‑26 平行度、垂直度、倾斜度、轴向跳动公差等级的应用实例

公差等级	应 用 举 例
4，5	普通车床导轨、重要支承面，机床主轴轴承孔对基准的平行度，精密机床重要零件，计量仪器、量具、模具的基准面和工作面，机床主轴箱箱体重要孔，通用减速器壳体孔，齿轮泵的油孔端面，发动机轴荷离合器的凸缘，气缸支承端面，安装精密滚动轴承的壳体孔的凸肩
6，7，8	一般机床的基准面和工作面，压力机和锤锻的工作面，中等精度钻模的工作面，机床一般轴承孔对基准的平行度，变速器箱体孔，主轴花键对定心表面轴线的平行度，重型机械滚动轴承端盖，卷扬机、手动传动装置中的传动轴，一般导轨，主轴箱箱体孔，刀架、砂轮架、气缸配合面对基准轴线以及活塞销孔对活塞轴线的垂直度，滚动轴承内、外圈端面对基准轴线的垂直度
9，10	低精度零件，重型机械滚动轴承端盖，柴油机、煤气发动机箱体曲轴孔、曲轴轴颈，花键轴荷轴肩端面，带式运输机法兰盘端面对基准轴线的垂直度，手动卷扬机及传动装置中轴承孔端面，减速器壳体平面

表 4‑27 同轴度、对称度、径向跳动公差等级的应用实例

公差等级	应 用 举 例
5，6，7	这是应用范围较广的公差等级。用于几何精度要求较高、尺寸的标准公差等级为 IT8 及高于 IT8 的零件。5 级常用于机床主轴轴颈，计量仪器的测杆，涡轮机主轴，柱塞油泵转子，高精度滚动轴承外圈，一般精度滚动轴承内圈。7 级用于内燃机曲轴、凸轮轴、齿轮轴、水泵轴、汽车后轮输出轴、电机转子、印刷机传墨辊的轴颈、键槽

（续表）

公差等级	应 用 举 例
8，9	常用于几何精度要求一般、尺寸的标准公差等级为 IT9～IT11 的零件。8 级用于拖拉机发动机分配轴轴颈，与 9 级精度以下齿轮相配的轴，水泵叶轮，离心泵体，棉花精梳机前后滚子，键槽等。9 级用于内燃机气缸套配合面，自行车中轴

下面以圆柱齿轮减速器中的齿轮轴、轴套和齿轮等 3 个零件为例，说明几何公差的选择和标注。

例 4 - 1 图 4 - 109 为减速器的齿轮轴。两个 $\phi40k6$ 轴颈分别与两个相同规格的 0 级滚动轴承内圈配合，$\phi30m7$ 轴头与带轮或其他传动件的孔配合，两个 $\phi48$ mm 轴肩的端面分别为这两个滚动轴承的轴向定位基准，并且这两个轴颈是齿轮轴在箱体上的安装基准。

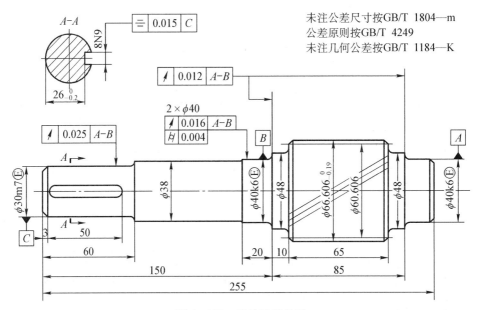

图 4 - 109 齿轮轴零件图

为了保证指定的配合性质，对两个轴颈和轴头都按包容要求给出尺寸公差（它们的公差带代号分别按表 4 - 3 和类比法确定），在它们的尺寸公差带代号后面标注符号ⓔ。按滚动轴承有关标准的规定，应对两个轴颈的形状精度提出更高的要求。按滚动轴承的公差等级为 0 级，因此选取轴颈圆柱度公差值为 0.004 mm。

为了保证齿轮轴的使用性能，两个轴颈和轴头应同轴线，因此按圆柱齿轮精度制国标的规定和小齿轮的精度等级，确定两个轴颈分别对它们的公共基准轴线 A - B 的径向圆跳动公差值为 0.016 mm（见附表 10 - 5 "齿轮坯公差"，摘自 GB/T 10095—1988）；用类比法确定轴头对公共基准轴线 A - B 的径向圆跳动公差值为 0.025 mm。

为了保证滚动轴承在齿轮轴上的安装精度，按滚动轴承有关标准的规定，选取两个轴肩的端面分别对公共基准轴线 4 的轴向圆跳动公差值为 0.012 mm（见附表 6 - 1 "轴颈和外壳孔的几何公差值"，摘自 GB/T 275—1993）。

为了避免键与轴头键槽、传动件轮毂键槽装配困难，应规定键槽对称度公差。该项公差通常按 8 级(GB/T 1184—1996)选取。确定轴头的 8N9($^{\ 0}_{-0.036}$)键槽相对于轴头轴线 C 的对称度
公差值为 0.015 mm。

　　齿轮轴上其余要素的几何精度皆按未注几何公差处理。此外,减速器的输出轴各要素几
何公差的选择和标注与上述齿轮轴类似。

　　例 4 - 2　如图 4 - 110a 所示的减速器中的轴套,并参看图 4 - 110b,该轴套的 φ55D9 孔与输出
轴的 φ55k6 轴颈配合。它的两个端面都是安装基准,分别与齿轮端面及滚动轴承内圈端面贴合,因
此这两个端面应保持平行。参照与滚动轴承端面贴合的轴肩端面的轴向圆跳动公差值(见附表
6 - 1 "轴颈和外壳孔的几何公差值",摘自 GB/T 275—1993),确定端面的平行度公差为 0.015 mm。

　　轴套上其余要素的几何精度皆按未注几何公差处理。

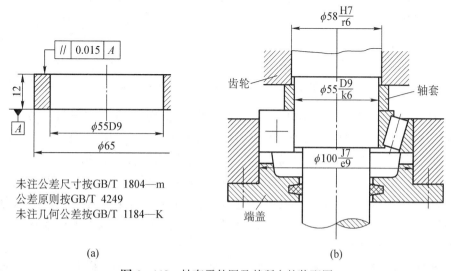

未注公差尺寸按GB/T 1804—m
公差原则按GB/T 4249
未注几何公差按GB/T 1184—K

(a)　　　　　　　　　　　　　　(b)

图 4 - 110　轴套零件图及其所在的装配图

4.7　几何误差的评定与检测原则

4.7.1　形状误差的评定

　　几何误差是指被测提取要素对其拟合要素(理想要素)的变动量。若被测提取要素全部位
于几何公差带内为合格,反之则不合格。

　　形状误差是指被测提取要素对其拟合要素的变动量,拟合要素的位置应符合最小条件。

　　当被测提取要素与其拟合要素进行比较以确定其变动量时,拟合要素相对提取要素所处
位置不同,得到的最大变动量也不同。因此,为了使评定提取要素几何误差的结果唯一,国家
标准规定,拟合要素的位置应符合"最小条件",即被测提取要素对其拟合要素的最大变动量为
最小。

　　提取要素是提取组成要素和提取导出要素的统称;拟合要素是拟合组成要素和拟合导出
要素的统称,它是按规定的方法由提取要素形成的并具有理想形状的要素,是理想要素的
替代。

　　最小条件可分为两种情况:

　　(1) 组成要素(线、面轮廓度除外)。最小条件就是拟合要素位于实体之外且与被测提取

要素接触,并使被测提取要素对拟合要素的最大变动量为最小。如图 4 - 111 所示,在评定给定平面内直线度误差时,与被测提取要素接触的可以有很多条不同方向的理想直线,如 A_1B_1、A_2B_2、A_3B_3,评定出的直线度误差值相应为 h_1、h_2、h_3。这些理想直线中必有一条(也只有一条)理想直线符合最小条件。显然,理想直线应选择 A_1B_2 符合最小条件,$h_1 = f$ 即为被测直线的直线度误差值,它应小于或等于给定的直线度公差值。

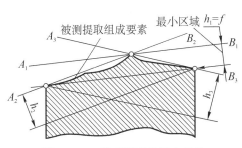

图 4 - 111 组成要素的最小条件

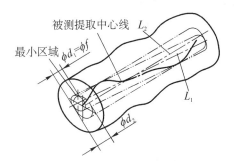

图 4 - 112 导出要素的注销条件

(2) 导出要素。导出要素包括轴线、中心线、中心平面等,其最小条件就是拟合要素位于被测提取导出要素之中,并使提取导出要素对拟合要素的最大变动量为最小,如图 4 - 112 所示。图中,理想轴线为 L_1,其最大变动量 $\phi d_1 = \phi f$ 为最小,符合最小条件。

形状误差值用最小包容区域(简称最小区域)的宽度或直径表示。最小区域是指包容被测提取要素时,具有最小宽度 f 或直径 ϕf 的包容区域。各误差项目最小区域的形状分别和各自的公差带形状一致,但宽度(或直径)由被测提取要素本身决定。按最小包容区域评定形状误差的方法,称为最小区域法。

最小条件是评定形状误差的基本原则,在满足零件功能要求的前提下,允许采用近似方法评定形状误差。如常以两端点连线作为评定直线度误差的基准。按近似方法评定的误差值通常大于最小区域法评定的误差值,因而更能保证质量。当采用不同评定方法所获得的测量结果有争议时,应以最小区域法作为评定结果的仲裁依据。

1) 给定平面内直线度误差的评定

直线度误差可用最小包容区域法评定。如图 4 - 113 所示,用两条平行直线包容被测提取直线时,被测提取直线上至少有高低相间 3 个极点分别与这两条直线接触,称为相间准则,这两条平行直线之间的区域即为最小包容区域,该区域的宽度 f 即为符合定义的直线度误差值。此外,直线度误差还可用最小二乘法、两端点连线法评定。

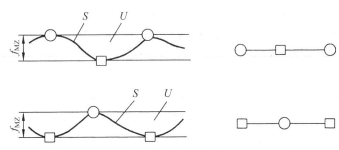

图 4 - 113 直线度误差最小包容区域判别准则

○—高极点; □—低极点

直线度误差值还可以用两端点连线来评定。如图 4 - 114 所示,以实际被测直线 S 首、末两点 B 和 E 的连线 L_{BE}(称为两端点连线)作为评定基准,取各测点相对于它的偏离值中最大偏离值的代数值 h_{max} 与最小偏离值的代数值 h_{min} 之差作为直线度误差值。测点在它的上方,偏离值取正值;测点在它的下方,偏离值取负值。即

$$L_{be} = h_{max} - h_{mm} \tag{4 - 7}$$

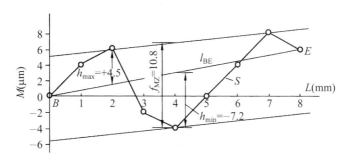

图 4 - 114 直线度误差值的评定

S—实际被测直线(测得要素);B、E—被测直线两个端点;
L—测量直线;M—指示表对各测点测得的示值

例 4 - 3 如图 4 - 115 所示,在平板上用指示表测量窄长表面的直线度误差,以该平板的工作面作为测量基准。用一个固定支承和一个可调支承来支持工件。测量时,首先用指示表和可调支承调整被测表面在平板上的高度位置,使指示表在被测表面两端测得的示值大致相等。将实际被测直线等距布置 9 个测点,在各测点处指示表的示值列于表 4 - 28。根据这些测量数据,按两端点连线和最小条件用作图法求解直线度误差值。

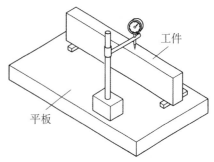

图 4 - 115 用指示表测量直线度误差

表 4 - 28 直线度误差测量数据

测点序号 i	0	1	2	3	4	5	6	7	8
指示表示值 M_i(μm)	0	+4	+6	−2	−4	0	+4	+8	+6

解:作图求解时,以横坐标为被测直线的长度纵坐标为指示表测得的示值 M。被测直线的长度采用缩小的比例,而指示表示值则采用放大的比例,以便把测得的示值在图上表示清楚,如图 4 - 114所示。

在图 4 - 114 上,连接测点 B(0, 0)和测点 E(8, +6),得到两端点连线 L。从高极点(2, +6)和低极点(4, −4)量得它们至 L 的纵坐标距离分别为 +4.5 μm 和 −7.2 μm,因此按评定的直线度误差值 L 为:

$$f_{BE} = (+4.5) - (-7.2) = 11.7 \ \mu m$$

按最小条件评定时,过两个高极点(2, +6)和(7, +8)作一条直线,过低极点(4, −4)作一条平行于上述直线的直线,则这两条平行线之间的区域即为最小包容区域,它们之间的纵坐标距离 f_{MZ} 即为最小包容区域的宽度,从图上量得按最小条件评定的直线度误差值 f_{MZ} 为:

$$f_{MZ} = 10.8 \ \mu m \leqslant f_{BE}$$

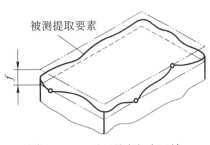

被测提取要素

f

图 4 - 116 平面最小包容区域

2) 平面度误差的评定

平面度误差可用最小包容区域法评定。如图 4-116所示,用两个平行平面包容被测提取平面时,被测提取平面与两平行平面至少应符合下列三种准则之一规定的接触状态,如图 4-117 所示。

(1) 三角形准则。至少有三个高(低)极点与一个平面接触,有一个低(高)极点与另一个平面接触,并且这一个极点的投影落在上述 3 个极点连成的三角形内,称为三角形准则,如图 4-117a 所示。

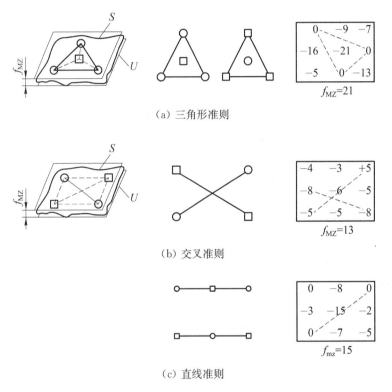

(a) 三角形准则

$f_{MZ}=21$

(b) 交叉准则

$f_{MZ}=13$

(c) 直线准则

$f_{mz}=15$

图 4 - 117 平面度误差的评定(最小包容区域法)

(2) 交叉准则。至少有两个高极点和两个低极点分别与包容被测提取平面的两个平行平面接触,并且高极点的连线与低极点的连线在包容平面上的投影相交,称为交叉准则,如图 4-117b所示。

(3) 直线准则。两平行包容平面与被测提取平面接触高低相间的三点,且它们在包容平面上的投影位于同一条直线上,称为直线准则,如图 4-117c 所示。

那么,这两个平行平面之间的区域即为最小包容区域,该区域的宽度 f 即为符合定义的平面度误差值。此外,平面度的评定方法还有三远点法和对角线法。

平面度误差值还可以用对角线平面来评定。这种评定方法是指以通过实际被测表面的一条对角线(两个角点的连线)且平行另一条对角线(其余两个角点的连线)的平面作为评定基准,取各测点相对于它的偏离值中最大偏离值(正值或零)与最小偏离值(零或负值)之差作为平面度误差值。

例4-4 如图4-118a所示,在平板上以其工作面作为测量基准,用指示表测量小面积表面的平面度误差。用一个固定支承和两个可调支承来支持工件。测量时,首先用指示表和可调支承调整被测表面在平板上的高度位置,使指示表在被测表面上相距最远的三个点测得的示值大致相等。

如图4-118b所示,将实际被测表面按 x 和 y 方向使相邻两测点皆等距布置9个测点,取第一个测点 a,为坐标系原点 0,测量基准为平面。用指示表分别对9个测点测取示值(空间直角坐标系里的 z 坐标值,μm)。它们的数值见本图方框中所列,分别是9个测点相对于平板工作面的高度差。

根据这些测量数据,按对角线平面和最小条件用坐标转换的方法求解平面度误差值。

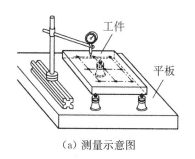
(a)测量示意图

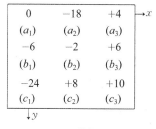
(b)测得数据(μm)

图4-118 用指示表测量平面度误差

解:评定平面度误差值时,需将实际被测表面上各测点对测量基准的坐标值转换为各测点对评定基准的坐标值。每个测点在坐标转换前后的坐标值的差值称为旋转量,在空间直角坐标系里,以 x 和 y 坐标轴作为旋转轴。设绕 x 坐标轴旋转的单位旋转量为 p,绕 y 坐标轴旋转的单位旋转量为 q,则测量基准绕 x 坐标轴旋转 p,再绕 y 坐标轴旋转 q 时,各测点的综合旋转量如图4-119所示(位于坐标系原点上的测点的综合旋转量为零)。各测点的原坐标值加上综合旋转量,就求得坐标转换后各测点的坐标值。坐标转换前后各测点间的相对位置保持不变。

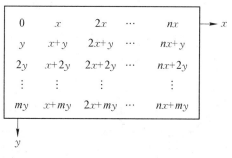

图4-119 实际被测表面各测点的综合旋转量

以对角线平面作为评定基准,处理图4-118b所列的测量数据时,测量基准旋转后应使实际被测表面上两个角点 a_1、c_3 等值和另两个角点 a_3、c_1,等值,因而得出下列方程组:

$$\begin{cases}(+10)+2x+2y=0 \\ (+4)+(2x)=(-24)+2y\end{cases}$$

解这方程组,求得绕 x 轴和 y 轴的单位旋转量分别为(正、负号表示旋转方向) $x=-9.5\ \mu m$,$y=+4.5\ \mu m$,9个测点的综合旋转量见图4-120a框中所列。把图4-118b和图4-120a对应测点的数据相加,则求得旋转后9个测点的坐标值,见图4-120b框中所列。因此,按对角线平面评定的平面度误差值 f_{DL} 为:

$$f_{DL}=(+7-5)-(-27-5)=34\ \mu m$$

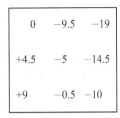

（a）各测点的综合旋转量（μm）

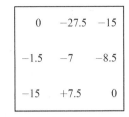

（b）第一次坐标转换后的数据（μm）

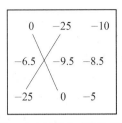

（c）第二次坐标转换后的数据（μm）

图 4-120 用坐标转换的方法求解平面度误差值

进一步按最小条件评定平面度误差值时，从图 4-120b 所列的数据判断，实际被测表面呈马鞍形，取 $a_1(0)$、$c_2(+7.5)$ 为高极点，$a_2(-27.5)$、$c_1(-15)$ 为低极点，两高极点连线与两低极点连线在空间呈交叉状态。对图 4-120b 框中所列的数据作坐标转换，使 a_1、c_2 两点和 a_2、c_1 两点在旋转后分别等值，因而得出下列方程组：

$$\begin{cases} x + 2y + 7 - 5 = 0 \\ x - 27 - 5 = 2y - 15 \end{cases}$$

解方程组，求得绕 $-y$ 轴和 x 轴旋转的单位旋转量分别为 $x = +2.5\,\mu m$，$y = -5\,\mu m$。再次旋转后 9 个测点的坐标值列于图 4-120c 框中，它们符合交叉准则。因此，按最小条件评定的平面度误差值 $f_{MZ} = 0 - (-25) = 25\,\mu m$。

应当指出，在图 4-120b 所示数据的基础上，本例仅进行一次坐标转换，就获得符合最小包容区域判别准则的平面度误差值。而在实际工作中常常由于极点选择不准确，需要进行几次坐标转换，才能获得符合最小包容区域判别准则的平面度误差值。

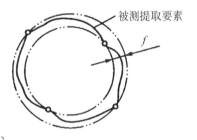

图 4-121 圆度误差的评定（最小包容区域法）

3）圆度误差的评定

圆度误差可用最小包容区域法评定。如图 4-121 所示，用两个同心圆包容被测提取圆时，被测提取圆上至少有 4 个极点内、外相间地与这两个同心圆接触，则这两个同心圆之间的区域即为最小包容区域，该区域的宽度 f（两个同心圆的半径差）就是符合定义的圆度误差值。此外，圆度误差还可用最小二乘法、最小外接圆法或最大内接圆法评定。

4）圆柱度误差的评定

圆柱度误差的评定方法分为最小包容区域法、最小二乘圆柱法、最小外接圆柱法和最大内接圆柱法四种。通常要借助计算机才能获得圆柱度误差值。一般可采用近似法评定。

4.7.2 方向误差的评定

方向误差是指被测提取要素对一具有确定方向的拟合要素的变动量，拟合要素的方向由基准确定。方向误差值用方向最小包容区域（简称方向最小区域）的宽度或直径表示。方向最小包容区域是指按拟合要素的方向来包容被测提取要素，且具有最小宽度 f 或直径 ϕf 的包容区域。各误差项目方向最小包容区域的形状分别和各自的公差带形状一致，但宽度（或直径）由被测提取要素本身决定。

方向误差包括平行度、垂直度、倾斜度三种。由于方向误差是相对于基准要素确定的，因此评定方向误差时，在拟合要素相对于基准方向应保持图样上给定的几何关系（平行、垂直或倾斜某一理论正确角度)的前提下,应使被测提取要素对拟合要素的最大变动量为最小。

如图 4－122 所示,分别为直线的平行度、垂直度、倾斜度的方向最小包容区域示例。方向最小包容区域的宽度(或直径)即为方向误差值。

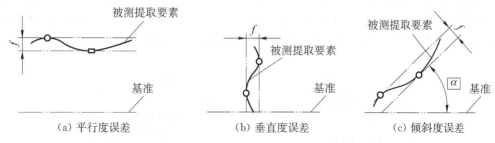

图 4－122　方向误差的评定(最小包容区域法)

4.7.3　位置误差的评定

位置误差是被测提取要素对一具有确定位置的拟合要素的变动量,拟合要素的位置由基准和理论正确尺寸确定。对于同轴度和对称度,理论正确尺寸为零。

位置误差值用位置最小包容区域(简称位置最小区域)的宽度或直径表示。位置最小区域是指以拟合要素定位包容被测提取要素时,具有最小宽度 f 或直径 ϕf 的包容区域。各误差项目位置最小包容区域的形状分别和各自的公差带形状一致,但宽度或直径由被测提取要素本身决定。

评定位置误差时,在拟合要素位置确定的前提下,应使被测提取要素至拟合要素的最大距离为最小,来确定位置最小包容区域。该区域应以拟合要素为中心,因此被测提取要素与位置最小包容区域的接触点至拟合要素所在位置距离的两倍等于位置误差值。

图 4－123a 所示为评定平面上一条线的位置度误差的例子。拟合直线的位置由基准 A 和理论正确尺寸 L 决定,即平行于基准线 A 且距离为 L 的直线 P,位置最小区域由以理想直线 P 为对称中心的两条平行直线构成。被测提取直线 F 上至少有一点与该两平行直线之一接触(图 4－123a),该点与直线 P 的距离为 h_1,则位置最小区域的宽度 $f=2h_1$ 为被测提取直线 F 的位置度误差值。

图 4－123b 所示为评定平面上一个点 P 的位置度误差,位置最小区域由一个圆构成。该圆的圆心 O(被测点的拟合位置)由基准 A、B 和理论正确尺寸 $\boxed{L_x}$ 和 $\boxed{L_y}$ 确定,直径 ϕf 由 OP 确定。$\phi f=2OP$,即点的位置度误差值。

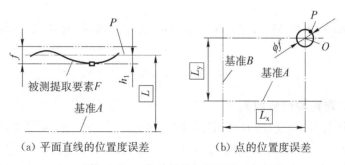

图 4－123　位置最小包容区域示例

评定位置误差的基准,理论上应是理想基准要素。由于基准要素本身存在形状误差,因此就应以该基准要素的拟合要素作为基准,该拟合要素的位置应符合最小条件。对于基准的建立和体现问题,可参见国家标准中的相关说明。

当测量方向、位置误差时,在满足零件功能要求的前提下,按需要允许采用模拟方法体现被测提取要素(特别是提取导出要素),如图 4-124 所示。当用模拟方法体现被测提取要素进行测量时,如实测范围与所要求的范围不一致,两者之间的误差值可按正比关系折算。

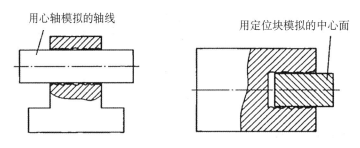

用心轴模拟的轴线　　　　　用定位块模拟的中心面

图 4-124　被测提取要素的模拟

应注意最小包容区域、方向最小包容区域和位置最小包容区域三者之间的差异。最小包容区域的方向、位置一般可随被测提取要素的状态变动;方向最小包容区域的方向是固定不变的(由基准确定),而其位置则可随被测提取要素的状态变动;位置最小包容区域除个别情况外,其位置是固定不变的(由基准及理论正确尺寸确定),故评定形状、方向和位置误差的最小包容区域的大小一般是有区别的,如图 4-125 所示,其关系为:

$$f_{形状} < f_{方向} < f_{位置}$$

即位置误差包含了形状误差和同一基准的方向误差,方向误差包含了形状误差。当零件上某要素同时有形状、方向和位置精度要求时,则设计中对该要素所给定的三种公差($T_{形状}$、$T_{方向}$ 和 $T_{位置}$)应符合 $T_{形状} < T_{方向} < T_{位置}$,否则会产生矛盾。

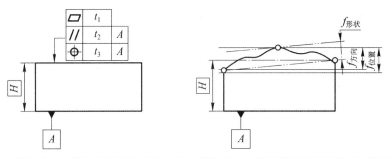

(a) 形状、方向和位置公差标注示例　　(b) 形状、方向和位置误差评定的最小包容区域:

$t_1 < t_2 < t_3$　　　　　　　　　　　$f_{形状} < f_{定向} < f_{定位}$

图 4-125　评定形状、方向和位置误差的区别

4.7.4　几何误差的检测原则

几何公差特征共有 14 项,随着被测零件的结构特点、尺寸大小、精度要求和生产批量的不同,其检测方法和设备也不同。即使同一几何公差项目,也可使用不同的检测方法行检测。GB/T 1958—2004《产品几何量技术规范(GPS)几何公差检测规定》把生产实际中行之有效的

检测方法做了概括,从检测原理上归纳为五类检测原则,并提供了 100 余种检测方案以供参考。生产中可以根据被测对象的特点和有关条件,参照这些检测原则、检测方案,设计出最合理的检测方法。

1) 与拟合要素比较原则

与拟合要素比较原则是指测量时将被测提取要素与其拟合要素作比较,从中获得测量数据,以评定被测要素的几何误差值。这些测量数据可由直接法或间接法获得。该检测原则应用最为广泛。

运用该检测原则时,必须要有理想要素作为测量时的标准。拟合要素通常用模拟方法获得,可用的模拟方法较多。如刀口尺的刀口、平尺的轮廓线及一束光线等,都可以作为拟合直线;平台或平板的工作面可体现拟合平面;回转轴系与测量头组合体现一个拟合圆;样板的轮廓等也都可作为理想要素。图 4 - 126a 所示为用刀口尺测量直线度误差,就是以刀口作为拟合直线,被测要素与之比较,根据光隙(间隙)的大小来确定直线度误差值。图 3 - 126b 是将实际被测平面与平板的工作面(模拟拟合平面)相比较,检测时用指示表测出各测点的量值,然后按一定的规则处理测量数据,确定被测要素的平面度误差值。

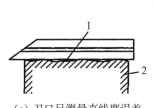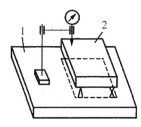

(a) 刀口尺测量直线度误差　　　　(b) 平板测量平面度误差

图 4 - 126　与理想要素比较示例

1—理想要素(a 刀口尺,b 平板);2—被测平面

2) 测量坐标值原则

测量坐标值原则是指利用坐标测量机或其他测量装置的固有坐标,测出被测提取要素的坐标值(如直角坐标值、极坐标值、圆柱面坐标值),并经过数据处理获得几何误差值。

由于几何要素的特征总是可以在坐标系中反映出来的,因此测量坐标值原则是几何误差中重要的检测原则,尤其在轮廓度和位置度误差测量中的应用更为广泛。

如图 4 - 123b 所示,将被测零件安放在坐标测量仪上,使零件的基准 A 和 B 分别与测量仪的 x 和 y 坐标轴方向一致。然后,测量出孔的轴线(假设为 P)的实际坐标 (x, y),将其分别减去确定孔轴线理想位置的零件正确尺寸 $\boxed{L_x}$、$\boxed{L_y}$,得到实际坐标值与理论坐标值的偏差值,$\Delta x = x - L_x$,$\Delta y = y - L_y$,再利用数学方法求得被测轴线的位置度误差值为 $\phi f = 2\sqrt{(\Delta x)^2 + (\Delta y)^2}$。

3) 测量特征参数原则

特征参数是指被测要素上能直接反映几何误差变动的参数。测量特征参数原则是指测量被测提取要素上具有代表性的参数(特征参数)来评定几何误差值。如圆度误差一般反映在直径的变动上,因此可以直径作为圆度的特征参数,用两点法测量圆柱面的圆度误差,就是在一正截面内的几个方向上测量直径变动量,取最大和最小直径差值的 1/2 作为该横截面的圆度误差值。显然,这不符合圆度误差的最小包容区域的定义,只是圆度的近似值。

应用该检测原则所得到的几何误差值与按定义确定的几何误差值相比,通常只是一个近似值。但其极易实现测量过程和设备的简化,也不必进行复杂的数据处理,因此在满足功能要求的前提下,由于方法简易,仍具一定的使用价值。这类方法在生产现场用得较多。

4) 测量跳动原则

测量跳动原则是针对测量圆跳动和全跳动的方法而提出的检测原则,主要用于跳动误差的测量。其测量方法是:被测提取要素绕基准轴线回转过程中,沿给定方向测出其对某参考点或线的变动量(即指示计最大与最小示值之差)。

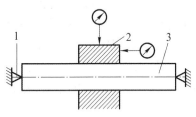

图 4 - 127 径向和轴向圆跳动测量
1—顶尖;2—被测零件;3—心轴

图 4 - 127 所示为径向圆跳动和轴向圆跳动的测量示意图。被测零件以其基准孔安装在精度较高的心轴上(孔与轴之间采用无间隙配合),再将心轴安装在同轴度很高的两顶尖之间,被测零件的基准孔轴线用这两个顶尖的公共轴线模拟体现,作为测量基准。被测零件绕基准轴线回转一周,因零件存在几何误差,分别安装在径向和轴向位置固定的两个指示表的测头将会发生移动,指示表最大与最小示值之差分别为径向和轴向圆跳动误差值。

5) 控制实效边界原则

控制实效边界原则是指检验被测提取要素是否超过实效边界,以判断合格与否。该原则适用于包容要求和最大实体要求的场合。按包容要求或最大实体要求给出几何公差,相当于给定了最大实体边界或最大实体实效边界,就要求被测要素的实际轮廓不得超出该边界。采用控制实效边界原则的有效方法是使用光滑极限量规的通规或功能量规的工作表面模拟体现图样上给定的理想边界,以检验被测提取要素的体外作用尺寸的合格性。若被测提取要素的实际轮廓能被量规通过,则表示该项几何公差合格,否则为不合格。

图 4 - 128a 所示为一阶梯轴零件,其同轴度误差用图 4 - 128b 所示的同轴度量规检验。零件被测要素的最大实体实效边界尺寸为 $\phi25.04$ mm,则量规测量部分(模拟被测要素的最大实体实效边界)孔径的公称尺寸也应为 $\phi25.04$ mm。零件基准要素本身遵守包容要求,其最大实体边界尺寸为 $\phi50$ mm,故量规定位部分孔的公称尺寸应同样为 $\phi50$ mm。显然,若零件的被测要素和基准要素的实际轮廓均未超出图样上给定的理想边界,则它们就能被功能量规通过。量规本身制造公差的确定可参见相关标准。

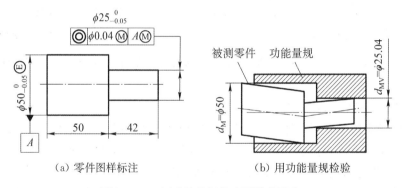

(a) 零件图样标注   (b) 用功能量规检验

图 4 - 128 用功能量规检验同轴度误差

思考与练习

1. 解释图4-129中各项形位公差标注的含义,填在表4-29中。

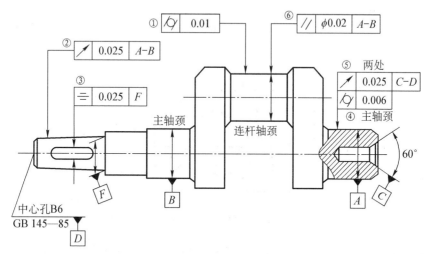

图4-129 第1题图

表 4-29

序号	公差项目名称	公差带形状	公差带大小	解释(被测要素、基准要素及要求)
①				
②				
③				
④				
⑤				
⑥				

2. 将下列各项形位公差要求标注在图4-130上。

(1) $\phi40_{-0.03}^{0}$ mm圆柱面对$2\times\phi25_{-0.021}^{0}$ mm公共轴线的圆跳动公差为0.015 mm;

(2) $2\times\phi25_{-0.021}^{0}$ mm轴颈的圆度公差为0.01 mm;

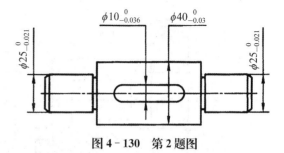

图4-130 第2题图

(3) $\phi40_{-0.03}^{0}$ mm左右端面对$2\times\phi25_{-0.021}^{0}$ mm公共轴线的端面圆跳动公差为0.02 mm;

(4) 键槽$10_{-0.036}^{0}$ mm中心平面对$\phi40_{-0.03}^{0}$ mm轴线的对称度公差为0.015 mm。

3. 将下列各项形位公差要求标注在图4-131上。

(1) $\phi5_{-0.03}^{+0.05}$ mm孔的圆度公差为0.004 mm,圆柱度公差0.006 mm;

(2) B面的平面度公差为0.008 mm,B面对$\phi5_{-0.03}^{+0.05}$ mm孔轴线的端面圆跳动公差为0.02 mm,

B 面对 C 面的平行度公差为 0.03 mm;

（3）平面 F 对 $\phi5^{+0.05}_{-0.03}$ mm 孔轴线的端面圆跳动公差为 0.02 mm;

（4）$\phi18^{-0.05}_{-0.10}$ mm 的外圆柱面轴线对 $\phi5^{+0.05}_{-0.03}$ mm 孔轴线的同轴度公差为 0.08 mm;

（5）90°30″密封锥面 G 的圆度公差为 0.002 5 mm,G 面的轴线对 $\phi5^{+0.05}_{-0.03}$ mm 孔轴线的同轴度公差为 0.012 mm;

（6）$\phi12^{-0.15}_{-0.26}$ mm 外圆柱面轴线对 $\phi5^{+0.05}_{-0.03}$ mm 孔轴线的同轴度公差为 0.08 mm。

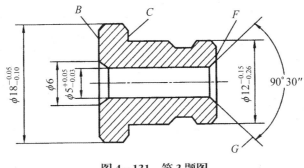

图 4 - 131　第 3 题图

4. 改正图 4 - 132 中形位公差标注的错误（直接改在图上,不改变形位公差项目）。

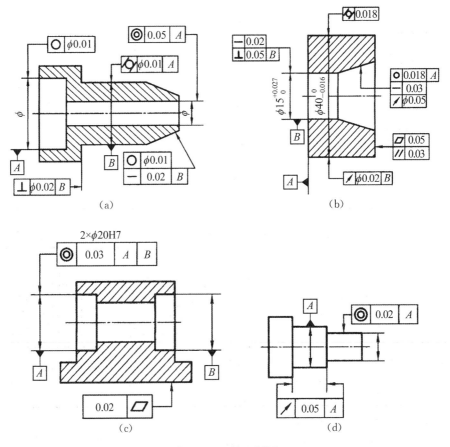

图 4 - 132　第 4 题图

5. 对某零件实际表面均匀分布测量九个点,各测量点对测量基准面的坐标值如图 4 - 133 所示(单位:μm)。试求该表面的平面度误差。

0	+4	+6
−5	+20	−9
−10	−3	+8

图 4 - 133 第 5 题图

6. 根据图 4 - 134 的公差要求填写表 4 - 30,并绘出动态公差带图。

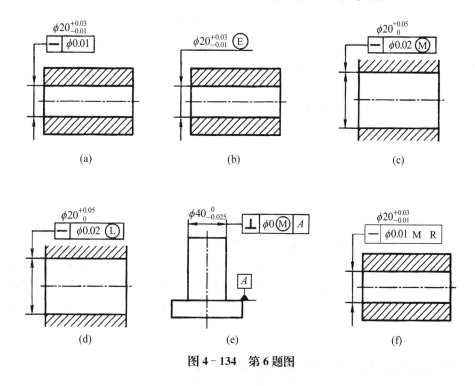

图 4 - 134 第 6 题图

表 4 - 30

图序	采用的公差原则或公差要求	理想边界名称	理想边界尺寸(mm)	MMC 时的形位公差值(mm)	LMC 时的形位公差值(mm)
(a)					
(b)					
(c)					
(d)					
(e)					
(f)					

第5章

表面粗糙度轮廓及检测

齿轮传动常见故障主要有轮齿折断、齿面磨损、齿面点蚀、齿面胶合等，造成诸多故障的原因大体上有设计、制造、装配、热处理、润滑和工作环境等。针对齿轮制造的影响因素而言，轮齿的齿面表面特征是与上述齿轮故障最密切相关的原因之一，因为齿面表面粗糙度轮廓不仅影响着共轭齿面的摩擦、接触比压、传动效率、润滑性能和工作温度，还会直接导致齿面磨损、齿面点蚀、齿面胶合等工作失效破坏。因此在进行机械产品设计时，提出合理的表面粗糙度轮廓要求是十分重要的。

5.1　表面粗糙度轮廓的基本概念及作用

1）表面粗糙度轮廓产生的原因

无论是用切削加工，还是采用其他加工方法获得的零件表面，都会存在着由较小间距和微小峰、谷所形成的微观形状误差，这可用表面粗糙度轮廓表示，其形成原因是多方面的，如在切削加工过程中，由于刀具与零件表面的摩擦、切削时金属撕裂、切屑分离时零件表面的塑性变形以及机床和刀具的振动等，均会在零件表面上残留下各种不同形状和尺寸的微小加工痕迹。零件表面粗糙度轮廓对该零件的功能要求、使用寿命、美观程度都有重大的影响。

2）表面粗糙度轮廓相关标准

我国对表面粗糙度轮廓标准进行了多次修订，本章以 GB/T 3505—2009《产品几何技术规范（GPS）表面结构　轮廓法　术语、定义及表面结构参数》、GB/T 10610—2009《产品几何技术规范（GPS）表面结构　轮廓法　评定表面结构的规则和方法》、GB/T 1031—2009《产品几何技术规范（GPS）表面结构　轮廓法　表面粗糙度参数及其数值》和 GB/T 131—2006《产品几何技术规范（GPS）技术产品文件中表面结构的表示法》等国家标准，对表面粗糙度轮廓的相关术语、评定原理、标注与检测方法等方面作简要介绍。

3) 零件表面特征的意义

为研究零件的表面结构,引进轮廓的概念。零件的表面轮廓是指物体与周围介质区分的物理边界。通常用垂直于零件实际表面的平面与该零件实际表面相交所得到的轮廓作为零件的表面轮廓,如图 5-1 所示。

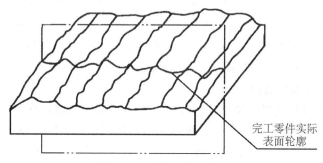

图 5-1 零件的表面轮廓

由于加工形成的实际表面一般处于非理想状态,根据其特征可分为表面粗糙度轮廓误差、表面形状误差、表面波纹度和表面缺陷。

一般来说,任何加工后表面的实际轮廓总是包含着表面粗糙度轮廓、波纹度轮廓和宏观形状轮廓等构成的几何形状误差,它们叠加在同一表面上,如图 5-2 所示。粗糙度、波纹度、宏观形状通常按表面轮廓上相邻峰、谷间距的大小来划分:间距小于 1 mm 的属于粗糙度;间距在 1~10 mm 的属于波纹度;间距大于 10 mm 的属于宏观形状。粗糙度叠加在波纹度上,在忽略由于粗糙度和波纹度引起的变化的条件下表面总体形状为宏观形状,其误差称为宏观形状误差或 GB/T 1182—2008 所称的形状误差。

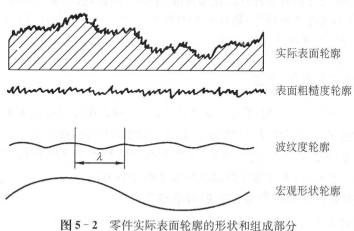

图 5-2 零件实际表面轮廓的形状和组成部分

λ—波长(波距)

然而随着时代发展,上述传统划分方法并不十分严谨。实际上表面形状误差、表面粗糙度轮廓以及表面波纹度之间并无确定的界限。它们通常与生成表面的加工工艺和零件的使用功能有关。为此,国际标准化组织(ISO)近年来加强了表面滤波方法和技术的研究,对复合表面特征采用软件或硬件滤波的方式,获得与使用功能相关联的表面特征评定参数。

表面粗糙度轮廓不仅影响着零件的耐磨性、强度、抗腐蚀性、配合性质的稳定性,而且还影响着零件的密封性、外观和检测精度等。因此,在保证零件尺寸、形状和位置精度的同时,对表面粗糙度轮廓也必须加以控制。

4)表面粗糙度轮廓的作用

表面粗糙度轮廓对机械零件的工作性能、使用功能、可靠性和美观程度有着直接影响。

(1)影响零件的耐磨损性。相互接触的两零件在发生相对运动时,零件工作表面之间的摩擦会增加能量的损耗。零件实际表面越粗糙,则摩擦因数就越大,两相对运动表面间的实际有效接触面积就越小,导致单位面积压力增大,造成零件运动表面磨损加快。若零件表面过于光滑,又不利于在表面上储存润滑油,易使相互运动的工作表面间形成半干摩擦,甚至干摩擦,反而使摩擦因数增大,加剧磨损。

(2)影响配合性质稳定性。对于过盈配合,由于装配时孔、轴表面上的微波峰被挤平而使有效过盈减小,降低连接强度;对于间隙配合,在零件工作过程中孔、轴表面上的微波峰被磨去,使间隙增大,改变了配合性质,特别对于尺寸小、公差小的配合,影响尤甚。所以表面粗糙度轮廓会影响配合性质的稳定性,从而影响机器和仪器的工作精度和工作可靠性。

(3)影响零件的耐疲劳性。对于承受交变应力作用的零件表面,疲劳裂纹容易在其表面轮廓的微小谷底出现,这是因为在微小谷底处产生应力集中,使材料的疲劳强度降低,导致零件表面产生裂纹而损坏。零件表面越粗糙,其疲劳强度越低。凹谷越深,对应力集中越敏感,影响也更大,也越容易产生疲劳裂纹。

(4)影响零件的抗腐蚀性。在零件表面的微小凹谷容易残留一些腐蚀性物质,它们会向零件表面层渗透,使零件表面产生腐蚀。零件表面越粗糙,裸露的表面积越大,凹谷越深,则越容易在该表面上积聚腐蚀性物质,且通过该表面的微观凹谷向表面深层渗透,使腐蚀加剧。

此外,表面粗糙度轮廓对零件其他使用性能(如结合的密封性、接触刚度、对流体流动的阻力以及对机器、仪器的外观质量等)都有很大的影响。因此在零件精度设计时,对零件表面粗糙度轮廓提出合理的技术要求十分必要。

5.2　表面粗糙度轮廓的评定

零件加工后的表面粗糙度轮廓是否符合要求,应由测量和评定的结果来确定。测量和评定表面粗糙度轮廓时,应规定取样长度、评定长度、轮廓滤波器的截止波长、中线和评定参数。当没有指定测量方向时,测量截面方向与表面粗糙度轮廓幅度参数的最大值相一致,该方向垂直于被测表面的加工纹理,即垂直于表面主要加工痕迹的方向。

5.2.1　有关表面粗糙度轮廓的一般术语与定义

5.2.1.1　取样长度 l_r

由于实际表面轮廓包含着粗糙度、波纹度和宏观形状误差等三种几何形状误差,测量表面粗糙度轮廓时,应把测量限制在一段足够短的长度上,以抑制或减弱波纹度、排除宏观形状误差对表面粗糙度轮廓测量的影响。这段长度称为取样长度,它是用于判别被评定轮廓的不规则特征的 x 轴方向上的长度,用符号 l_r 表示,如图 5-3 所示。表面越粗糙,则取样长度 l_r 就应越大。

评定粗糙度和波纹度轮廓的取样长度 l_r 和 l_w 在数值上分别与 λ_c 和 λ_f 轮廓滤波器的截止波长相等。

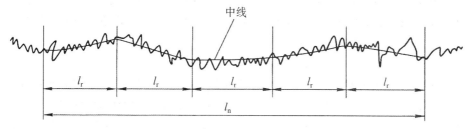

图 5 - 3　取样长度和评定长度

5.2.1.2　评定长度

由于零件表面的微小峰、谷的不均匀性,在表面轮廓不同位置的取样长度上的表面粗糙度轮廓测量值不尽相同。为了更可靠地反映表面粗糙度轮廓的特性,应测量连续的几个取样长度上的表面粗糙度轮廓。这些连续的几个取样长度称为评定长度,它是用于判别被评定轮廓特征的 x 轴方向上的长度,用符号 l_n 表示,如图 5 - 3 所示。

应当指出,评定长度可以只包含一个取样长度或包含连续的几个取样长度。标准评定长度为连续的 5 个取样长度(即 $l_n = 5l_r$)。

5.2.1.3　轮廓

1) 轮廓分类

轮廓分为表面轮廓、原始轮廓、粗糙度轮廓和波纹度轮廓。

(1) 表面轮廓是指一个指定平面与实际表面相交所得的轮廓。

(2) 原始轮廓是指通过 λ_s 轮廓滤波器后的总轮廓,又称为 P 轮廓。

(3) 粗糙度轮廓是指对原始轮廓采用 λ_c 轮廓滤波器抑制长波成分以后形成的轮廓,是经过人为修正的轮廓,又称为 R 轮廓。

(4) 波纹度轮廓是指对原始轮廓连续使用 λ_f 和 λ_c 两个轮廓滤波器以后形成的轮廓。采用 λ_f 轮廓滤波器抑制长波成分,而采用 λ_c 轮廓滤波器抑制短波成分。这是经过人为修正的轮廓,又称为 W 轮廓。

2) 轮廓滤波器

将轮廓分成长波和短波成分的滤波器。在测量粗糙度、波纹度和原始轮廓的仪器中分别使用三种滤波器,如图 5 - 4 所示。它们都具有 GB/T 18777—2002 规定的相同的传输特性,但截止波长不同。

(1) λ_s 轮廓滤波器:确定存在于表面上的粗糙度与比它更短的波的成分之间相交界限的滤波器。

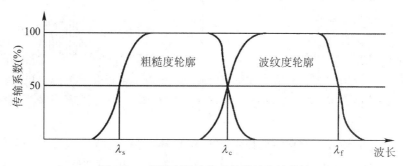

图 5 - 4　粗糙度及波纹度轮廓的传输特性

（2）λ_c 轮廓滤波器:确定粗糙度与波纹度成分之间相交界限的滤波器。

（3）λ_f 轮廓滤波器:确定存在于表面上的波纹度与比它更长波的成分之间相交界限的滤波器。

3）长波和短波轮廓滤波器的截止波长

为了评价表面轮廓(图 5 - 2 所示的实际表面轮廓)上各种几何形状误差中的某一几何形状误差,可以利用轮廓滤波器来呈现这一几何形状误差,过滤掉其他的几何形状误差。

轮廓滤波器是指能将表面轮廓分离成长波成分和短波成分的滤波器,它们所能抑制的波长称为截止波长。从短波截止波长至长波截止波长这两个极限值之间的波长范围,称为传输带。

使用接触(触针)式仪器测量表面粗糙度轮廓时,为了抑制波纹度对粗糙度测量结果的影响,仪器的截止波长为 λ_c 长波滤波器从实际表面轮廓上,把波长较大的波纹度波长成分加以抑制或排除掉;截止波长为 λ_s 的短波滤波器从实际表面轮廓上抑制比粗糙度波长更短的成分,从而只呈现表面粗糙度轮廓,以对其进行测量和评定。其传输带则是从 λ_s 至 λ_c 的波长范围。长波滤波器的截止波长 λ_c 等于取样长度,即 $\lambda_c = l_r$。

4）传输带

一般而言,表面结构定义在传输带中,传输带的波长范围在两个定义的滤波器之间,即传输带是评定时的波长范围。它被一个截止短波的滤波器(短波滤波器)和另一个截止长波的滤波器(长波滤波器)所限制。滤波器由截止波长值表示,且长波滤波器的截止波长值即是取样长度。

5.2.1.4 表面粗糙度轮廓的中线

获得实际表面轮廓后,为了定量地评定表面粗糙度轮廓,首先要确定一条中线,它是具有几何轮廓形状并划分被评定轮廓的基准线。以中线为基础来计算各种评定参数的数值。通常采用下列的表面粗糙度轮廓中线。

（1）用 λ_c 轮廓滤波器所抑制的长波轮廓成分对应的中线,称为粗糙度轮廓中线。

（2）用 λ_f 轮廓滤波器所抑制的长波轮廓成分对应的中线,称为波纹度轮廓中线。

（3）在原始轮廓上按照标准形状用最小二乘法拟合确定的中线,称为原始轮廓中线。

基准线有下列两种:轮廓最小二乘中线和轮廓算术平均中线。

1）轮廓的最小二乘中线

轮廓的最小二乘中线如图 5 - 5 所示。在一个取样长度 l_r 范围内,最小二乘中线使轮廓上各点至该线距离的平方之和 $\int_0^{l_r} z^2 \mathrm{d}x$ 最小,即 $z_1^2 + z_2^2 + z_3^2 + \cdots + z_i^2 = \min$。

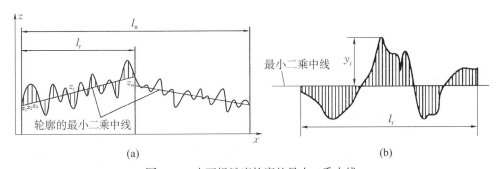

图 5 - 5　表面粗糙度轮廓的最小二乘中线

$z_1 , z_2 , z_3 , \cdots , z_i$ —轮廓上各点全最小二乘中线的距离

最小二乘中线符合最小二乘原则,从理论上它是理想的基准线,但在轮廓图形上确定最小二乘中线的位置比较困难。而轮廓算术平均中线往往不是唯一的,在一簇轮廓算术平均中线中,只有一条与最小二乘中线重合。在实际评定和测量表面粗糙度轮廓时,使用图解法时可用算术平均中线代替最小二乘中线。

　　2) 轮廓的算术平均中线

　　轮廓的算术平均中线如图 5-6 所示。在一个取样长度范围内,算术平均中线与轮廓走向一致,这条中线将轮廓划分为上、下两部分,使上部分的各个峰面积之和等于下部分的各个谷面积之和,

$$\sum_{i=1}^{n} F_i = \sum_{i=1}^{n} F_i' \qquad\qquad (5-1)$$

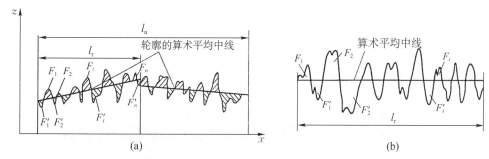

图 5-6　表面粗糙度轮廓的算术平均中线

5.2.2　几何参数

如图 5-7 所示,各参数的具体含义如下:

(1) 轮廓峰:轮廓与轮廓中线相交,相邻两交点之间的轮廓外凸部分。

(2) 轮廓谷:轮廓与轮廓中线相交,相邻两交点之间的轮廓内凹部分。

(3) 轮廓单元:轮廓峰与相邻轮廓谷的组合。

(4) 轮廓单元宽度 X_s:一个轮廓单元与 x 轴相交线段的长度。

(5) 轮廓单元高度 Z_t:一个轮廓单元的轮廓峰高与轮廓谷深之和。

(6) 轮廓峰高 Z_p:轮廓最高点到 x 轴的距离。

(7) 轮廓谷深 Z_v:轮廓最低点到 x 轴的距离。

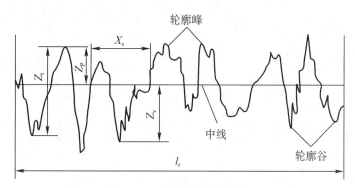

图 5-7　轮廓表面几何参数

5.2.3　表面轮廓参数

为了定量地评定表面粗糙度轮廓,必须用参数及其数值来表示表面粗糙度轮廓的特征。鉴于表面轮廓上的微小峰、谷的幅度和间距的大小是构成表面粗糙度轮廓的两个独立的基本特征,因此在评定表面粗糙度轮廓时,通常采用下列的幅度参数(高度参数)、间距参数和综合参数。

1) 幅度参数

(1) 轮廓的算术平均偏差 Ra,是指在取样长度 l_r 内,被评定轮廓上各点至中线的纵坐标值 $Z(x)$ 绝对值的算术平均值,记为 Ra,对加工后表面测得的值越大,则表面越粗糙。如图 5-8 所示,即

$$Ra = \frac{1}{l_r}\int_0^{l_r} \mid Z(x) \mid \mathrm{d}x \qquad (5-2)$$

式(5-2)可近似表示为:

$$Ra = \frac{1}{n}\sum_{i=1}^n \mid Z_i \mid \qquad (5-3)$$

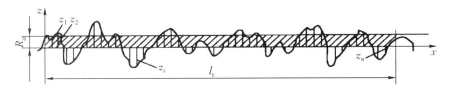

图 5-8　轮廓算术平均偏差 Ra 的确定

对加工后表面测得的 Ra 值越大,则表面越粗糙。

(2) 轮廓的最大高度 Rz。如图 5-9 所示,在一个取样长度范围内的轮廓上,各个高极点至中线的距离叫做轮廓峰高 Z_{pi},其中最大的峰高 R_p(图 5-9 中,$R_p = Z_{p6}$);轮廓上各个低极点至中线的距离叫做轮廓谷深,用 Z_{vi} 表示,其中最大的距离叫做最大轮廓谷深,用符号 R_v 表示(图 5-9 中,$R_v = Z_{v_2}$)。

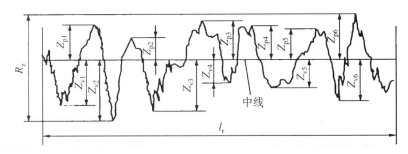

图 5-9　表面粗糙度轮廓的最大高度 Rz 的确定

在一个取样长度范围内,最大轮廓峰高 Z_p 与最大轮廓谷深 Z_v 之和称为轮廓最大高度,用符号 Rz 表示,即

$$Rz = Z_p + Z_v = \max\{Z_{pi}\} + \max\{Z_{vi}\} \qquad (5-4)$$

对加工后表面测得的 Rz 值越大,则表面越粗糙。设计时,在零件图上对零件某一表面的

表面粗糙度轮廓要求,按需要选择 Ra 或 Rz 标注。

2）间距特征参数

轮廓单元的平均宽度 R_{sm},是指在一个取样长度 l_r 范围内,所有粗糙度轮廓单元宽度 X_{si} 的平均值,如图 5-10 所示,用符号 R_{sm} 表示,即

$$R_{sm} = \frac{1}{m} \sum_{i=1}^{m} X_{si} \tag{5-5}$$

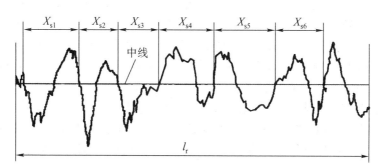

图 5-10 轮廓单元的宽度与轮廓单元的平均宽度

R_{sm} 属于附加评定参数,设计时,它与 Ra 或 Rz 同时选用,不能独立采用。

3）轮廓支承长度率 $R_{mr(c)}$（综合参数）

在给定水平截面高度 c 上轮廓的实体材料长度 $M_{l(c)}$ 与评定长度 l_n 的比率,即

$$R_{mr(c)} = \frac{M_{l(c)}}{l_n} \tag{5-6}$$

$R_{mr(c)}$ 与表面轮廓形状有关,是反映表面耐磨性能的指标。如图 5-11 所示,在给定水平位置内,图 5-11b 所示的表面比图 5-11a 所示的表面实体材料长度大,所以图 5-11b 所示的表面更耐磨。

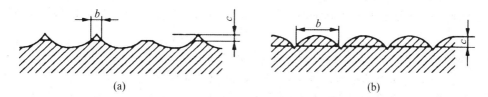

（a）　　　　　　　　　　　　　　　　　（b）

图 5-11 表面粗糙度轮廓的不同形状

特别提示:$R_{mr(c)}$ 能直接反映实际接触面积的大小,它综合反映了峰高和间距的影响,而摩擦、磨损、接触变形等都与实际接触面积有关,故此时宜选用参数 $R_{mr(c)}$,但必须同时给出水平截距 c。

5.3　表面粗糙度轮廓的技术要求

在规定表面粗糙度轮廓的技术要求时,必须给出表面粗糙度轮廓幅度参数及允许值,以及测量时的取样长度值这两项基本要求,必要时可规定轮廓的其他评定参数、表面加工纹理方向、加工方法或(和)加工余量等附加要求。如果采用标准取样长度,则在图样上可省略标注取

样长度值。

5.3.1 表面粗糙度轮廓评定参数的选用

1）幅值参数的选择

表面粗糙度轮廓幅值参数选取的原则为：在机械零件精度设计时，可先选取幅度特征方面的参数。只有当幅值参数不能满足表面功能要求时，才选取附加参数作为附加项目。

一般来说，零件表面粗糙度轮廓幅度参数值越小，它的工作性能就越好，使用寿命也越长，但不能不顾及加工成本来追求过小的幅度参数值。因此，在满足零件功能要求的前提下，应尽量选用较大的幅度参数值，以获得最佳的技术经济效益。此外，零件运动表面过于光滑，不利于在该表面上储存润滑油，容易使运动表面间形成半干摩擦或干摩擦，从而加剧该表面磨损。

在评定参数中，最常用的是 Ra，因为它能最完整、最全面地表征零件表面的轮廓特征。且参数 Ra 值可方便地用触针式轮廓仪进行测量，测量效率高，其测量范围为 $0.02\sim8\ \mu m$。因此，对于光滑表面和半光滑表面，普遍采用 Ra 作为评定参数。

Rz 是反映最大高度的参数，通常用双管显微镜和干涉显微镜测量，其测量范围为 $0.1\sim 60\ \mu m$，由于它只反映峰顶和谷底的若干个点，反映出的信息有局限性，不如 Ra 全面，且测量效率较低。采用 Rz 作为评定参数的原因是：一方面由于受触针式轮廓仪功能的限制，不适应采用 Ra 检测极光滑表面和粗糙表面，而只采用 Rz；另一方面对测量部位小、峰谷少或有疲劳强度要求的零件表面，选用 Rz 作为评定参数，更方便、可靠。

特别提示：当就幅值参数而言，当表面要求耐磨性时，采用 Ra 较为合适；对于表面有疲劳强度要求的，采用 Rz 为好，另外，在仪表、轴承行业中，由于某些零件很小，难以取得一个规定的取样长度，用 Ra 有困难，采用 Rz 才具有实用意义。

2）轮廓单元平均宽度参数 R_{sm} 的选用

零件所有表面都应选择幅度参数，只有在少数零件的重要表面有特殊使用要求时，才附加选择轮廓单元平均宽度参数 R_{sm} 等附加参数。

如表面粗糙度轮廓就对表面的可涂漆性影响较大，汽车外形薄钢板，除去控制幅度参数 $Ra(0.9\sim1.3\ \mu m)$ 外，还需进一步控制轮廓单元的平均宽度 $R_{sm}(0.13\sim0.23\ \mu m)$；深冲压钢板时，为使钢板和冲模之间有良好的润滑，避免冲压时引起裂纹，也要控制轮廓单元平均宽度 R_{sm}。

间距参数 R_{sm} 和混合参数 $R_{mr(c)}$ 仅附加选用于少数零件的有特殊要求的重要表面。例如，对密封性要求高的表面可规定 R_{sm}，对耐磨性要求高的表面可规定 $R_{mr(c)}$。

5.3.2 表面粗糙度轮廓参数值的选用

表面粗糙度轮廓评定参数值选择的一般原则：在满足功能要求的前提下，尽量选用较大的表面粗糙度轮廓参数值，以便于加工，降低生产成本，获得较好的经济利益。

表面粗糙度轮廓评定参数值选用通常采用类比法。具体选择时应注意以下几点。

（1）在同一零件上，工作表面通常比非工作表面的粗糙度要求严，$R_{mr(c)}$ 值应大，其余评定参数值应小。

（2）对于摩擦表面，速度越高，单位面积压力越大，则表面粗糙度轮廓参数值应越小，尤其对滚动摩擦表面应更小。

（3）承受交变应力的表面，特别是在零件圆角、沟槽处，其粗糙度参数值应小。

（4）对于要求配合性质稳定的小间隙配合和承受重载荷的过盈配合，它们的孔、轴的表面粗糙度轮廓参数值应小。

(5) 应与尺寸公差、形状公差协调。通常尺寸及形状公差小,表面粗糙度轮廓参数值也要小,同一尺寸公差的轴比孔的粗糙度参数值要小。

(6) 要求防腐蚀、密封性的表面及要求外表美观的表面,其粗糙度轮廓参数允许值应小。

此外,还应考虑其他一些特殊因素和要求。如凡有关标准已对表面粗糙度轮廓要求做出规定的(如轴承、量规、齿轮等),应按标准规定选取表面粗糙度轮廓数值,而且与标准件的配合面应按标准件要求标注。

国家标准对 Ra、Rz、R_{sm} 以及 $R_{mr(c)}$ 的参数值推荐数值见表 5-1~表 5-4,具体参数数值应优先选取推荐数值。此外,选用 $R_{mr(c)}$ 时给出截面高度 c 值可用 μm 或 Rz 的百分数表示。百分数系列如下:Rz(5%、10%、15%、20%、25%、30%、4 000、50%、60%、70%、80%、90%)(摘自 GB/T 1031—2009)。

相应的取样长度 l_r 国家规定数值见表 5-4。

表 5-1 Ra 的参数值(摘自 GB/T 1031—2009)　　　　　　　　　　(μm)

0.012	0.2	3.2	50
0.025	0.4	6.3	100
0.05	0.8	12.5	
0.1	1.6	25	

表 5-2 Rz 的参数值(摘自 GB/T 1031—2009)　　　　　　　　　　(μm)

0.025	0.4	6.3	100
0.05	0.8	12.5	200
0.1	1.6	25	400
0.2	3.2	50	800

表 5-3 轮廓单元的平均宽度 R_{sm} 的数值(摘自 GB/T 1031—2009)　　　(mm)

0.006	0.05	0.4	3.2
0.0125	0.1	0.8	6.3
0.025	0.2	1.6	12.5

表 5-4 取样长度 l_r 的数值　　　　　　　　　　(mm)

l_r	0.08	0.25	0.8	2.5	8	25

表 5-5 金属粗糙度参数值应用实例

表面微观特征		Ra(μm)	Rz(μm)	加工方法	应用举例
粗糙表面	微见刀痕	≤20	≤80	粗车、粗刨、粗铣、钻、毛锉、锯断	半成品粗加工的表面,非配合加工表面,如端面、倒角、钻孔、齿轮带轮侧面、键槽底面、垫圈接触等
半光表面	可见加工痕迹	≤10	≤40	车、刨、铣、镗、钻、粗铰	轴上不安装轴承、齿轮处的非配合表面;紧固件的只有装配表面;轴荷孔的退刀槽

(续表)

表面微观特征		$Ra(\mu m)$	$Rz(\mu m)$	加工方法	应用举例
	微见加工痕迹	≤5	≤20	车、刨、铣、镗、磨、拉、粗刮、滚压	半精加工表面,箱体、支架、盖面、套筒等和其他零件结合而无配合要求的表面;需要发蓝的表面等
	看不清加工痕迹	≤2.5	≤10	车、刨、铣、镗、磨、拉、粗刮、滚压	接近于精加工表面,箱体上安装轴承的镗孔面、齿轮的工作面等
光表面	可辨加工痕迹方向	≤1.25	≤6.3	车、镗、磨、拉、精铰、磨齿、滚压	圆柱销、圆锥销;与滚动轴承配合的表面;普通车床导轨面;内外花键定心表面等
	微辨加工痕迹方向	≤0.63	≤3.2	精铰、精镗、磨、滚压	要求配合性质稳定的配合表面;工作时受交变应力的重要零件;较高精度车床导轨面等
	不辩加工痕迹方向	≤0.32	≤1.6	精磨、研磨、珩磨	精密机床主轴锥孔、顶尖圆锥面;发动机曲轴、凸轮轴工作表面;高精度齿轮齿面等
极光表面	暗光泽面	≤0.16	≤0.8	精磨、研磨、普通抛光	精密机床主轴颈表面、一般量规工作表面;汽车套内表面,活塞销表面等
	亮光泽面	≤0.08	≤0.4	超精磨、镜面磨削、精抛光	精密机床主轴颈表面,滚动轴承的滚珠,高压油泵中柱塞孔和柱塞配合的表面
	镜状光泽面	≤0.04	≤0.2		
	镜面	≤0.01	≤0.05	镜面磨削、超精研	高精度仪、量块工作表面,光学仪器中金属镜面

5.4　表面粗糙度轮廓技术要求在零件图上标注的方法

确定零件表面粗糙度轮廓评定参数及极限值和其他技术要求后,应按照 GB/T 131—2006 的规定,把表面粗糙度轮廓技术要求正确地标注在表面粗糙度轮廓完整图形符号上和零件图上。

5.4.1　表面粗糙度的基本图形符号和完整图形符号

为了标注表面粗糙度轮廓各种不同的技术要求,GB/T 131—2006 规定了一个基本图形符号(图 5-12a)和三个完整图形号(图 5-12b、c、d)。

(a) 基本图形符号　　(b) 允许任何工艺的符号　　(c) 去除材料的符号　　(d) 不去除材料的符号

图 5-12　表面粗糙度轮廓的基本图形符号和完整图形符号

如图 5-12a 所示,基本图形符号由两条不等长的相交直线构成。这两条直线的夹角呈

60°。基本图形符号仅用于简化标注,不能单独使用。

在基本图形符号的长边端部加一条横线,或者同时在其三角形部位增加一段短横线或一个圆圈,就构成用于三种不同工艺要求的完整图形符号。图 5－12b 所示的符号表示表面可以用任何工艺方法获得。图 5－12c 所示的符号表示表面用去除材料的方法获得,如车、铣、钻、刨、磨、抛光、电火花加工、气割等方法获得的表面。图 5－12d 所示的符号表示表面用不去除材料的方法获得,如铸、锻、冲压、热轧、冷轧、粉末冶金等方法获得的表面。

5.4.2　表面粗糙度轮廓技术要求在完整图形符号上的标注

1) 表面粗糙度轮廓各项技术要求在完整图形符号上的标注位置

在完整图形符号的周围标注评定参数的符号及极限值和其他技术要求。各项技术要求应标注在图 5－13 所示的指定位置上。此图为在去除材料的完整图形符号上的标注。在允许任何工艺的完整图形符号和不去除材料的完整图形符号上,也按照图 5－13 所示的指定位置标注。

图 5－13　在表面粗糙度轮廓完整图形符号上各项技术要求的标注位置

在周围注写了技术要求的完整图形符号称为表面粗糙度轮廓代号,简称粗糙度代号。

在完整图形符号周围的各个指定位置上分别标注下列技术要求:

(1) 位置 a,标注幅度参数符号(Ra 或 Rz)及极限值(单位为 μm)和有关技术要求。在位置 a 依次标注下列的各项技术要求的符号及相关数值:上、下限值符号、传输带数值/幅度参数符号、评定长度值、极限值判断规则(空格)幅度参数极限值。

必须注意:

① 传输带数值后面有一条斜线"/",若传输带数值采用默认的标准化值而省略标注,则此斜线不予注出。

② 评定长度值是用它所包含的取样长度个数(阿拉伯数字)来表示的,如果默认为标准化值 5(即 $l_n = 5l_r$),同时极限值判断规则采用默认规则,而都省略标注,则为了避免误解,幅度参数符号与幅度参数极限值之间应插入空格,否则可能把该极限值的首位数误读为表示评定长度值的取样长度个数(数字)。

③ 倘若极限值判断规则采用默认规则而省略标注,则为了避免误解,评定长度值与幅度参数极限值之间应插入空格,否则可能把表示评定长度值的取样长度个数误读为极限值的首位数。

(2) 位置 b,标注附加评定参数的符号及相关数值(R_{sm},单位为 mm)。

(3) 位置 c,标注加工方法、表面处理、涂层或其他工艺要求,如车、磨、镀等加工的表面。

(4) 位置 d,标注表面纹理。表面纹理的符号及其注法如图 5－18 和图 5－19 所示。

(5) 位置 e,标注加工余量(以 mm 为单位给出数值)。

2) 表面粗糙度轮廓极限值的标注

按 GB/T 131—2006 的规定,在完整图形符号上标注幅度参数极限值,其给定数值分为下列两种情况:

(1) 标注极限值中的一个数值且默认为上限值。在完整图形符号上,幅度参数的符号及极限值应一起标注。当只单向标注一个数值时,则默认为它是幅度参数的上限值。标注示例如图5－14所示(默认传输带,默认评定长度 $l_n = 5l_r$,极限值判断规则默认为 16％规则)。

（a）去除材料　　　　　　　（b）不去除材料

图 5 - 14　幅度参数值默认为上限值的标注

（2）同时标注上、下限值。需要在完整图形符号上同时标注幅度参数上、下限值时，则应分成两行标注幅度参数符号和上、下限值。上限值标注在上方，并在传输带的前面加注符号"U"。下限值标注在下方，并在传输带的前面加注符号"L"。当传输带采用默认的标准化值而省略标注时，则在上方和下方幅度参数符号的前面分别加注符号"U"和"L"，标注示例如图 5 - 15 所示（去除材料，默认传输带，默认评定长度 $l_n = 5l_r$，极限值判断规则默认为 16% 规则）。

对某一表面标注幅度参数的上、下限值时，在不引起歧义的情况下，可以不加写 U、L。

图 5 - 15　两个幅度参数值分别确认为上、下限值的标注

3）极限值判断规则的标注

按 GB/T 10610—2009 的规定，根据表面粗糙度轮廓代号上给定的极限值，对实际表面进行检测后判断其合格性时，可以采用下列两种判断规则。

（1）16% 规则。16% 规则是指在同一评定长度范围内幅度参数全部实测值中，大于上限值的个数不超过实测值总数的 16%，小于下限值的个数不超过实测值总数的 16%，则认为合格。

16% 规则是表面粗糙度轮廓技术要求标注中的默认规则，如图 5 - 14、图 5 - 15 所示。

（2）最大规则。在幅度参数符号的后面增加标注一个"max"的标记，则表示检测时合格性的判断采用最大规则。它是指整个被测表面上幅度参数所有的实测值皆不大于上限值，才认为合格。标注示例如图 5 - 16 所示（去除材料，默认传输带，默认评定长度 $l_n = 5l_r$）。

（a）确认最大规则的单个幅度参数值　　　　　（b）确认最大规则的上限值和默认 16%
　　且默认为上限值的标注　　　　　　　　　　　　规则的下限值的标注

图 5 - 16　确认最大规则的两类粗糙度标注

4）传输带和取样长度、评定长度的标注

如果表面粗糙度轮廓完整图形符号上没有标注传输带（图 5 - 14～图 5 - 17），则表示采用默认传输带，即默认短波滤波器和长波滤波器的截止波长（λ_s 和 λ_c）皆为标准化值。

需要指定传输带时，传输带标注在幅度参数符号的前面，并用斜线"/"隔开。传输带用短波和长波滤波器的截止波长（mm）进行标注，短波滤波器 λ_s 在前，长波滤波器 λ_c 在后（$\lambda_c = l_r$），它们之间用连字号"-"隔开，标注示例如图 5 - 17 所示（去除材料，默认评定长度 $l_n = 5l_r$，幅度参数值默认为上限值，默认 16% 规则）。

（a）短、长波滤波器都标　　　（b）只标注短波滤波器　　　（c）只标注长波滤波器

图 5‐17　确认传输带的标注

图 5‐17a 的标注中，传输带 $\lambda_s = 0.002\,5\,\text{mm}$，$\lambda_c = l_r = 0.8\,\text{mm}$。在某些情况下，对传输带只标注两个滤波器中的一个，另一个滤波器则采用默认的截止波长标准化值。对于只标注一个滤波器，应保留连字号"-"来区分是短波滤波器还是长波滤波器。例如，图 4‐17b 的标注中，传输带 $\lambda_s = 0.002\,5\,\text{mm}$，$\lambda_c$ 默认为标准化值；图 5‐17c 的标注中，传输带 $\lambda_c = 0.8\,\text{mm}$，$\lambda_s$ 默认为标准化值。

设计时若采用标准评定长度，则评定长度值采用默认的标准化值 5 而省略标注（图 5‐17）。需要指定评定长度时（在评定长度范围内的取样长度个数不等于 5），则应在幅度参数符号的后面注写取样长度的个数，如图 5‐18 所示（去除材料，评定长度 $l_n \neq 5l_r$，幅度参数值默认为上限值）。图 5‐18a 的标注中，$l_n = 3l_r$，$\lambda_c = \lambda_r = 1\,\text{mm}$，$\lambda_s$ 默认为标准化值 $0.002\,5\,\text{mm}$，判断规则默认为 16% 规则。图 5‐18b 的标注中，$l_n = 6l_r$，传输带为 $0.008 \sim 1\,\text{mm}$，判断规则采用最大规则。

（a）要求 $l_n = 3l_r$　　　　　　（b）要求 $l_n = 6l_r$

图 5‐18　评定长度的标注

5）表面纹理的标注

各种典型的表面纹理及其方向用图 5‐19 中规定的符号标注。它们的解释分别见各个分图题及图 5‐19 各个分图中对应的图形。如果这些符号不能清楚地表示表面纹理要求，可以在零件图上加注说明。

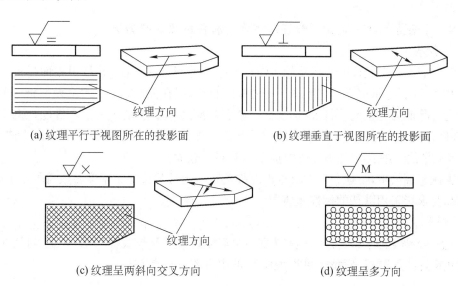

（a）纹理平行于视图所在的投影面　　　　　　（b）纹理垂直于视图所在的投影面

（c）纹理呈两斜向交叉方向　　　　　　（d）纹理呈多方向

(e) 纹理呈近似同心圆且
圆心与表面中心相关

(f) 纹理呈近似放射状
且与表面中心相关

(g) 纹理呈微粒、
凸起、无方向

图 5‑19 加工纹理方向的符号及其标注图例

6) 附加评定参数和加工方法的标注

附加评定参数和加工方法的标注示例如图 5‑20 所示。该图亦为上述各项技术要求在完整图形符号上标注的示例;用磨削的方法获得的表面的幅度参数上限值为 1.6 μm(采用最大规则),下限值为 0.2 μm(默认 16% 规则),传输带皆采用 $\lambda_s = 0.008$ mm,$\lambda_c = \lambda_r = 1$ mm,评定长度值采用默认的标准化值 5;附加了间距参数 $R_{sm} = 0.05$ mm,加工纹理垂直于视图所在的投影面。

图 5‑20 表面粗糙度轮廓各项
技术要求标注的示例

图 5‑21 加工余量的标注(其余技
术要求皆采用默认)

7) 加工余量的标注

在零件图上标注的表面粗糙度轮廓技术要求都是针对完工表面的要求,因此不需要标注加工余量。对于有多个加工工序的表面可以标注加工余量,如图 5‑21 所示车削工序的直径方向的加工余量为 0.4 mm。

5.4.3　表面粗糙度轮廓代号在零件图上标注的规定和方法

1) 一般规定

对零件任何一个表面的粗糙度轮廓技术要求一般只标注一次,并且用表面粗糙度轮廓代号(在周围注写了技术要求的完整图形符号)尽可能标注在注了相应的尺寸及其极限偏差的同一视图上。除非另有说明,所标注的表面粗糙度轮廓技术要求是对完工零件表面的要求。此外,粗糙度代号上的各种符号和数字的注写和读取方向,应与尺寸的注写和读取方向一致,并且粗糙度代号的尖端必须从材料外指向并接触零件表面。

为了使图例简单,下述各个图例中的粗糙度代号上都只标注了幅度参数符号及上限值,其余的技术要求皆采用默认的标准化值。

2) 常规标注方法

(1) 表面粗糙度轮廓代号可以标注在可见轮廓线或其延长线、尺寸界线上,可以用带箭头的指引线或用带黑端点(它位于可见表面上)的指引线引出标注。

　　图 5 - 22 为粗糙度代号标注在轮廓线、尺寸界线和带箭头的指引线上。图 5 - 23 为粗糙度代号标注在轮廓线,轮廓线的延长线和带箭头的指引线上。图 4 - 24 为粗糙度代号标注在带黑端点的指引线上。

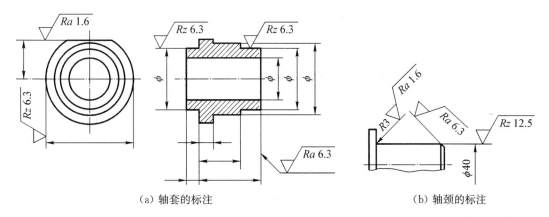

（a）轴套的标注　　　　　　　　　　　　　　（b）轴颈的标注

图 5 - 22　粗糙度代号上的各种符号和数字的注写和读取方向应与尺寸的注写和读取方向一致

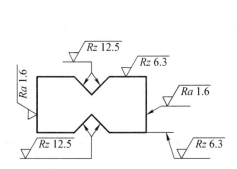

图 5 - 23　粗糙度代号标注在轮廓线、轮廓线
　　　　　的延长线和带箭头的指引线上

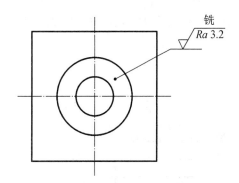

图 5 - 24　粗糙度代号标注在带黑端点的指
　　　　　引线上

　　（2）在不引起误解的前提下,表面粗糙度轮廓代号可以标注在特征尺寸的尺寸线上。如图 5 - 25 所示,粗糙度代号标注在孔、轴的直径定形尺寸线上和键槽的宽度定形尺寸的尺寸线上。

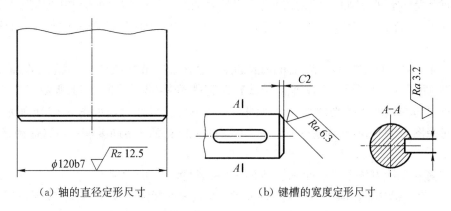

（a）轴的直径定形尺寸　　　　　　　　　（b）键槽的宽度定形尺寸

图 5 - 25　粗糙度代号标注在特征尺寸的尺寸线上

(3) 粗糙度代号可以标注在几何公差框格的上方,如图 5‑26 所示。

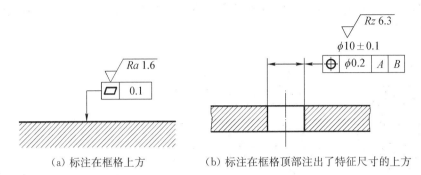

（a）标注在框格上方　　　（b）标注在框格顶部注出了特征尺寸的上方

图 5‑26 粗糙度代号标注在几何公差框格的上方

3) 简化标注的规定方法

(1) 当零件的某些表面(或多数表面)具有相同的表面粗糙度轮廓技术要求时,则对这些表面的技术要求可以统一标注在零件图的标题栏附近,省略对这些表面进行分别标注。

采用这种简化注法时,除了需要标注相关表面统一技术要求的粗糙度代号以外,还需要在其右侧画一个圆括号,在这括号内给出一个图 5‑10a 所示的基本图形符号。标注示例见图 5‑27 的右下角标注(它表示除了两个已标注粗糙度代号的表面以外的其余表面的粗糙度要求)和图 5‑29 的标注。

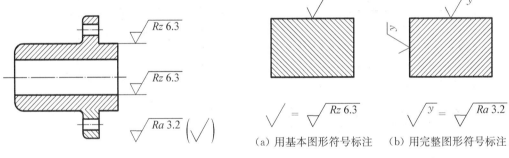

图 5‑27 零件某些表面具有相同的表面　　　**图 5‑28** 用等式形式简化标注的示例

（a）用基本图形符号标注　　（b）用完整图形符号标注

(2) 当零件的几个表面具有相同的表面粗糙度轮廓技术要求或粗糙度代号直接标注在零件某表面上受到空间限制时,可以用基本图形符号或只带一个字母的完整图形符号标注在零件这些表面上,而在图形或标题栏附近以等式的形式标注相应的粗糙度代号,如图 5‑28 所示。

(3) 当图样某个视图上构成封闭轮廓的各个表面具有相同的表面粗糙度轮廓技术要求时,可以采用图 5‑29a 所示的表面粗糙度轮廓特殊符号(即在图 5‑11 所示三个完整图形符号的长边与横线的拐角处加画一个小圆),进行标注。标注示例如图 5‑29b 所示,特殊符号表示对视图上封闭轮廓周边的上、下、左、右四个表面的共同要求,不包括前表面和后表面。

4) 在零件图上对零件各表面标注表面粗糙度轮廓代号的示例

图 5‑30 为减速器的输出轴的零件图,其上对各表面标注了尺寸及其公差带代号、几何公差和表面粗糙度轮廓技术要求。

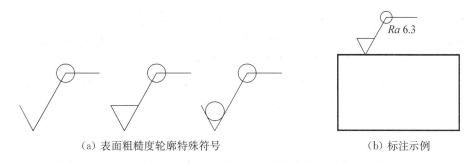

（a）表面粗糙度轮廓特殊符号   （b）标注示例

图 5‑29   有关表面具有相同的表面粗糙度轮廓技术要求时的简化注法

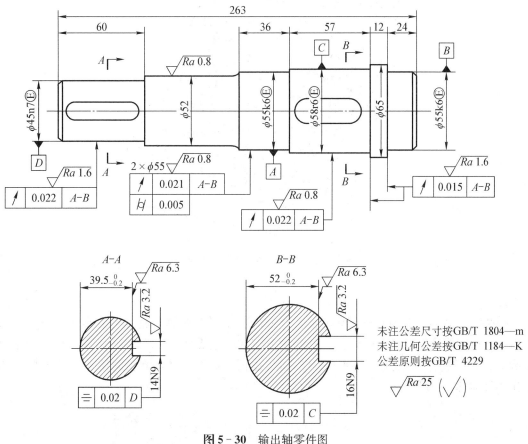

图 5‑30   输出轴零件图

5.5   表面粗糙度轮廓的检测

表面粗糙度轮廓的检测方法有比较检验法、针描法、光切法、显微干涉法及印模法等几种。

1）比较检验法

比较检验法是将被测零件表面与标有一定评定参数值的表面粗糙度轮廓样板直接相比较，从而估计出被测表面粗糙度轮廓的一种测量方法。比较时可用肉眼或用手摸感觉判断；如被测表面精度较高时，可借助于放大镜、比较显微镜进行比较，以提高检测精度。

比较样板的选择应使其材料、形状和加工方法与被测工件尽量相同，否则会产生较大的误差。在实际生产中,也可直接从零件中挑选样品,用仪器测定粗糙度值后作样板使用。比较检验法使用简便,适合车间检验,但其判断的准确度在很大程度上取决于检验人员的技术水平和经验,故常用于生产现场条件下判断较粗糙轮廓的表面。

触觉比较是指用手指甲感触来判别,适宜于检测 Ra 为 $1.25\sim10\ \mu m$ 的外表面。视觉比较是指靠目测或用放大镜、比较显微镜观察,适宜于检测值为 $0.16\sim100\ \mu m$ 的外表面。

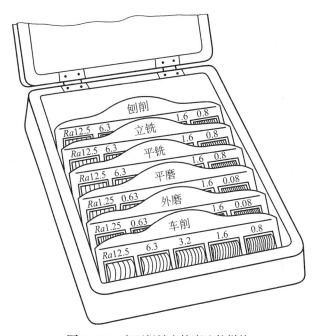

图 5 - 31 表面粗糙度轮廓比较样块

2) 针描法

针描法是利用仪器的触针在被测表面上轻轻划过,使触针做垂直方向的移动,再通过传感器将位移量转换成电信号,将信号放大后送入计算机,在显示器上直接显示出被测表面粗糙度轮廓 Ra 值及其他多参数的一种测量方法,也可由记录器绘制出被测表面轮廓的误差图形,其工作原理如图 5 - 32 所示。

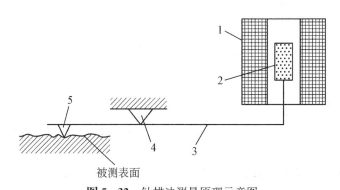

图 5 - 32 针描法测量原理示意图

1—电感应线圈;2—铁心;3—杠杆;4—支点;5—触针

按针描法原理设计制造的表面粗糙度轮廓测量仪器通常称为轮廓仪。根据转换原理不同,有电感式轮廓仪、电容式轮廓仪、压电式轮廓仪等。轮廓仪可测 Ra、Rz、R_{sm} 等多种参数。除上述轮廓仪外,还有光学触针轮廓仪,它适用于非接触测量,以防止划伤零件表面,这种仪器通常直接显示 Ra 值,适用于测量范围为 $0.025 \sim 5$ μm 的内、外表面和球形表面。

3) 光切法

光切法是应用光切原理测量表面粗糙度轮廓的一种测量方法,主要用于测量 Rz 值,适用于测量 Rz 范围为 $2.0 \sim 63$ μm,相当于 Ra 值为 $0.32 \sim 10$ μm。常用仪器是光切显微镜,又称双管显微镜。该仪器适用于测量车、铣、刨等加工方法所加工的金属零件的平面或外圆表面。

其测量原理如图 5-33 所示。测量仪有两个轴线相互垂直的光管,左光管为观察管,右光管为照明管。由光源 1 发出的光线经狭缝 2 后形成平行光束。该光束以与两光管轴线夹角平分线呈 45°的入射角投射到被测表面上,把表面轮廓切成窄长的光带。该被测轮廓峰尖与谷底之间的高度为 h。这光带以与两光管轴线夹角平分线呈 45°的反射角反射到观察管的目镜 3。从目镜 3 中观察到放大的光带影像(即放大的被测轮廓影像),它的高度为 h'。

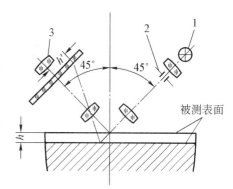

图 5-33 光切显微镜测量原理图
1—光源;2—狭缝;3—目镜

在一个取样长度范围内,找出同一光带所有的峰中最高的一个峰尖和所有的谷中最低的一个谷底,利用测量仪测微装置测出该峰尖与该谷底之间的距离 h' 值,把它换算为 h 值,来求解 Rz 值。

4) 显微干涉法

干涉法是利用光波干涉原理测量表面粗糙度轮廓的一种测量方法,一般用于粗糙度要求较高的表面。

根据干涉原理设计制造的仪器称为干涉显微镜。其光学系统如图 5-34a 所示,由光源 1 发出的光线经聚光镜 2、滤色片 3、光栏 4 及透镜 5 成平行光线,射向底面半镀银的分光镜 7 后分成两束:一束光线通过补偿镜 8、物镜 9 到平面反射镜 10,被反射又回到分光镜 7,再由分光镜经聚光镜 11 到反射镜 16,由 16 反射进入目镜 12 的视野;另一束光线向上通过物镜 6,投射到被测零件表面,由被测表面反射回来,通过分光镜 7、聚光镜 11 到反射镜 16,由 16 反射也进入目镜 12 的视野。这样在目镜 12 的视野内即可观察到这两束光线因光程差而形成的干涉带图形。若被测表面粗糙不平,干涉带即成弯曲形状,如图 5-34b 所示。由测微目镜可读出相邻两干涉带距离 a 及干涉带弯曲高度 b。

由于光程差每增加光波波长 λ 的 $1/2$ 即形成一条干涉带,故被测表面粗糙度轮廓的实际高度 $H = b\lambda/2a$。若将反射镜 16 移开,使光线通过照相物镜 15 及反射镜 14 到毛玻璃 13 上,在毛玻璃处即可拍摄干涉带图形的照片。用单色光检验相同加工痕迹的表面时,可得的干涉带图形呈现黑色与彩色条纹相交替。当加工痕迹不规则时,可用白色光源来检验,此时得到的干涉图形呈现出在黑色条纹两边将称分布着若干条彩色条纹。

若用压电陶瓷(PZT)驱动平面反射镜 10,并用光电探测器(CCD)取代目镜,则可将干涉显微镜改装成光学轮廓仪,将测量所得动态干涉信号输入计算机处理,则可迅速得到一系列表面粗糙度轮廓的评定参数及轮廓图形。该仪器的测量范围为 $0.03 \sim 1$ μm,测量误差为 $\pm 5\%$。

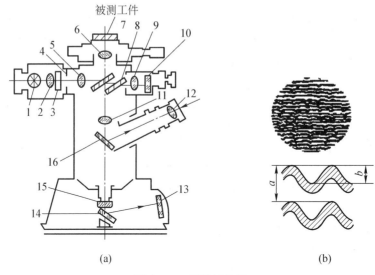

图 5-34 干涉显微镜

1—光源;2—聚光镜;3—滤色镜;4—光栏;5—透镜;6,9—物镜;7—分光镜;8—补偿镜;
10,14,16—反光镜;11—聚光镜;12—目镜;13—毛玻璃;15—照相物镜

5) 印模法

印模法是利用一些无流性和弹性的塑料材料,贴合在被测表面上,将被测表面的轮廓复制成模,然后测量印模,从而来评定被测表面的粗糙度。它适用于对某些既不能用仪器直接测量,也不便于用样板相对比的表面,如深孔、盲孔、凹槽、内螺纹等。

思考与练习

1. 表面粗糙度轮廓对零件的使用性能有哪些影响?

2. 为何规定取样长度和评定长度? 两者有何关系?

3. 表面粗糙度轮廓的基本评定参数有哪些? 简述其含义。

4. 表面粗糙度轮廓参数值是否选得越小越好? 选用的原则是什么? 如何选用?

5. 表面粗糙度轮廓的常用测量方法有哪几种? 电动轮廓仪、光切显微镜和干涉显微镜各适于测量哪些参数?

6. 在一般情况下,下列每组中两孔表面粗糙度轮廓参数值的允许值是否应该有差异? 如果有差异,那么哪个孔的允许值较小,为什么?

(1) $\phi60H8$ 与 $\phi20H8$ 孔;

(2) $\phi50H7/h6$ 与 $\phi50H7/p6$ 中的 H7 孔;

(3) 圆柱度公差分别为 0.01 mm 和 0.02 mm 的两个 $\phi40H7$ 孔。

7. 将下列要求标注在图 5-35 上,各加工面均采用去除材料的方法获得。

(1) 直径为 $\phi50$ mm 的圆柱外表面粗糙度轮廓 Ra 的允许值为 3.2 μm;

(2) 左端面的表面粗糙度轮廓 Ra 的允许值为 1.6 μm;

(3) 直径为 $\phi50$ mm 的圆柱右端面表面粗糙度轮廓 Ra 的允许值为 1.6 μm;

(4) 内孔表面粗糙度轮廓 Ra 的允许值为 0.4 μm;

（5）螺纹工作面的表面粗糙度轮廓 Rz 的最大值为 $1.6\ \mu m$，最小值为 $0.8\ \mu m$；

（6）其余各加工面的表面粗糙度轮廓角的允许值为 $25\ \mu m$。

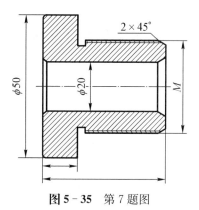

图 5 - 35 第 7 题图

第6章

光滑极限量规

光滑极限量规是一种无刻度长度测量器具,在成批或大量生产中,多采用极限量规来检验。

6.1 基本概念

在机械制造中,工件的尺寸一般使用通用计量器具来测量,但成批或大量生产中,多采用极限量规来检验。

光滑极限量规是以被测孔或轴的最大极限尺寸和最小极限尺寸为公称尺寸(或基本尺寸)边界的标准测量面,能反映控制被测孔或轴边界条件的无刻度长度测量器具。用它来检测时,只能确定被测孔或轴是否在允许的极限尺寸范围内,不能测量出实际尺寸。

检验孔径的光滑极限量规叫做塞规。图 6-1 所示为塞规直径与孔径的关系。一个塞规按被测孔的最大实体尺寸(即孔的最小极限尺寸)制造,另一个塞规按被测孔的最小实体尺寸(即孔的最大极限尺寸)制造。前者叫做塞规的"通规"(或"通端"),后者叫做塞规的"止规"(或"止端")。塞规的通规用于检验孔的体外作用尺寸是否超出最大实体尺寸,塞规的止规用于检验孔的实际尺寸是否超出最小实体尺寸。使用时,塞规的通规通过被检验孔,表示被测孔径大于最小极限尺寸;塞规的止规塞不进被检验孔,表示被测孔径小于最大极限尺寸,即说明孔的实际尺寸在规定的极限尺寸范围内,被检验孔是合格的。

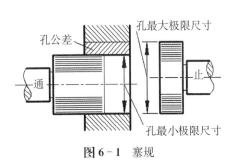

图 6-1 塞规

同理,检验轴径的光滑极限量规叫做环规或卡规。图 6-2 所示为卡规尺寸与轴径的关系。一个卡规按被测轴的最大实体尺寸(即轴的最大极限尺寸)制造;另一个卡规按被测轴的最小实体尺寸(即轴的最小极限尺寸)制造。前者叫做卡规的"通规",后者叫做卡规的"止规"。卡规的通规用于检验轴的体外作用尺寸是否超出最大实体尺寸,卡规的止规用于检验轴的实际尺寸是否小于最小实体尺寸。使用时,卡规的通规能顺利地滑过轴径,表示被测轴径比最大极限尺寸小。卡规的止规滑不过去,表示轴径比最小极限尺寸大,即说明被测轴的实际尺寸在规定的极限尺寸范围内,被检验轴是合格的。

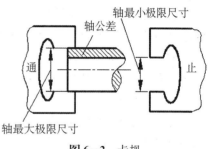

图 6-2 卡规

由此可知,不论是塞规还是卡规,如果"通规"通不过被测工件,或者"止规"通过了被测工件,即可确定被测工件是不合格的。

塞规和卡规一样,把"通规"和"止规"联合起来使用,就能判断被测孔径和轴径是否在规定的极限尺寸范围内。因此,把这些光滑塞规和卡规叫做光滑极限量规。

根据量规不同用途,分为工作量规、验收量规和校对量规三类。

(1)工作量规:工人在加工时用来检验工件的量规。一般用的通规是新制的或磨损较少的量规。工作量规的通规用代号"T"来表示,止规用代号"Z"来表示。

(2)验收量规:检验部门或用户代表验收工件时用的量规。一般情况下,检验人员用的通规为磨损较大但未超过磨损极限的旧工作量规;用户代表用的是接近磨损极限尺寸的通规,这样由生产工人自检合格的产品,检验部门验收时也一定合格。

(3)校对量规:用以检验工作量规是否合格的一种高精度量规,由于轴用工作量规为内圆环面,测量比较困难,使用过程中又易磨损和变形,所以必须用校对量规进行检验和校对,为了方便地检验轴用工作量规在制造时是否符合制造公差,在使用中是否已达到磨损极限,所以校对量规可分为三种:

①"校通—通"量规(代号为 TT),检验轴用量规制造通规时的校对量规。检验时,TT 校对量规的整个长度都应进入新制的通端工作环规孔内,而且应该在孔的全长上进行检验。

②"校止—通"量规(代号为 ZT),检验轴用量规制造止规时的校对量规。检验时,ZT 校对量规的整个长度都应进入新制的止端工作环规(或卡规)内,而且应该在孔的全长上进行检验。

③"校通—损"量规(代号为 TS),检验轴用量规使用中的通规磨损极限的校对量规。检验时,TS 校对量规不应进入完全磨损的轴用量规的通规孔内,若通过,说明该通规磨损已超过极限,应报废。

6.2 泰勒原则

为了确保孔和轴能满足配合要求,光滑极限量规的设计应符合极限尺寸判断原则(也称泰勒原则)。即要求孔或轴的体外作用尺寸不允许超过最大实体尺寸,任何部位的实际尺寸不允许超过最小实体尺寸。

通规用来控制工件的体外作用尺寸,通规的测量面应是孔或轴形状相对应的完整表面(即全形量规),其尺寸等于工件的最大实体尺寸,且长度等于配合长度。

止规用来控制工件的实际尺寸。止规的测量面应是点状的(即不全形量规),两测量面之间的尺寸等于工件的最小实体尺寸。

在实际生产中,为了使量规制造和使用方便,量规常常偏离泰勒原则。国家标准规定,允许在被检验工件的形状误差不影响配合性质的条件下,使用偏离泰勒原则的量规。

例如,为了量规的标准化,量规厂供应的标准通规的长度常不等于工件的配合长度,对大尺寸的孔和轴通常使用不全形的塞规(或球端杆规)和卡规检验,以代替笨重的全形通规;检验小尺寸孔的止规为了加工方便,常做成全形止规;为了减少磨损,止规也可不是两点接触式的,可以做成小平面、圆柱面或球面,即采用线、面接触形式;检验轴的通规,由于环规不能检验曲轴并且使用不方便,通常使用卡规。

使用偏离泰勒原则的量规检验孔和轴的过程中,必须做到操作正确,尽量避免由于检验操作不当而造成的误判。例如,使用非全形通规检验孔或轴时,应在被测孔或轴的全长范围内的若干部位上分别围绕圆周的几个位置进行检验。

6.3　量规公差带

量规是一种精密检验工具,制造量规和制造工件一样,不可避免地会产生误差,同样需要规定尺寸公差。量规尺寸公差的大小不仅影响量规的制造难易程度,还会影响被检工件加工的难易程度,或对被检工件产生误判。

为确保产品质量,GB/T 1957—2006《光滑极限量规　技术条件》规定,通规和止规都采用内缩方式,即量规公差带必须位于被检工件的尺寸公差带内,图6-3所示为国家标准规定的量规公差带。

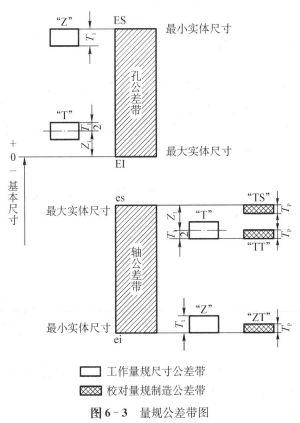

图6-3　量规公差带图

T_1—工作量规尺寸公差带;Z_1—工作量规尺寸公差带中心到工件
最大实体尺寸之间的距离;T_p—校对量规尺寸公差

　　国家标准规定工作量规的几何误差,应在其尺寸公差范围内,其几何公差为量规尺寸公差的 50%。考虑到制造和测量的困难,当量规尺寸公差小于或等于 0.002 时,其几何公差为 0.001 mm。

　　国家标准还规定轴用卡规的校对量规尺寸公差 T_p,为被校对的轴用工作量规尺寸公差的 50%,其形状误差应在校对量规的尺寸公差范围内。

　　校对量规的公差带分布规定如下:

　　检验轴用环规(或卡规)"通规"的"校通—通"塞规,其代号为"TT"。它的作用是防止"通规"尺寸过小(制造时过小或使用中由于损伤、自然时效等变小)。检验时应通过被校对的轴用环规(或卡规)。这种量规的公差带是从通规的下偏差起,向通规公差带内分布。

　　检验轴用环规(或卡规)"通规"磨损极限的"校通—损"塞规,其代号为"TS"。它的作用是防止通规超出磨损极限尺寸,检验时若通过了,则说明被校对的轴用环规(或卡规)通规已用到磨损极限,应予废弃。这种量规的公差带是从通规的磨损极限起,向通规磨损区域内分布。

　　检验轴用环规(或卡规)"止规"的"校止—通"塞规,其代号为"ZT"。它的作用是防止"止规"尺寸过小,检验时应通过被校对的轴用环规(或卡规)。这种量规的公差带是从止规的下偏差起,向止规公差带内分布。

　　GB/T 1957—2006《光滑极限量规　技术条件》规定 IT6～IT16 级工件用的工作量规的尺寸公差 T_1 及通规位置要素 Z_1(这里只摘录了 IT6～IT12 级),列于表 6-1。

表 6-1　工作量规尺寸公差 T_1 与位置要素值 Z_1(摘自 GB/T 1957—2006)　　　　(μm)

工件公称尺寸	IT6			IT7			IT8			IT9		
	数值	T_1	Z_1	数值	T_1	Z_1	数值	T_1	Z_1	数值	T_1	Z_1
≤3 mm	6	1	1	10	1.2	1.6	14	1.6	2	25	2	3
>3～6 mm	8	1.2	1.4	12	1.4	2	18	2	2.6	30	2.4	4
>6～10 mm	9	1.4	1.6	15	1.8	2.4	22	2.4	3.2	36	2.8	5
>10～18 mm	11	1.6	2	18	2	2.8	27	2.8	4	43	3.4	6
>18～30 mm	13	2	2.4	21	2.4	3.4	33	3.4	5	52	4	7
>30～50 mm	16	.4	2.8	25	3	4	39	4	6	62	5	8
>50～80 mm	19	2.8	3.4	30	3.6	4.6	46	4.6	7	74	6	9
>80～120 mm	22	3.2	3.8	35	4.2	5.4	54	5.4	8	87	7	10
>120～180 mm	25	3.8	4.4	40	4.8	6	63	6	9	100	8	12
>180～250 mm	29	4.4	5	46	5.4	7	72	7	10	115	9	14
>250～315 mm	32	4.8	5.6	52	6	8	81	8	11	130	10	16
>315～400 mm	36	5.4	6.2	57	7	9	89	9	12	140	11	18
>400～500 mm	40	6	7	63	8	10	97	10	14	155	12	20

6.4　量规的设计

6.4.1　量规型式的选择

检验圆柱形工件的光滑极限量规的型式很多,常见的有以下几种:

1) 孔用极限量规

孔用极限量规是塞规,用来检验孔及其他内表面尺寸。常用的有以下几种型式,如图6-4所示。

(1) 全形塞规,其测量面为一个完整的圆柱面。其中用于检验直径为 1~6 mm 小孔的塞规,又称针状塞规。用于检验直径小于 100 mm 孔的全形塞规,通常都做成双头,一端为通规,另一端为止规,如图 6-4a 所示。由于通端在使用过程中容易磨损,一般都采用可拆卸结构,以便于拆换。

(2) 不全形塞规,其测量面仅保留圆柱面的一部分,如图 6-4b 所示,用于检验直径为 70~100 mm 尺寸较大的孔。为了减轻塞规的重量,便于操作,所以采用不完全圆柱面,且通常做成单头,每个手柄上只装一个测头。

(3) 片状塞规,用金属板制成,其测量面为不完全圆柱面,如图 6-4c 所示。这种塞规结构简单,但容易变形。

(4) 球端杆规,其结构是在一根圆棒两端做成圆球形,圆棒中间装有隔热手柄,如图 6-4d 所示,两球形顶端间的距离就是测量的工作尺寸。这种塞规结构简单,使用方便,但容易磨损。主要用于直径大于 300 mm 的大尺寸孔的检验。

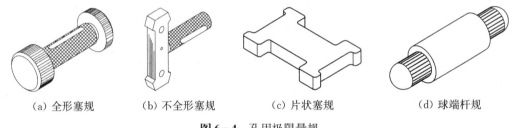

(a) 全形塞规　　(b) 不全形塞规　　(c) 片状塞规　　(d) 球端杆规

图 6-4　孔用极限量规

GB/T 10920—2008《螺纹量规和光滑极限量规 型式与尺寸》中,推荐各类孔用量规型式和应用范围,供设计时参考,如图 6-5 所示。

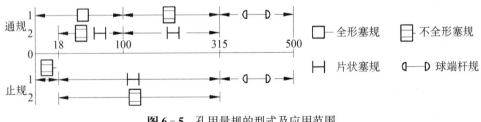

图 6-5　孔用量规的型式及应用范围

图中横坐标表示被测孔径尺寸,尺寸上方为通规选用型式,下方为止规选用型式。通规和止规都分别规定有推荐顺序"1"和"2"。选用时,应优先考虑"1"栏内推荐型式,必要时可采用"2"栏内型式。例如,设计 $\phi80F7$ 孔用量规时,可由图 6-5 查得:其通规应采用全形塞规,必要时可采用不全形或片状塞规;其止规应采用片状塞规,必要时可采用不全形塞规。

2) 轴用极限量规

轴用极限量规用来检验轴及其他外表面尺寸,常用的有环规和卡规。

(1) 环规,其工作表面为一完整的圆柱孔,如图 6-6a 所示。其检验精度高,能够满足极限尺寸判断原则的要求。但由于受零件结构和重量限制,通常只适用于检验直径较小且零件结构允许通过的轴。

(2)卡规,其工作表面是一平行平面,如图 6 - 6b、c、d 所示。卡规的通端按轴的上极限尺寸制成,止端按轴的下极限尺寸制成。使用时,将卡规沿两平行平面卡在轴的外圆柱面上即可。

生产中常见的卡规型式有:片形卡规,如图 6 - 6b 所示,它可分为单头或双头两种结构,用金属板料制成,制造方便,应用广泛;锻造卡规,如图 6 - 6c 所示;铸造卡规,如图 6 - 6d 所示,其测量面单独用合金钢制成,镶在卡规体上,还有可调整卡规,用其检验时,可通过螺钉调整两测头的检验尺寸。

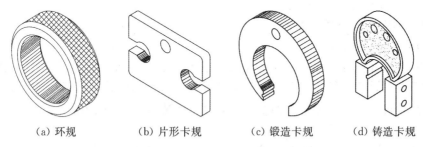

(a)环规　　　　(b)片形卡规　　　　(c)锻造卡规　　　　(d)铸造卡规

图 6 - 6　轴用极限量规

标准中推荐的各类轴用量规型式和应用范围,如图 6 - 7 所示,应用方法与上述孔用量规相同。这里不再赘述。

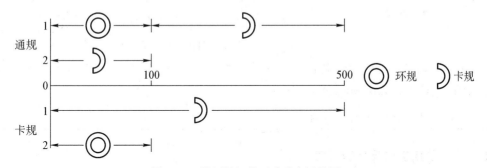

图 6 - 7　轴用量规的型式及应用范围

6.4.2　量规的技术要求

光滑极限量规为了保证测量精度和使用要求,规定以下技术要求:

(1)量规测量部位的材料应用合金工具钢、渗碳钢、碳素工具钢及其他耐磨材料制造,也可在测量面上镀以厚度大于磨损量的镀铬层、氮化层等耐磨材料。

(2)钢制量规测量面的硬度不应小于 700 HV(或 60 HRC)。

(3)量规的测量面不应有锈蚀、毛刺、黑斑、划痕等明显影响外观使用质量的缺陷,其他表面也不应有锈蚀和裂纹。

(4)量规测量面的表面粗糙度,取决于被检验工件的基本尺寸、公差等级和粗糙度以及量规的制造工艺水平。量规表面粗糙度的大小,随上述因素和量规结构形式的变化而异。工作量规测量面一般应不大于光滑极限量规国家标准推荐的表面粗糙度值,见表 6 - 2。

表 6-2　量规测量面的表面粗糙度（摘自 GB/T 1957—2006）

工作量规	工作量规的基本尺寸		
	小于或等于 120 mm	大于 120 mm、小于或等于 315 mm	大于 315 mm、小于或等于 500 mm
	工作量规测量面的表面粗糙度 Ra 值（μm）		
IT6 级孔用工作塞规	0.05	0.10	0.20
IT7～IT9 级孔用工作塞规	0.10	0.20	0.40
IT10～IT12 级孔用工作塞规	0.20	0.40	0.80
IT13～IT16 级孔用工作塞规	0.40	0.80	
IT6～IT9 级轴用工作环规	0.10	0.20	0.40
IT10～IT12 级轴用工作环规	0.20	0.40	0.80
IT13～IT16 级轴用工作环规	0.40	0.80	

　　校对量规的表面外观、测头与手柄的连接程度、制造材料、测量面硬度及处理，国标规定与工作量规要求相同。

　　校对量规测量面的表面粗糙度值应不大于表 6-3 的规定。

表 6-3　校对量规测量面的表面粗糙度

校对塞规	校对塞规的基本尺寸		
	小于或等于 120 mm	大于 120 mm、小于或等于 315 mm	大于 315 mm、小于或等于 500 mm
	校对量规测量面的表面粗糙度 Ra 值（μm）		
IT6～IT9 级轴用工作环规的校对塞规	0.05	0.10	0.20
IT10～IT12 级轴用工作环规的校对塞规	0.10	0.20	0.40
IT13～IT16 级轴用工作环规的校对塞规	0.20	0.40	

6.4.3　量规工作尺寸的计算

　　量规工作尺寸的计算参考图 6-5、图 6-7 或表 6-4。光滑极限量规工作尺寸计算的一般步骤如下：

　　（1）由 GB/T 1800.1—2009 查出孔、轴标准公差和基本偏差。

　　（2）由表 6-1 查出工作量规尺寸公差 T_1 和位置要素 Z_1 值。

　　（3）计算各种量规的极限偏差或工作尺寸。

表 6-4　孔用量规和轴用量规的型式及应用范围

用途	推荐顺序	量规的工作尺寸			
		～18 mm	大于 18～100 mm	大于 100～315 mm	大于 315～500 mm
工件孔用的通规量规型式	1	全形塞规		不全形塞规	球端杆规
	2	—	不全形塞规或片形塞规	片形塞规	—

(续表)

用途	推荐顺序	量规的工作尺寸			
		～18 mm	大于 18～100 mm	大于 100～315 mm	大于 315～500 mm
工件孔用的止规量规型式	1	全形塞规	全形或片形塞规		球端杆规
	2	—	不全形塞规		
工件轴用的通规量规型式	1	环规		卡规	
	2	卡规		—	
工件轴用的止规量规型式	1	卡规			
	2	环规	—		

例 6 - 1　计算 $\phi25H8/f7$ 孔与轴用量规的极限偏差。

解: 由 GB/T 1800.1—2009 查出孔、轴标准公差和基本偏差,由此确定出孔、轴的上、下偏差。

孔　$ES = +0.033$ mm

　　$EI = 0$

轴　$es = -0.020$ mm

　　$ei = -0.041$ mm

由表 6-1 查出工作量规的尺寸公差 T_1 和位置要素 Z_1,并确定量规的形状公差和校对量规的尺寸公差。

塞规尺寸公差:$T_1 = 0.003\,4$ mm

塞规位置要素:$Z_1 = 0.005$ mm

塞规形状公差:$T_1/2 = 0.001\,7$ mm

卡规尺寸公差:$T_1 = 0.002\,4$ mm

卡规位置要素:$Z_1 = 0.003\,4$ mm

塞规形状公差:$T_1/2 = 0.001\,2$ mm

校对量规尺寸公差:$T_p = 0.001\,2$ mm

参照量规公差带图计算各种量规的极限偏差:

(1) $\phi25H8$ 孔用工作塞规。

"通规"(T):

上偏差 $= EI + Z_1 + T_1/2 = 0 + 0.005 + 0.001\,7 = +0.006\,7$ mm

下偏差 $= EI + Z_1 - T_1/2 = 0 + 0.005 - 0.001\,7 = +0.003\,3$ mm

磨损极限 $= EI = 0$

"止规"(Z):

上偏差 $= ES = +0.033$ mm

下偏差 $= ES - T_1 = 0.033 - 0.003\,4 = +0.029\,6$ mm

(2) $\phi25f7$ 轴用工作卡规。

"通规"(T):

上偏差 $= es - Z_1 + T_1/2 = -0.02 - 0.003\,4 + 0.001\,2 = -0.022\,2$ mm

下偏差 $= es - Z_1 - T_1/2 = -0.02 - 0.003\,4 - 0.001\,2 = -0.024\,6$ mm

磨损极限 $= es = -0.020$ mm

"止规"(Z):

上偏差 $= \mathrm{ei} + T_1 = -0.041 + 0.0024 = -0.0386$ mm

下偏差 $= \mathrm{ei} = -0.041$ mm

（3）轴用卡规的校对量规。

"校通—通"塞规"TT"：

上偏差 $= \mathrm{es} - Z_1 - T_1/2 + T_p = -0.02 - 0.0034 - 0.0012 + 0.0012 = -0.0234$ mm

下偏差 $= \mathrm{es} - Z_1 - T_1/2 = -0.02 - 0.0034 - 0.0012 = -0.0246$ mm

"校通—损"塞规（TS）：

上偏差 $= \mathrm{es} = -0.020$ mm

下偏差 $= \mathrm{es} - T_p = -0.020 - 0.0012 = -0.0212$ mm

"校止—通"塞规（ZT）：

上偏差 $= \mathrm{ei} + T_p = -0.041 + 0.0012 = -0.0398$ mm

下偏差 $= \mathrm{ei} = -0.041$ mm

（4）孔与轴用量规公差带，如图6-8所示。

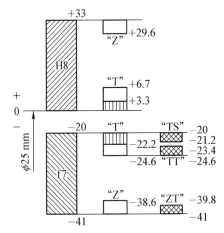

图6-8 孔与轴用量规公差带图（单位：μm）

（5）工作量规工作尺寸的标注，如图6-9所示。

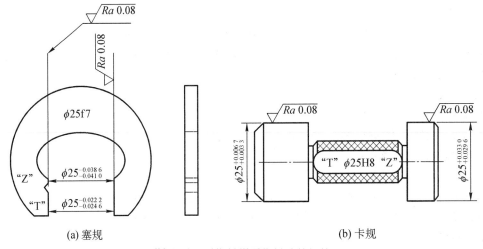

(a) 塞规   (b) 卡规

图6-9 工作量规工作尺寸的标注

思考与练习

1. 量规分几类？如何用它判断工件的合格性？

2. 设计光滑极限量规时应遵循泰勒原则的规定，试述泰勒原则的内容。

3. 试计算遵守包容要求的 $\phi40M8/h7$ 配合的孔、轴工作量规及其校对量规的极限尺寸，将计算的结果填入表格中，并画出公差带示意图。表格的格式如下：

工件	量规	量规公差 (μm)	$Z_1(\mu$m)	量规定形尺寸公差 T_1(mm)	量规极限尺寸 (mm)		量规图样标注尺寸(mm)
					上	下	
孔 $\phi40M8$	通规						
	止规						
轴 $\phi40h7$	通规						
	止规						
	TT 量规						
	ZT 量规						
	TS 量规						

第 7 章

滚动轴承的公差与配合

滚动轴承是由专业化的滚动轴承制造厂生产的标准部件，在机器中起着支承作用，可以减小运动副的摩擦、磨损，提高机械效率。

7.1 滚动轴承的组成与分类

滚动轴承作为标准件在现代机器中广泛应用，它是依靠主要元件间的滚动接触来支承转动零件的。滚动轴承一般由内圈、外圈、滚动体和保持架组成，如图 7-1 所示。内圈与轴颈装配，外圈与外壳孔装配。滚动体是承载并使轴承形成滚动摩擦的元件，它们的尺寸、形状和数量由承载能力和负荷方向等因素决定。保持架的作用是将轴承内的滚动体均匀地分开，使每

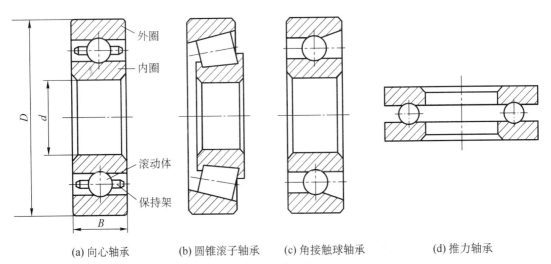

(a) 向心轴承　　　(b) 圆锥滚子轴承　　　(c) 角接触球轴承　　　(d) 推力轴承

图 7-1　滚动轴承

个滚动体轮流承受相等的载荷,并使滚动体在轴承内、外圈滚道间正常滚动。

滚动轴承的结构类型很多,在 GB/T 271—2008《滚动轴承分类》中规定如下:

(1) 滚动轴承按其所能承受的载荷方向或公称接触角的不同,分为以下两种。

① 向心轴承:主要用于承受径向载荷的滚动轴承,其公称接触角为 $0°\sim45°$。

② 推力轴承:主要用于承受轴向载荷的滚动轴承,其公称接触角大于 $45°$但不大于 $90°$。

(2) 滚动轴承按滚动体的不同,分为以下两种。

① 球轴承:滚动体为球体的轴承。

② 滚子轴承:滚动体为滚子的轴承。滚子轴承按滚子形状的不同,又分为圆柱滚子轴承、滚针轴承、圆锥滚针轴承和调心滚子轴承。

(3) 滚动轴承按滚动体的列数,分为以下三种。

① 单列轴承:具有一列滚动体的轴承。

② 双列轴承:具有两列滚动体的轴承。

③ 多列轴承:具有多于两列的滚动体并承受同一方向载荷的轴承。如三列轴承、四列轴承。

其他还有按能否调心,分为调心轴承和非调心轴承;按主要用途,分为通用轴承和专用轴承;按外形尺寸是否符合标准尺寸系列,分为标准轴承和非标准轴承等。

滚动轴承的代号是用字母加数字来表示滚动轴承的结构、尺寸、公差等级、技术性能等特征的产品符号。GB/T 272—1993《滚动轴承　代号方法》中规定了一般用途的轴承代号编制方法。

规定滚动轴承代号由前置代号、基本代号和后置代号三部分构成,前置、后置代号是轴承在结构形状、尺寸公差、技术要求等有改变时,在其基本代号左右添加的补充代号,其排列见表 7-1。

表 7-1　滚动轴承代号的组成(摘自 GB/T 272—1993)

前置代号	基本代号					后置代号							
	五	四		三	二	一	1	2	3	4	5	6	7	8
成套轴承的分部件代号	类型代号	尺寸系列代号		内径代号		内部结构代号	密封防尘与外部形变变化代号	保持架及其材料代号	特殊轴承材料代号	公差等级代号	游隙代号	多轴承配置代号	其他代号
		宽度系列代号	直径系列代号										
6204-2RZP53	6	0	2	04			2RZ			P5	C3		

7.2　滚动轴承的公差等级

根据 GB/T 307.3—2005《滚动轴承　通用技术规则》,按其公称尺寸精度和旋转精度,向心轴承分为 0、6、5、4、2 五个公差等级,依次由低到高,0 级精度最低,2 级精度最高。圆锥滚子轴承分为 0、6x、5、4 四个公差等级;推力轴承分为 0、6、5、4 四个公差等级。

滚动轴承各级公差应用情况如下：

0 级通常称为普通级，在机械工程中应用最广。它应用于旋转精度要求不高、中等负荷、中等转速的一般机构中，如普通电机、水泵、压缩机、减速器的旋转机构，普通机床、汽车、拖拉机的变速机构等。

6 级轴承应用于旋转精度和转速较高的旋转机构中，如普通机床的主轴轴承，精密机床传动轴使用的轴承等。

5、4 级轴承应用于旋转精度高、转速高的旋转机构中，如精密机床，精密丝杠车床的主轴轴承，精密仪器和机械使用的轴承等。

2 级轴承应用于旋转精度和转速很高的旋转机构中，如精密坐标镗床和高精度齿轮磨床的主轴轴承等。

滚动轴承的公称尺寸精度是指轴承内圈内径 d、外圈外径 D、内圈宽度 B 等的制造精度；旋转精度是指轴承内、外圈的径向跳动和端面跳动，内圈基准端面对内孔的跳动等。

对不同公差等级、不同结构形式的滚动轴承，其尺寸精度和旋转精度的评定参数有不同要求。表 7－2、表 7－3 是按 GB/T 307.1—2005《滚动轴承向心轴承公差》分别摘录了各级向心轴承内圈、外圈评定参数的公差值，供使用参考。

表 7－2　向心轴承内径公差　　　　　　　　　　　　　　（μm）

d	公差等级	Δ_{dmp}		Δ_{ds} [1]		V_{dsp} 直径系列			V_{dmp}	K_{ia}	D_d	S_{ia} [2]	Δ_{Bs}			Δ_{Bs}
						9	0, 1	2, 3, 4					全部	正常	修正 [3]	
		上差	下差	上差	下差	最大			最大	最大	最大	最大	上差	下差		最大
30～50 mm	0	0	−12	—	—	15	12	9	9	15	—	—	0	−120	−250	20
	6	0	−10			13	10	8	8	10			0	−120	−250	20
	5	0	−8			8	6	6	4	5	8	8	0	−120	−250	5
	4	0	−6	0	6	6	5	5	3	4	4	4	0	−120	−250	3
	2	0	−2.5	0	−2.5	2.5			1.5	2.5	1.5	2.5	0	−120	−250	1.5
50～80 mm	0	0	−15			19	19	11	11	20			0	−150	−380	25
	6	0	−12			15	15	9	9	10			0	−150	−380	25
	5	0	−9			9	7	7	5	5	8	8	0	−150	−250	6
	4	0	−7	0	−7	7	5	5	3.5	4	5	5	0	−150	−250	4
	2	0	−4	0	−4	4			2	2.5	1.5	2.5	0	−150	−250	1.5

注：① 4，2 级轴承仅用于直径系列 0，1，2，3 及 4。

　　② 5，4，2 级轴承仅适用于沟型球轴承。

　　③ 用于各级轴承的成对和成组安装时，单个轴承的内、外圈。其中，0，6，5 级轴承也适用于 $d \geqslant 50$ mm 锥孔轴承的内圈。

表 7-3 向心轴承外圈公差 (μm)

D	公差等级	Δ_{Dmp} 上差	Δ_{Dmp} 下差	Δ_{Ds}④ 上差	Δ_{Ds}④ 下差	V_{Dsp}①⑤ 开型轴承、闭型轴承 直径系列 9 最大	0,1 最大	2,3,4 最大	0,1,2,3,4 最大	V_{Dmp}① 最大	K_{ea} 最大	S_D③/S_{D1}② 最大	S_{ea}②③ 最大	S_{ea1}② 最大	Δ_{Cs}/Δ_{C1s}② 上差	Δ_{Cs}/Δ_{C1s}② 下差	V_{Cs}/V_{C1s}② 最大
50～80 mm	0	0	−13	—	—	16	13	10	20	10	25	—	—	—	与同一轴承内圈的 Δ_{Bs} 及 V_{Bs} 相同		
	6	0	−11	—	—	14	11	8	16	8	13	—	—	—	与同一轴承内圈的 Δ_{Bs} 及 V_{Bs} 相同		
	5	0	−9	—	—	9	7	7		5	8	8	10	14	与同一轴承内圈的 Δ_{Bs} 相同		6
	4	0	−7	0	−7	7	5	5		3.5	5	4	5	7	与同一轴承内圈的 Δ_{Bs} 相同		3
	2	0	−4	0	−4	4	4	4		2	4	1.5	4	6	与同一轴承内圈的 Δ_{Bs} 相同		1.5
80～120 mm	0	0	−15	—	—	19	19	11	26	11	35	—	—	—	与同一轴承内圈的 Δ_{Bs} 及 V_{Bs} 相同		
	6	0	−13	—	—	16	16	10	20	10	18	—	—	—	与同一轴承内圈的 Δ_{Bs} 及 V_{Bs} 相同		
	5	0	−10	—	—	10	8	8		5	10	9	11	16	与同一轴承内圈的 Δ_{Bs} 相同		8
	4	0	−8	0	−8	8	6	6		4	6	5	6	8	与同一轴承内圈的 Δ_{Bs} 相同		4
	2	0	−5	0	−5	5	5	5		2.5	5	2.5	5	7	与同一轴承内圈的 Δ_{Bs} 相同		2.5

注:① 0,6 级轴承仅适用于内、外止动环安装前或拆卸后。

② 仅适用于沟型球轴承。

③ 5,4,2 级轴承不适用于凸缘外圈轴承。

④ 4 级轴承仅适用于直径系列 1,2,3 和 4。

⑤ 2 级轴承仅适用于直径系列 1,2,3 和 4 的开型和闭型轴承。

d 和 D 是指轴承内、外径的公称尺寸。d_s 和 D_s 是轴承的单一内径和外径,它是指与实际内孔(外圈)表面和一径向平面的交线相切的两平行切线之间的距离。Δ_{ds} 和 Δ_{Ds} 是轴承单一内径、外径偏差,即 $\Delta_{ds} = d_s - d$,$\Delta_{Ds} = D_s - D$。它控制同一轴承单一内径、外径偏差。V_{dsp} 和 V_{Dsp} 是指轴承单一平面内径、外径的变动量,即 $V_{dsp} = d_{s\,max} - d_{s\,min}$,$V_{Dsp} = D_{s\,max} - D_{s\,min}$。它用于控制轴承单一平面内径、外径圆度误差。

d_{mp} 和 D_{mp} 是指同一轴承单一平面平均内径和外径,即 $d_{mp} = (d_{s\,max} + d_{s\,min})/2$,$D_{mp} = (D_{s\,max} + D_{s\,min})/2$。$\Delta_{dmp}$ 和 Δ_{Dmp} 是指同一轴承单一平面平均内径和外径偏差,即 $\Delta_{dmp} = d_{mp} - d$,$\Delta_{Dmp} = D_{mp} - D$。它用于控制轴承与轴和外壳孔装配后的配合尺寸偏差。V_{dmp} 和 V_{Dmp} 是指同一轴承圈平均内径、外径的变动量,即 $V_{dmp} = d_{mp\,max} - d_{mp\,min}$,$V_{Dmp} = D_{mp\,max} - D_{mp\,min}$。它是控制轴承与轴和壳体孔装配后,在配合面上的圆柱度误差。

B 和 C 是滚动轴承内圈、外圈宽度的公称尺寸。Δ_{Bs} 和 Δ_{Cs} 是指轴承内、外圈单一宽度偏差,即 $\Delta_{Bs} = B_s - B$,$\Delta_{Cs} = C_s - C$。用于控制内、外圈宽度的实际偏差。V_{Bs} 和 V_{Cs} 是轴承内、外圈宽度的变动量,即 $V_{Bs} = B_{s\,max} - B_{s\,min}$,$V_{Cs} = C_{s\,max} - C_{s\,min}$。它用于控制内、外圈宽度方向的形位误差。

K_{ia}、K_{ea} 为成套轴承内、外圈的径向跳动;S_{ia}、S_{ea} 为成套轴承内、外圈的轴向跳动;S_d 为内圈端面对内孔的垂直度;S_D 为外圈外表面对端面的垂直度;S_{ea1} 为成套轴承外圈凸缘背面轴向跳动；S_{D1} 为外圈外表面对凸缘背面的垂直度。

7.3 滚动轴承内径和外径的公差带及其特点

滚动轴承是标准件，为了便于互换，国家标准规定：滚动轴承的内圈与轴颈采用基孔制配合。滚动轴承的外圈与外壳孔采用基轴制配合。

滚动轴承内圈通常与轴一起旋转。为防止内圈和轴颈之间的配合产生相对滑动而导致结合面磨损，影响轴承的工作性能，因此要求两者的配合具有一定的过盈。但由于内圈是薄壁零件，容易弹性变形胀大，且一定时间后又要拆换，故过盈量不能太大。

如果采用基孔制的过盈配合，过盈量太大；而采用过渡配合，又可能出现间隙，不能保证具有一定的过盈，因而不能满足轴承的工作需要；若采用非标准配合，则又违反了标准化和互换性原则。因此，GB/T 307.1—2005《滚动轴承 向心轴承公差》规定：滚动轴承内圈公差带位于零线以下，即上极限偏差为零，下极限偏差为负值，如图 7-2 所示。这样轴承内圈与一般过渡配合的轴相配合时，不但能保证获得不大的过盈，而且还不会出现间隙，从而满足了轴承内圈与轴的配合要求，同时又可按标准偏差来加工轴。

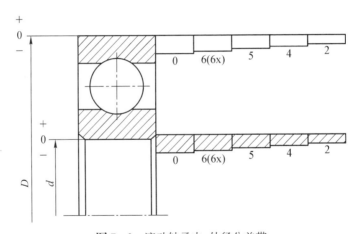

图 7-2 滚动轴承内、外径公差带

滚动轴承外圈安装在外壳孔中，通常不旋转。但考虑到工作时温度升高，会使轴热膨胀而产生轴向延伸，因而两端轴承中应有一端采用游动支承，可使轴承外圈与外壳孔的配合稍微松一点，使之能补偿轴的热胀伸长量。否则，轴会产生弯曲，致使内部卡死，影响正常运转。滚动轴承的外圈与外壳孔两者之间的配合不要求太紧，公差带仍遵循一般基准轴的规定，分布在零线下方，即上极限偏差为零，下极限偏差为负值。

7.4 滚动轴承与轴和外壳孔的配合及其选择

由于轴承内径和外径本身的公差带在轴承制造时已确定，因此轴承内圈和轴颈、外圈和外壳孔的配合性质要由轴颈和外壳孔的公差带来决定，即轴承配合的选择实际上是确定轴颈和外壳孔的公差带。

1）与滚动轴承配合的轴径及外壳孔的常用公差带

GB/T 275—1993《滚动轴承与轴和外壳孔的配合》对于 0 级和 6(6x) 级轴承配合的轴项规

定了 17 种公差带,对外壳孔规定了 16 种公差带,如图 7-3 所示。与各级精度滚动轴承相配合的轴径和外壳孔的公差带见表 7-4。

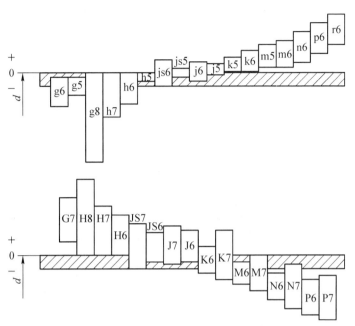

图 7-3 与滚动轴承配合的轴径及外壳孔的常用公差带

表 7-4 与各级精度滚动轴承相配合的轴径与外壳孔的公差带

公差等级	轴颈公差带		外壳孔的公差带		
	过渡配合	过盈配合	间隙配合	过渡配合	过盈配合
0	h9 h8 g6、h6、j6、js6 g5、h5、j5	r7 k6、m6、n6、p6、r6 k5、m5	H8 G7、H7 H6	J7、JS7、K7、M7、N7 J6、JS6、K6、M6、N6	P7 P6
6	g6、h6、j6、js6 g5、h5、j5	r7 k6、m6、n6、p6、r6 k5、m5	H8 G7、H7 H6	J7、JS7、K7、M7、N7 J6、JS6、K6、M6、N6	P7 P6
5	h5、j5、js5	k6、m6 k5、m5	G6、H6	JS6、K6、M6 JS5、K5、M5	
4	h5、js5 h4、js4	k5、m5 k4	H5	K6 JS5、K5、M5	
2	h3、js3		H4 H3	JS4、K4 JS3	

注:1. 孔 N6 与 0 级轴承(外径 $D < 150$ mm)和 6 级轴承(外径 $D < 315$ mm)的配合为过盈配合。
　　2. 轴 r6 用于内径 $d > 120 \sim 500$ mm;轴 r7 用于内径 $d > 180 \sim 500$ mm。

由图 7-3 可以看出,轴承内圈与轴径的配合比国家标准"极限与配合"中基孔制同名配合偏紧一些,轴承外圈与外壳孔的配合同国家标准中的基轴制同名配合相比,配合性质没有改变,但也不完全相同。

2) 滚动轴承配合的影响因素

正确地选择滚动轴承的配合,对保证机器正常运转,提高轴承的使用寿命,充分发挥其承载能力影响很大。选择轴承配合时,应综合考虑轴承负荷的类型和大小、温度条件、轴承尺寸的大小、轴承游隙、轴承安装和拆卸等影响因素。

(1) 轴承承受负荷的类型。根据作用于轴承的合成径向负荷对套圈(内圈和外圈)的相对运动情况不同,将负荷分为三种类型,如图 7-4 所示。

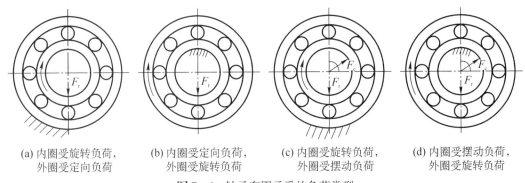

(a) 内圈受旋转负荷,   (b) 内圈受定向负荷,   (c) 内圈受旋转负荷,   (d) 内圈受摆动负荷,
外圈受定向负荷   外圈受旋转负荷   外圈受摆动负荷   外圈受旋转负荷

图 7-4 轴承套圈承受的负荷类型

① 定向负荷。作用于轴承上的合成径向负荷与套圈相对静止,即负荷方向始终不变地作用在套圈滚道的局部区域上,这种负荷称为定向负荷。如图 7-4a 所示不旋转的外圈和图 7-4b 所示不旋转的内圈,它们均受到固定的径向负荷 F_r 的作用。如减速器转轴两端的滚动轴承的外圈,汽车、拖拉机车轮轮毂中滚动轴承的内圈,都是承受定向负荷的典型实例。

定向负荷的受力特点是负荷作用集中,套圈滚道局部区域容易产生磨损。为了保证套圈滚道的磨损均匀,当套圈承受定向负荷时,该套圈与轴径或外壳孔的配合应稍松些,可选较松的过渡配合或间隙较小的间隙配合,以便在摩擦力矩的带动下,它们之间可以做非常缓慢的相对滑动,从而避免套圈滚道局部磨损,延长轴承的使用寿命。

② 旋转负荷。作用于轴承上的合成径向负荷与套圈相对旋转,即合成负荷依次作用在套圈滚道的整个圆周上,这种负荷称为旋转负荷。如图 7-4a 所示旋转的内圈和图 7-4b 所示旋转的外圈,都承受旋转负荷。如减速器转轴两端滚动轴承的内圈,汽车、拖拉机车轮轮毂中滚动轴承的外圈,都是承受旋转负荷的典型实例。

旋转负荷的受力特点是负荷连续作用,套圈滚道产生均匀磨损。因此,承受旋转负荷的套圈与轴颈或外壳孔的配合应稍紧一些,可选过盈配合或较紧的过渡配合,保证它们能固定成一体,以避免它们之间产生相对滑动,使配合面发热加快磨损。其过盈量的大小,以不使套圈与轴径或外壳孔的配合表面间产生爬行现象为原则。

③ 摆动负荷。作用于轴承上合成径向负荷与套圈在一定区域内相对摆动,即合成径向负荷按一定规律变化,往复作用在套圈滚道的局部圆周上,这种负荷称为摆动负荷。如图 7-4c 和图 7-4d 所示,轴承套圈受到一个大小和方向均固定的径向负荷 F_r 和一个旋转的径向负荷 F_c 的作用,两者合成的径向负荷大小将由小到大,再由大到小,周期性地变化。由图 7-5 可知,当 $F_r > F_c$ 时,合成负荷就在 AB 区域内摆动。不旋转的套圈相对于合成负荷方向摆动,而旋转的套圈就相对于合成负荷方向旋转;当 $F_r < F_c$ 时,合成负荷沿整个圆周变动,因此不旋

转的套圈承受旋转负荷,而旋转的套圈承受摆动负荷。

　　承受摆动负荷的套圈配合的松紧度应介于定向负荷和旋转负荷之间。

　　(2) 负荷的大小。滚动轴承套圈与轴颈和外壳孔的配合,与轴承套圈所承受的负荷大小有关。国家标准 GB/T 275 中规定,根据轴承径向当量动负荷 P_r 与径向额定动负荷 C_r 的关系,将径向当量动负荷 P_r 分为轻负荷、正常负荷和重负荷三种类型。当 $P_r \leqslant 0.07C_r$ 时,称为轻负荷;当 $0.07C_r < P_r \leqslant 0.15C_r$ 时,称为正常负荷;当 $P_r > 0.15C_r$ 时,称为重负荷。

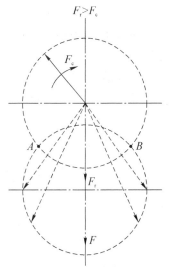

图 7 - 5　摆动负荷

　　轴承在重负荷和冲击负荷的作用下,套圈容易产生变形,使配合面受力不均匀,使结合面间实际过盈减小和轴承内部的实际间隙增大,引起配合松动。为了使轴承运转正常,应选较大的过盈配合。因此,负荷越大,过盈量应越大,且承受变化负荷的配合应比承受平稳负荷的配合紧一些。对精密机床的轻负荷轴承,为了避免孔和轴的几何误差对轴承精度影响,常采用较小的间隙配合。

　　(3) 工作温度的影响。轴承工作时,因摩擦发热及其他热源的影响,套圈的温度会高于相配件的温度,内圈的热膨胀使之与轴颈的配合变松,而外圈的热膨胀使之与外壳孔的配合变紧。因此,当轴承工作温度高于 100 ℃时,应对所选的配合进行适当地修正,以保证轴承的正常运转。

　　(4) 轴承工作时的微量轴向移动。轴承组件在运转过程中易受热而使轴产生微量伸长。为了避免安装着不可分离型轴承的轴因受热伸长而产生弯曲,因此轴承外圈与外壳孔的配合应松一些,使轴受热后能自由地轴向移动。并且在轴承外圈端面与端盖端面之间留有适当地轴向间隙,以允许轴带动轴承一起做微量的轴向移动。

　　(5) 轴承径向游隙的大小。GB/T 4604—2006《滚动轴承 径向游隙》规定,轴承的径向游隙分为五组:2 组、0 组、3 组、4 组和 5 组,游隙依次由小到大。

　　(6) 与轴承配合的外壳(或轴)结构和材料的影响。轴承套圈与零件的配合,不应由于与其相配的外壳(或轴)的几何误差而引起轴承内、外圈不正常的变形,对开式的外壳,与轴承外圈的配合宜采用较松的配合,以免过盈将轴承外圈夹扁,甚至将轴卡住,但也不应使外圈在外壳孔内转动,为保证轴承有足够的连接强度,当轴承安装于薄壁外壳、轻合金外壳或空心轴上时,应采用比厚壁外壳、铸铁外壳或实心轴更紧的配合。

　　(7) 旋转精度及旋转速度的影响。对负荷较大且旋转精度要求较高的轴承,为消除弹性变形和振动的影响,旋转套圈应避免采用间隙配合,但也不宜过紧;当轴承的旋转速度较高,且又在冲击负荷下工作时,轴承与轴颈及外壳孔的配合最好都选用具有较小过盈的配合;轴承转速越高,配合应越紧。

　　(8) 其他因素影响:

　　① 轴承尺寸的大小。随着轴承尺寸的增大,采用过盈配合时,过盈量应越大;采用间隙配合时,间隙量应越大。

　　② 轴承的安装与拆卸。为了方便轴承的安装与拆卸,应考虑采用较松的配合。如要求装拆方便但又要有较紧的配合时,可采用分离式轴承,或内圈带锥孔、带紧定套或退卸套的轴承。

③ 公差等级的协调。当机器要求有较高的旋转精度时,要选择较高公差等级的轴承,与轴承配合的轴颈和外壳孔也要选择较高的公差等级。例如,与 0 级轴承配合的轴颈一般选 IT6,外壳孔一般选 IT7;对旋转精度和运转平稳性有较高要求的场合(如电动机),使用 6 级轴承,则轴颈一般选 IT5,外壳孔一般选 IT6。

综上所述,影响滚动轴承配合的因素很多,通常难以用计算法确定,所以实际生产中可采用类比法选择轴承的配合,类比法确定轴颈和外壳孔的公差带时,可参照表 7 - 5~表 7 - 8 所列条件进行选择。

表 7 - 5　向心轴承和轴的配合　轴公差带代号(摘自 GB/T 275—1993)

圆柱孔轴承					
运转状态		负荷状态	深沟球轴承、调心轴承和角接触轴承	圆柱滚子轴承和圆锥滚子轴承	调心滚子轴承	公差带
说明	举例		轴承公称内径(mm)			
旋转的内圈负荷及摆动负荷	一般通用机械、电动机、机床主轴、泵、内燃机、正齿轮传动装置、铁路机车车辆轴箱、破碎机等	轻负荷	≤18 >18~100 >100~200	— ≤40 >40~140 >140~200	— ≤40 >40~140 >140~200	h5 j6[①] k6[①] m6[①]
		正常负载	≤18 >18~100 >100~140 >140~200 >200~280 — —	≤40 >40~100 >100~140 >140~200 >200~400	≤40 >40~65 >65~100 >100~140 >140~280 >280~500	j5/js5 k5[②] m5[②] m6 n6 p6[②] r6
		重负载	>50~140 >140~200 >200	>50~100 >100~140 >140~200 >200	n6 p6 r6 r7
固定的内圈负载	静止轴上的各种轮子、张紧轮、绳轮、振动筛、惯性振动器等	所有负载	所有尺寸			f6 g6[①] h6 j6
所有轴向负荷			所有尺寸			j6、js6
圆锥孔轴承					
所有负荷	铁路机车车辆轴箱等		装在退卸套上的所有尺寸			h8(IT6)[④⑤]
	一般机械传动		装在紧定套上的所有尺寸			h9(IT7)[④⑤]

注:① 对精度有较高要求的场合,应选用 j5、k5 等分别代替 j6、k6 等。
　　② 圆锥滚子轴承和单列角接触轴承配合对游隙影响不大,可用 k6、m6 分别代替 k5、m5。
　　③ 重负荷下轴承游隙应选大于 0 组。
　　④ 凡有较高精度或转速要求的场合,应选用 h7(IT5)代替 h8(IT6)。
　　⑤ IT6、IT7 表示圆柱度公差数值。

表 7-6　向心轴承和外壳的配合　孔公差带代号(摘自 GB/T 275-1993)

运转状态		负荷状态	其他状态	公差带[1]	
说明	举例			球轴承	滚子轴承
固定的外圈负载	一般机械、铁路机车车辆轴箱、电动机、泵、曲轴主轴承等	轻、正常、重	轴向易移动,可采用剖分式外壳	H7、G7[2]	
		冲击	轴向能移动,可采用整体或剖分式外壳	J7、JS7	
		轻、正常			
摆动负荷		正常、重		K7	
		冲击		M7	
旋转的外圈负荷	张紧滑轮、轮毂轴承等	轻	轴向不移动,采用整体式外壳	J7	K7
		正常		K7、M7	M7、N7
		重			N7、P7

注:① 并列公差带随尺寸的增大从左至右选择,对旋转精度要求较高时,可相应提高一个公差等级。
　　② 不适用于剖分式外壳。

表 7-7　推力轴承和轴的配合　轴公差带代号(摘自 GB/T 275-1993)

运转状态	负荷状态	推力球轴承和推力滚子轴承	推力调心滚子轴承[1]	公差带
		轴承公称内径(mm)		
	仅有轴向负载	所有尺寸		j6, js6
固定的轴圈负载	径向和轴向联合负载	—	≤250	j6
		—	>250	js6
旋转的轴圈负荷或摆动负荷		—	≤200	k6[2]
		—	>200~400	m6
		—	>400	n6

注:① 包括推力圆锥滚子轴承、推力角接触球轴承。
　　② 要求较小过盈时,可用 j6、k6、m6 分别代替 k6、m6、n6。

表 7-8　推力轴承和外壳的配合　孔公差带代号(摘自 GB/T 275-1993)

运转状态	负荷状态	轴承类型	公差带	备注
仅有轴向负荷		推力球轴承	H8	
		推力圆柱、圆锥滚子轴承	H7	
		推力调心滚子轴承	—	外壳孔与座圈间间隙为 $0.001D$(D 为轴承公称外径)
固定的座圈负荷	径向和轴向联合负载	推力角接触球轴承、推力调心滚子轴承、推力圆锥滚子轴承	H7	
旋转的座圈负荷或摆动负荷			K7	普通使用条件
			M7	有较大径向负荷时

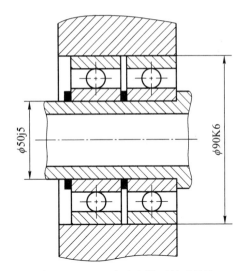

图 7 - 6 C616 车床主轴后轴承结构

例 7 - 1 在 C616 车床主轴后支承上,装有两个单列向心球轴承(图 7 - 6),其外形尺寸为 $d \times D \times B = 50 \times 90 \times 20$,试选定轴承的公差等级,轴承与轴和外壳孔的配合。

解:(1) 分析确定轴承的公差等级:

① C616 车床属轻载的普通车床,主轴承受轻载荷。

② C616 车床主轴的旋转精度和转速较高,选择 6 级精度的滚动轴承。

(2) 分析确定轴承与轴和外壳孔的配合:

① 轴承内圈与主轴配合一起旋转,外圈装在外壳孔中不转。

② 主轴后支承主要承受齿轮传递力,故内圈承受旋转负荷,外圈承受定向负荷。

前者配合应紧,后者配合略松。

③ 参考表 7 - 5、表 7 - 6 选出轴公差带为 $\phi50j5$,外壳孔公差带为 $\phi90J6$。

④ 机床主轴前轴承已轴向定位,若后轴承外圈与外壳孔配合无间隙,则不能补偿由于温度变化引起的主轴的伸缩性;若外圈与外壳孔配合又间隙,会引起主轴跳动,影响车床的加工精度。为了满足使用要求,将外壳孔公差带改用 $\phi90K6$。

⑤ 按滚动轴承公差国家标准,由表 7 - 1 查出 6 级轴承单一平面平均内径偏差(Δ_{dmp})为 $\phi50_{-0.01}^{0}$ mm,由表 7 - 2 查出 6 级轴承单一平面平均外径偏差 Δ_{Dmp} 为 $\phi90_{-0.013}^{0}$ mm。

根据 GB/T 1800.1—2009 查得:轴为 $\phi50j5_{-0.005}^{+0.006}$ mm,外壳孔为 $\phi90K6_{-0.018}^{+0.004}$ mm。

图 7 - 7 为 C616 车床主轴后轴承的公差与配合图解,由此可知,轴承与轴的配合比与外壳孔的配合要紧些。

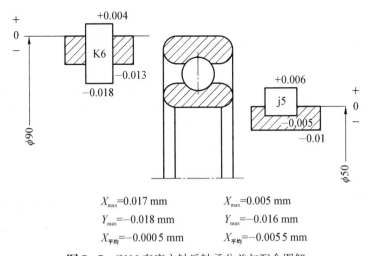

$X_{max}=0.017$ mm

$Y_{max}=-0.018$ mm

$X_{平均}=-0.0005$ mm

$X_{max}=0.005$ mm

$Y_{max}=-0.016$ mm

$X_{平均}=-0.0055$ mm

图 7 - 7 C616 车床主轴后轴承公差与配合图解

⑥ 按表 7 - 9、表 7 - 10 查出轴和外壳孔的形位公差和表面粗糙度值标注在零件图上(图 7 - 8、图 7 - 9)。

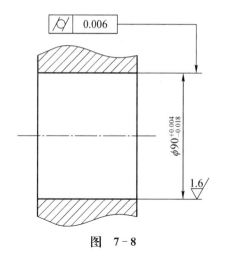

图 7－8

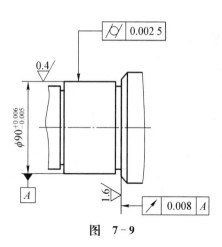

图 7－9

表 7－9　轴和外壳孔的形位公差

基本尺寸(mm)		圆柱度 t				端面圆跳动 t_1			
		轴颈		外壳孔		轴肩		外壳孔肩	
		轴承公差等级							
		0	6(6x)	0	6(6x)	0	6(6x)	0	6(6x)
超过	到	公差值(μm)							
	6	2.5	1.5	4	2.5	3	3	8	3
6	10	2.5	1.5	4	2.5	6	4	10	6
10	18	3.0	2.0	0	3.0	8	0	12	8
18	30	4.0	2.5	6	4.0	10	6	15	10
30	50	4.0	2.5	7	4.0	12	8	20	12
50	80	5.0	3.0	8	5.0	15	10	25	15
80	120	6.0	4.0	10	6.0	15	10	25	15
120	180	8.0	5.0	12	8.0	20	12	30	20
180	250	10.0	7.0	14	10.0	20	12	30	20
250	315	12.0	8.0	16	12.0	25	15	40	25
315	400	13.0	9.0	18	13.0	25	15	40	25
400	500	15.0	10.0	20	15.0	25	15	40	25

表 7－10　轴和外壳孔配合的表面粗糙度

轴或轴承座直径（mm）		轴货外壳配合表面直径公差等级								
		IT7			IT6			IT5		
		表面粗糙度(μm)								
超过	到	Rz	Ra		Rz	Ra		Rz	Ra	
			磨	车		磨	车		磨	车
	80	10	1.6	3.2	6.3	0.8	1.6	4	0.4	0.8
80	500	16	1.6	3.2	10	1.6	3.2	6.3	0.8	1.6
端面		25	3.2	6.3	25	3.2	6.3	10	1.6	3.2

思考与练习

1. 滚动轴承的精度是根据什么划分的？共有几级？分别应用于什么场合？

2. 滚动轴承内圈与轴径、外圈与外壳孔的配合,分别采用何种基准制？有什么特点？

3. 滚动轴承的内径公差带分布有何特点？为什么？

4. 与滚动轴承配合时,负荷大小对配合的松紧影响如何？

5. 径向游隙对滚动轴承配合的影响是什么？

6. 与 6 级 6309 滚动轴承(内径,外径)配合的轴颈的公差带为 j5,外壳孔的公差带为 H6。试画出这两对配合的孔、轴公差带示意图,并计算它们的极限过盈或间隙。

第8章

普通螺纹的精度与检测

◎ **学习成果达成要求**

学生应达成的能力要求包括:

1. 能在分析普通螺纹几何参数误差对互换性的影响的基础上,来判断被测螺纹合格与否。

2. 应根据螺纹的不同使用场合及螺纹加工条件,决定采用何种检测手段。

《《《

在工业生产中,圆柱螺纹结合的应用很普遍,尤其是普通螺纹结合的应用极为广泛。为了满足普通螺纹的使用要求,保证其互换性,我国发布了一系列普通螺纹国家标准,主要有 GB/T 14791—2013《螺纹术语》、GB/T 192—2003《普通螺纹 基本牙型》、GB/T 193—2003《普通螺纹 直径与螺纹系列》、GB/T 197—2003《普通螺纹 公差》。

8.1 有关螺纹的基本概念

8.1.1 普通螺纹的分类及其使用要求

普通螺纹也称连接螺纹,按照计量单位的不同,可分为米制(公制)螺纹和寸制(英制)螺纹;按照螺距大小,可分为粗牙螺纹和细牙螺纹;按照线数的多少,可分为单线螺纹与多线螺纹。若按螺纹的用途,可将其分为紧固螺纹、传动螺纹和紧密螺纹三类。

1) 紧固螺纹

这类螺纹连接是在机械制造业中应用最为广泛的螺纹。它主要用于各种机械、仪器中的可拆连接,如螺栓与螺母的连接,螺钉与机器壳体、机体的连接等。对此类螺纹要求:一是具有良好的可旋合性,以便于装配与拆卸;二是连接的可靠性,当内、外螺纹相互旋合后,它们靠牙侧面的摩擦力来保证有一定的连接强度,使其在工作中不会过早地损坏和自动松脱。

2) 紧密螺纹

用于密封的螺纹结合,对这种螺纹结合的主要要求是结合紧密,不漏水、漏气和漏油。

3) 传动螺纹

传动螺纹通常指传动丝杠和微调、测微螺纹。它们都是用来传递运动或实现精确位移的,对传动螺纹的主要要求是要有足够的位移精度,即保证传动比的准确性、稳定性和较小的空行程。因此这类螺纹的螺距误差要小,而且要有一定的保证间隙,以便传动及储存润滑油。

8.1.2 螺纹的部分术语及定义

1) 基本牙型

GB/T 192—2003 规定了普通螺纹的基本牙型如图 8-1 所示,它是在原始三角形中削去顶部($H/8$)和底部($H/4$)所形成的,是内、外螺纹共有的理论牙型,也是螺纹设计的基础。

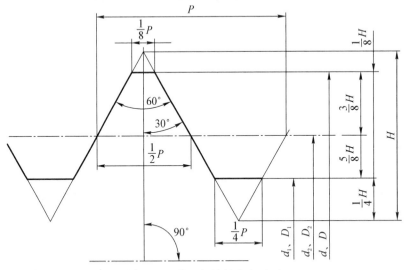

图 8-1 普通螺纹的基本牙型

2) 大径(d,D)

与外螺纹牙顶或内螺纹牙底相重合的假想圆柱的直径。国家标准规定,公制普通螺纹的大径的基本尺寸为螺纹公称直径,也是螺纹的基本大径。大径也是外螺纹顶径 d,内螺纹底径 D。

3) 小径(d_1,D_1)

与内螺纹牙顶或外螺纹牙底相重合的假想圆柱的直径。小径也是外螺纹的底径 d_1,内螺纹的顶径 D_1。

4) 中径(d_2,D_2)

中径是一个假想圆柱的直径,该圆柱的母线通过牙型上沟槽和凸起宽度相等的地方。若基本牙型上该圆柱的母线正好通过牙型上沟槽和凸起宽度相等,且等于 $P/2$ 时,此时的中径称基本中径。

5) 单一中径(d_{2s},D_{2s})

一个假想圆柱的直径,该圆柱的母线通过牙型上沟槽宽度等于螺距基本尺寸一半的地方,如图 8-2 所示。当螺距有误差时,单一中径和中径是不相等的。

6) 螺距 P 和导程 P_h

相邻两牙在中径线上对应两点间的轴向距离称为螺距;同一条螺旋线上的相邻两牙在中径线上,对应两点间的轴向

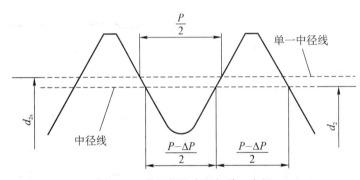

图 8-2 普通螺纹中径与单一中径

距离称为导程。对于单线螺纹,导程等于螺距;对于多线螺纹,导程等于螺距与线数的乘积。

7) 牙型角 α 与牙侧角(α_1,α_2)

在螺纹牙型上,两相邻牙侧角的夹角(图 8-3)。普通螺纹的理论牙型角为 60°。牙型角的一半称为牙型半角 $\alpha/2$。牙侧角(α_1,α_2)是指某一牙侧与螺纹轴线的垂线之间的夹角。

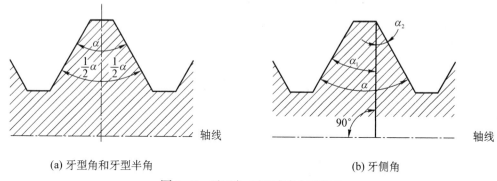

(a) 牙型角和牙型半角	(b) 牙侧角

图 8-3　牙型角、牙型半角与牙侧角

8) 螺纹旋合长度

两个相互旋合的内、外螺纹,沿螺纹轴线方向相互旋合部分的长度。GB/T 197—2003 中规定,米制普通螺纹的旋合长度分为三组:分别为短旋合长度 S、中等旋合长度 N 和长旋合长度 L。

8.2　普通螺纹的精度

从互换性的角度来看,影响互换性的几何要素主要有五个,即大径、中径、小径、螺距和牙型半角。但在普通螺纹结合中,只对螺纹的中径和顶径规定了公差,对螺纹底径(即内螺纹大径和外螺纹小径)未给公差要求,它由加工螺纹刀具来控制。对牙型半角误差和螺距误差,是通过规定螺纹中径公差来进行综合控制。

8.2.1　普通螺纹公差标准的基本结构

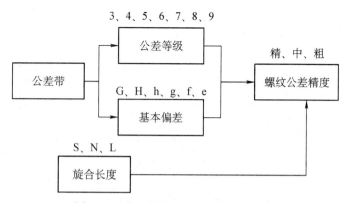

图 8-4　普通螺纹公差标准的基本结构

8.2.2　普通螺纹的公差等级及公差值

普通螺纹的公差要求是有螺纹公差带确定的,公差带由基本偏差(公差带位置)和公差(公差带大小)两个因素确定。

普通螺纹的公差等级划分在 GB/T 197—2003 中给出,见表 8-1。

表 8-1　普通螺纹的公差等级

螺纹种类	螺纹直径	螺纹公差等级	螺纹种类	螺纹直径	螺纹公差等级
内螺纹	中径 D_2	4、5、6、7、8	外螺纹	中径 d_2	3、4、5、6、7、8、9
	小径(顶径)D_1	4、5、6、7、8		大径(顶径)d	4、6、8

　　GB/T 197—2003 中给出了内、外螺纹的中径公差(T_{D2}、T_{d2})和内螺纹小径公差 T_{D1}、外螺纹大径 T_d 值,见表 8-2～表 8-5。

表 8-2　内螺纹中径公差 T_{D2}

基本大径 D(mm) >	≤	螺距 P(mm)	中径公差 T_{D2}(μm) 螺纹公差等级					基本大径 D(mm) >	≤	螺距 P(mm)	中径公差 T_{D2}(μm) 螺纹公差等级				
			4	5	6	7	8				4	5	6	7	8
0.99	1.4	0.2	40	—	—	—	—	22.4	45	1	106	132	170	212	—
		0.25	45	56	—	—	—			1.5	125	160	200	250	315
		0.3	48	60	75	—	—			2	140	180	224	280	355
1.4	2.8	0.2	42	—	—	—	—			3	170	212	265	335	425
		0.25	48	60	—	—	—			3.5	180	224	280	355	450
		0.35	53	67	85	—	—			4	190	236	300	375	475
		0.4	56	71	90	—	—			4.5	200	250	315	400	500
		0.45	60	75	95	—	—	45	90	1.5	132	170	212	265	335
2.8	5.6	0.35	56	71	90	—	—			2	150	190	236	300	375
		0.5	63	80	100	125	—			3	180	224	280	355	450
		0.6	71	90	112	140	—			4	200	250	315	400	500
		0.7	75	95	118	150	—			5	212	265	335	425	530
		0.75	75	95	118	150	—			5.5	224	280	355	450	560
		0.8	80	100	125	160	200			6	236	300	375	475	600
5.6	11.2	0.75	85	106	132	170	—	90	180	2	160	200	250	315	400
		1	95	118	150	190	236			3	190	236	300	375	475
		1.25	100	125	160	200	250			4	212	265	335	425	530
		1.5	112	140	180	224	280			6	250	315	400	500	630
11.2	22.4	1	100	125	160	200	250			8	280	355	450	560	710
		1.25	112	140	180	224	280	180	355	3	212	265	335	425	530
		1.5	118	150	190	236	300			4	236	300	375	475	600
		1.75	125	160	200	250	315			6	265	335	425	530	670
		2	132	170	212	265	335			8	300	375	475	600	750
		2.5	140	180	224	280	355								

表 8 - 3　外螺纹中径公差 T_{d2}

基本大径 D(mm)		螺距 P(mm)	中径公差 T_{d2}(μm)							基本大径 D(mm)		螺距 P (mm)	中径公差 T_{d2}(μm)						
			螺纹公差等级										螺纹公差等级						
>	≤		3	4	5	6	7	8	9	>	≤		3	4	5	6	7	8	9
0.99	1.4	0.2	24	30	38	48	—	—	—	2.8	5.6	0.35	34	42	53	67	85	—	—
		0.25	26	34	42	53	—	—	—			0.5	38	48	60	75	95	—	—
		0.3	28	36	45	56	—	—	—			0.6	42	53	67	85	106	—	—
1.4	2.8	0.2	25	32	40	50	—	—	—			0.7	45	56	71	90	112	—	—
		0.25	28	36	45	56	—	—	—			0.75	45	56	71	90	112	—	—
		0.35	32	40	50	63	80	—	—			0.8	48	60	75	95	118	150	190
		0.4	34	42	53	67	85	—	—	5.6	11.2	0.75	50	63	80	100	125	—	—
		0.45	36	45	56	71	90	—	—			1	56	71	90	112	140	180	224
5.6	11.2	1.25	60	75	95	118	150	190	236	45	90	2	90	112	140	180	224	280	355
		1.5	67	85	106	132	170	212	265			3	100	132	170	212	265	335	425
11.2	22.4	1	60	75	95	118	150	190	236			4	118	150	190	236	300	375	475
		1.25	67	85	106	132	170	212	265			5	125	160	200	250	315	400	500
		1.5	71	90	112	140	180	224	280			5.5	132	170	212	265	335	425	530
		1.75	75	95	118	150	190	236	300			6	140	180	224	280	355	450	560
		2	80	100	125	160	200	250	315			2	95	118	150	190	236	300	375
		2.5	85	106	132	170	212	265	335	90	180	3	112	140	180	224	280	355	450
22.4	45	1	63	80	100	125	160	200	250			4	125	160	200	250	315	400	500
		1.5	75	95	118	150	190	236	300			6	150	190	236	300	375	475	600
		2	85	106	132	170	212	265	335			8	170	212	265	335	425	530	670
		3	100	125	160	200	250	315	400			3	125	160	200	250	315	400	500
		3.5	106	132	170	212	265	335	425	180	355	4	140	180	224	280	355	450	560
		4	112	140	180	224	280	355	450			6	160	200	250	315	400	500	630
		405	118	150	190	236	300	375	475			8	180	224	280	355	450	560	710
45	90	1.5	80	100	125	160	200	250	315										

表 8 - 4　内螺纹小径公差 T_{D1}

螺距 P(mm)	小径公差 T_{D1}(μm)					螺距 P(mm)	小径公差 T_{D1}(μm)				
	螺纹公差等级						螺纹公差等级				
	4	5	6	7	8		4	5	6	7	8
0.2	38	—	—	—	—	0.3	53	67	85	—	—
0.25	45	56	—	—	—	0.35	63	80	100	—	—

（续表）

螺距 P(mm)	小径公差 T_{D1}(μm)					螺距 P(mm)	小径公差 T_{D1}(μm)				
	螺纹公差等级						螺纹公差等级				
	4	5	6	7	8		4	5	6	7	8
0.4	71	90	112	—	—	2	236	300	375	475	600
0.45	80	100	125	—	—	2.5	280	355	450	560	710
0.5	90	112	140	180	—	3	315	400	500	630	800
0.6	100	125	160	200	—	3.5	355	450	560	710	900
0.7	112	140	180	224	—	4	375	475	600	750	950
0.75	118	150	190	236	—	4.5	425	530	670	850	1 060
0.8	125	160	200	250	315	5	450	560	710	900	1 120
1	150	190	236	300	375	5.5	475	600	750	950	1 180
1.25	170	212	265	335	425	6	500	630	800	1 000	1 250
1.5	190	236	300	375	475	8	630	800	1 000	1 250	1 600
1.75	212	265	335	425	530						

表 8-5　外螺纹大径公差 T_d

螺距 P(mm)	大径公差 T_d(μm)			螺距 P(mm)	大径公差 T_d(μm)		
	螺纹公差等级				螺纹公差等级		
	4	6	8		4	6	8
0.2	36	56	—	0.3	48	75	—
0.25	42	67	—	0.35	53	85	—
0.4	60	95	—	2	180	280	450
0.45	63	100	—	2.5	212	335	530
0.5	67	106	—	3	236	375	600
0.6	80	125	—	3.5	265	425	670
0.7	90	140	—	4	300	475	750
0.75	90	140	—	4.5	315	500	800
0.8	95	150	230	5	335	530	850
1	112	180	280	5.5	355	560	900
1.25	132	212	335	6	375	600	950
1.5	150	212	335	8	450	710	1 180
1.75	170	265	425				

8.2.3　普通螺纹的基本偏差及偏差值

基本偏差确定了普通螺纹公差带位置。国家标准对内螺纹只规定有 H、G 两种基本偏差,如图 8-5 所示。对外螺纹规定有 h、g、f 和 e 四种基本偏差,如图 8-6 所示。内、外螺纹的基本偏差见表 8-6。

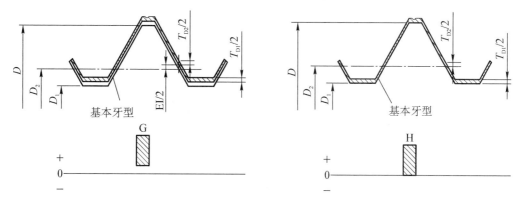

图 8-5　内螺纹的公差带位置

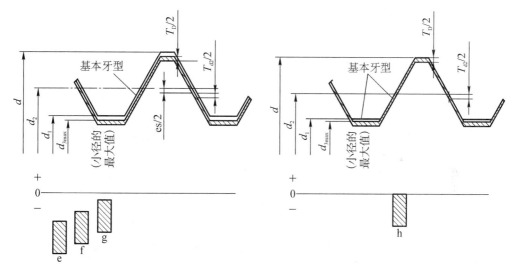

图 8-6　外螺纹的公差带位置

表 8-6　内、外螺纹的基本偏差

螺距 P(mm)	基本偏差(μm)					
	内螺纹		外螺纹			
	G EI	H EI	e es	f es	g es	h es
0.2	+17	0	—	—	−17	0
0.25	+18	0	—	—	−18	0
0.3	+18	0	—	—	−18	0
0.35	+19	0	—	−34	−19	0
0.4	+19	0	—	−34	−19	0

（续表）

螺距 P(mm)	基本偏差（μm）					
	内螺纹		外螺纹			
	G EI	H EI	e es	f es	g es	h es
0.45	+20	0	—	−35	−20	0
0.5	+20	0	−50	−36	−20	0
0.6	+21	0	−53	−36	−21	0
0.7	+22	0	−56	−38	−22	0
0.75	+22	0	−56	−38	−22	0
0.8	+24	0	−60	−38	−24	0
1	+26	0	−60	−40	−26	0
1.25	+28	0	−63	−42	−28	0
1.5	+32	0	−67	−45	−32	0
1.75	+34	0	−71	−48	−34	0
2	+38	0	−71	−42	−38	0
2.5	+42	0	−80	−58	−42	0
3	+48	0	−85	−63	−48	0
3.5	+53	0	−90	−70	−53	0
4	+60	0	−95	−75	−60	0
4.5	+63	0	−100	−80	−63	0
5	+71	0	−106	−85	−71	0
5.5	+75	0	−112	−90	−75	0
6	+80	0	−118	−95	−80	0
8	+100	0	−140	−118	−100	0

8.2.4 普通螺纹的公差带及其选用

生产中为了减少刀、量具的规格和数量，对公差带的数量（或种类）应加以限制。根据螺纹的使用精度和旋合长度，国家标准推荐了一些常用公差带，分别见表 8-7 和表 8-8。在选用公差带时，除特殊情况外，表 8-7 和表 8-8 以外的其他公差带不宜选用。表 8-7 中的内螺纹公差带能与表 8-8 中的外螺纹公差带形成任意组合。但是为了保证内、外螺纹间有足够的螺纹接触高度，推荐完工后的螺纹零件宜优先组成 H/g、H/h 或 G/h 配合。对公称直径不大于 1.4 mm 的螺纹，应选用 5H/6h、4H/6h 或更精密的配合。

如无其他特殊说明，推荐公差带适用于涂镀前螺纹。涂镀后，螺纹实际轮廓上的任何点应不超越按公差位置 H 或 h 所确定的最大实体牙型。

表 8-7　内螺纹的推荐公差带

公差精度	公差带位置 G			公差带位置 H		
	S	N	L	S	N	L
精密	—	—	—	4H	5H	6H
中等	(5G)	6G	(7G)	5H	6H	7H
粗糙		(7G)	(8G)	—	7H	8H

注:1. 大量生产的螺纹紧固件用带方框的粗字体公差带。
　　2. 公差带优先选用顺序为粗字体公差带、一般字体公差带、括号内公差带。

表 8-8　外螺纹的推荐公差带

公差精度	公差带位置 e			公差带位置 f			公差带位置 g			公差带位置 h		
	S	N	L	S	N	L	S	N	L	S	N	L
精密	—	—	—	—	—	—	(4g)	(5g4g)	(3h4h)	4h	(5h4h)
中等	—	6e	(7e6e)	—	6f	(5g6g)	6g	(7g6g)	(5h6h)	6h	(7h6h)
粗糙		(8e)	(9e8e)				8g	(9g8g)			

注:1. 大量生产的螺纹紧固件用带方框的粗字体公差带。
　　2. 公差带优先选用顺序为粗字体公差带、一般字体公差带、括号内公差带。

8.2.5　普通螺纹的代号及其标注

螺纹完整标记由螺纹代号 M、公称直径值、导程代号 Ph(单线螺纹可省略)、螺距、中径公差带代号、顶径公差带代号、旋合长度代号和螺纹旋向代号所组成。

根据使用场合,将螺纹分为三个精度等级,即精密级、中等级和粗糙级。精密级用于精密螺纹;中等级用于一般用途;粗糙级用于制造螺纹比较困难或对精度要求不高的地方。

当螺纹为粗牙螺纹时,螺距项标注可以省略;当中径公差带和顶径公差带相同时,只标注一个公差带的代号。

另外,标准对螺纹的旋合长度也做了规定,将旋合长度分为三组,即短旋合长度 S、中等旋合长度 N 和长旋合长度 L,一般情况下,应当采用中等旋合长度,此时长度代号 N 可省略。

对于左旋螺纹,应在旋合长度代号后标注"LH"代号,右旋螺纹不标注旋向代号。

标记示例:

M6×0.75-5h6h-S-LH:表示米制外螺纹,公称直径为 6 mm,细牙螺纹,螺距为 0.75 mm,中径公差带为 5h,顶径(大径)公差带为 6h,短旋合长度,左旋。

M14×Ph6P2(three starts)-7H-L-LH:表示米制内螺纹,公称直径为 14 mm,导程为 6 mm,螺距为 2 mm,(三线)中径和顶径(小径)公差带均为 7H,长旋合长度,左旋螺纹。

表示内、外螺纹配合时,内螺纹公差带代号在前,外螺纹公差带代号在后,中间用斜线分开。如 M20×2-6H/5g6g,即表示中径、顶径公差带为 6H 的内螺纹和中径、顶径公差带为 5g6g 的外螺纹组成的配合,公称直径均为 20 mm,螺距为 2 mm。

8.2.6　影响普通螺纹结合精度的误差分析

以下各项是影响普通螺纹结合精度的主要因素:

1) 螺纹顶径偏差

在螺纹的大径和小径处,一对相互旋合的内、外螺纹不得相互干涉,并且规定在大径和小径处均留有一定的间隙,即内螺纹的实际大径和小径分别大于外螺纹的实际大径和小径。

2) 螺纹螺距偏差的影响

螺距偏差可分为两种:单个螺距偏差 ΔP 和螺距累积偏差 ΔP_Σ。对于普通螺纹零件是通过中径公差加以限制的。

$$f_{\Delta P} = \frac{\Delta P}{2} \cdot \cot \frac{\alpha}{2} = \frac{\Delta P}{2} \cot 30° = 0.866 \Delta P (\text{mm}) \tag{8-1}$$

$$f_{P\Sigma} = 1.732 \mid \Delta P_\Sigma \mid (\mu\text{m}) \tag{8-2}$$

式中,ΔP 为三针法测量中径处的螺距偏差;$f_{\Delta P}$ 为测量中径处螺距偏差的中径当量;$f_{P\Sigma}$ 为螺距累积误差的中径当量。

3) 螺纹牙侧角偏差的影响

$$f_{\frac{\alpha}{2}} = 0.073 P \left(k_1 \left| \Delta \frac{\alpha_1}{2} \right| + k_2 \left| \Delta \frac{\alpha_2}{2} \right| \right) \tag{8-3}$$

式中,$f_{\frac{\alpha}{2}}$ 为半角误差的中径当量。对于外螺纹,当 $\Delta\alpha_1$ 或 $\Delta\alpha_2$ 为正值时,k_1 或 k_2 为 2;当 $\Delta\alpha_1$ 或 $\Delta\alpha_2$ 为负值时,k_1 或 k_2 为 3。对于内螺纹,当 $\Delta\alpha_1$ 或 $\Delta\alpha_2$ 为正值时,k_1 或 k_2 为 3;当 $\Delta\alpha_1$ 或 $\Delta\alpha_2$ 为负值时,k_1 或 k_2 为 2。

4) 螺纹中径偏差的影响和中径合格性判断

对于螺纹中径合格的判断是:实际螺纹的作用中径不能超出最大实体牙型的中径,而实际螺纹上任一部位的中径不能超出最小实体牙型的单一中径。即

对于外螺纹:$d_{2作用} \leqslant d_{2max}$

$d_{2单一} \geqslant d_{2min}$

对于内螺纹:$D_{2作用} \geqslant D_{2min}$

$D_{2单一} \leqslant D_{2max}$

作用中径按下列公式计算,正号用于外螺纹,负号用于内螺纹。

$$d_2(D_2)_{作用} = d_2(D_2)_{单一} \pm (f_{\frac{\alpha}{2}} + f_{P\Sigma} + f_{\Delta P}) \tag{8-4}$$

$$d_2(D_2)_{作用} = d_2(D_2)_{实际} \pm (f_{\frac{\alpha}{2}} + f_{P\Sigma}) \tag{8-5}$$

$$d_{2实际} - d_{2单一} = f_{\Delta P} \tag{8-6}$$

$$D_{2实际} - D_{2单一} = -f_{\Delta P} \tag{8-7}$$

若 ΔP 未知,则用实际中径代替单一中径。

例 8-1 有一 M20-7H 的螺母,其公称螺距 $P = 2.5 \text{mm}$,公称中径 $D_2 = 18.376 \text{mm}$,测得其实际中径 $D_{2实际} = 18.61 \text{mm}$,螺距累积误差 $\Delta P_\Sigma = +40 \mu\text{m}$,牙型实际半角 $\frac{\alpha}{2}(左) = 30°30'$,$\frac{\alpha}{2}(右) = 29°10'$,问此螺母的中径是否合格?

解:$D_{2min} = 18.376 \text{mm}$, $D_{2max} = 18.656 \text{mm}$

$$f_{\frac{\alpha}{2}} = 0.073 F \left(K_1 \left| \Delta \frac{\alpha_1}{2} \right| + K_2 \left| \Delta \frac{\alpha_0}{2} \right| \right)$$

$$= 0.073 \times 2.5 \times (3 \times 30 + 2 \times 50)$$

$$= 34.675 \ \mu m$$

$$f_{P_\Sigma} = 1.732 \mid \Delta P_\Sigma \mid = 1.732 \times 40 = 69.28 \ \mu m$$

$$D_{2m} = D_{2a} - (f_{\frac{\alpha}{2}} + f_{P_\Sigma})$$

$$= 18.61 - (0.034\,7 + 0.069\,3) = 18.506 \ mm$$

$$D_{2\text{单一}} \approx D_{2a}$$

$$D_{2m} = 18.506 \geqslant D_{2\text{min}} = 18.376 \ mm$$

$$D_{2a} = 18.61 \leqslant D_{2\text{max}} = 18.656 \ mm$$

故此内螺纹合格。

8.3　螺纹检测

螺纹的检测可分为综合检测和单项检测。

8.3.1　综合检测

普通螺纹的综合检验是指一次同时检验螺纹的几个参数,以几个参数的综合误差来判断螺纹的合格性。对螺纹进行综合检验时,使用的是光滑极限量规和螺纹量规,它们都是由通规(通端)和止规(止端)组成的。

使用光滑极限量规用于检验内螺纹和外螺纹实际顶径的合格性。

使用螺纹通规用于控制被测螺纹的作用中径不超出最大实体牙型的中径($d_{2\text{max}}$ 或 $D_{2\text{min}}$),同时控制外螺纹小径和内螺纹大径不超出其最大实体尺寸($d_{1\text{max}}$ 或 D_{min})。通规应具有完整的牙型,并且螺纹的长度要接近于被测螺纹的旋合长度。

使用螺纹止规用于控制被测螺纹的单一中径不超出最小实体牙型的中径($d_{2\text{min}}$ 或 $D_{2\text{max}}$)。止规采用截短牙型,并且只有 2～3 个螺距的螺纹长度,以减少牙侧角误差和螺距偏差对检验结果的影响。

检验内螺纹用的螺纹量规称为螺纹塞规,检验外螺纹用的螺纹量规称为螺纹环规,如图 8-7 所示。

综合检验操作方便、检验效率高,适用于成批生产且精度要求不太高的螺纹件。

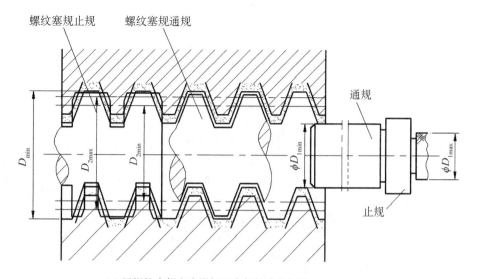

(a) 用螺纹塞规和光滑极限塞规检验内螺纹

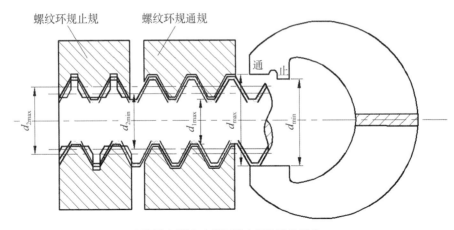

(b) 用螺纹环规和光滑极限卡规检验外螺纹

图 8 - 7 用圆柱螺纹极限量规检测内、外螺纹

8.3.2 单项检测

普通螺纹的单项检测是指分别对螺纹的各个几何参数进行测量,即每次只测量螺纹的一项几何参数,以所得的实际值来判断螺纹的合格性。常用的螺纹单项检测方法有以下两种。

1) 影像法测量

该方法测量螺纹是指用工具显微镜将被测螺纹的牙型轮廓放大成像,按被测螺纹的影像来测量其螺距、牙侧角和中径,也可测量其基本大径和基本小径。单项检测主要用于单件、小批量生产,尤其是在精密螺纹(如螺纹量规、螺纹刀具的测量等)和传动螺纹的生产中应用极为广泛。

2) 三针法

三针法主要用于测量外螺纹的单一中径,是一种间接测量法。因其方法简便,测量准确度高,在生产中应用很广。

(1) 测量方法。如图 8 - 8 所示,将三根直径相等的精密量针放在被测螺纹的沟槽中,然后用接触式量针(如杠杆千分尺、测长仪等)测出针距 M 值,通过被测螺纹的螺距 P、牙型半角 $\alpha/2$ 和量针公称直径 d_0 等数值,计算出被测螺纹的单一中径 d_2。计算公式为:

$$d_2 = M - d_0\left[1 + \frac{1}{\sin\frac{\alpha}{2}}\right] + \frac{P}{2}\cos\frac{\alpha}{2} \qquad (8-8)$$

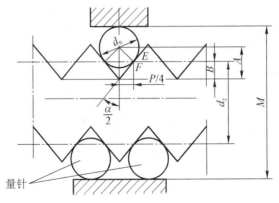

量针

图 8 - 8 三针法测量外螺纹单一中径

对普通螺纹，$\alpha = 60°$，则

$$d_2 = M - 3d_0 + 0.866P \qquad (8-9)$$

对梯形螺纹，$\alpha = 30°$，则

$$d_2 = M - 4.863d_0 - 1.866P \qquad (8-10)$$

如果量针与螺纹的接触点 E 恰好位于螺纹中径处，则螺纹牙型半角的误差将不影响测量结果，此时所用的量针直径称为最佳直径，其值可按下式计算：

$$d_0 = \frac{P}{2\cos\dfrac{\alpha}{2}} \qquad (8-11)$$

对普通螺纹，$\alpha = 60°$，则

$$d_{0最佳} = 0.577P \qquad (8-12)$$

对梯形螺纹，$\alpha = 30°$，则

$$d_{0最佳} = 0.518P \qquad (8-13)$$

（2）量针介绍。量针的制造精度有两级：0 级用于测量中径公差为 $4 \sim 8\ \mu m$ 的螺纹塞规；1 级用于测量中径公差大于 $8\ \mu m$ 的螺纹塞规或螺纹工件。

量针有两种结构，悬挂式量针是挂在架上使用的；座砧式量针是套在测头上使用的，如图 8 - 9 所示。

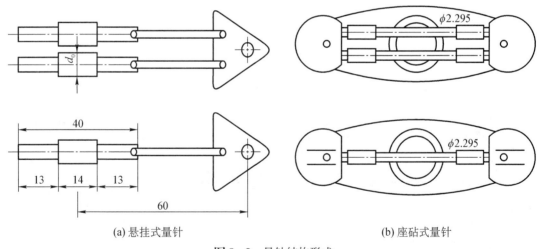

(a) 悬挂式量针　　　　　　　　　　(b) 座砧式量针

图 8 - 9　量针结构形式

量针是按组供应的，公称直径和精度等级相同的三根组成一组，为了防止混淆和便于选用，每组挂有号牌，号牌上标有量针的公称直径、精度等级和制造厂标志。为了简化量针的尺寸规格，工厂生产的量针尺寸是几种尺寸相近螺纹共用的标准值，不一定恰好等于所要的最佳直径。测量时要按公式计算出最佳直径后，从成套量针中挑选直径最接近的一组。

思考与练习

1. 试查表确定 M20×2 - 6H/5g6g 螺栓的中径、大径的极限偏差和螺母的中径、小径的极限偏差。

2. 试说明下列螺纹标记中各代号的含义：

(1) M14×Ph6P2 - 7H - L - LH。

(2) M36×2 - 5g6g - S。

(3) M10×1 - 5H/6h - 16。

3. 有一螺栓 M24 - 6h，其公称螺距 $P = 3$ mm，公称中径 $d_2 = 22.051$ mm，加工后测得 $d_{2实际} = 21.9$ mm、螺距累积误差 $\Delta P_\Sigma = +0.05$ mm，牙型半角误差 $\Delta \alpha/2 = 52'$，问此螺栓的中径是否合格？

4. 有一螺母 M20 - 7H，其公称螺距 $P = 2.5$ mm，公称中径 $D_2 = 18.376$ mm，测得其实际中径 $D_{2实际} = 18.61$ mm，螺距累积误差 $\Delta P_\Sigma = +40 \ \mu$m，牙型实际半角 $\alpha/2(左) = 30°30'$，$\alpha/2(右) = 29°10'$，问此螺母的半径是否合格？

第9章

渐开线圆柱齿轮精度及检测

◎ **学习成果达成要求**

学生应达成的能力要求包括:

1. 了解齿轮加工误差及其检测。

2. 掌握齿轮副误差及其评定指标。

3. 了解渐开线圆柱齿轮精度标准。

《《《

齿轮是机器和仪器中使用较多的传动件,主要用于传递运动和动力,尤其是渐开线圆柱齿轮的应用甚广。齿轮的精度在一定程度上影响着整台机器或仪器的质量和工作性能。为了保证齿轮传动的精度和互换性,就需要规定齿轮公差和切齿前的齿轮坯公差以及齿轮箱体公差,并按图样上给出的精度要求来检测齿轮和齿轮箱体。

9.1 齿轮传动的使用要求

由于齿轮传动的类型很多,应用又极为广泛,对不同工况、不同用途的齿轮传动,其应用要求也是多方面的。归纳起来,应用要求可分为传动精度和齿侧间隙两个方面。而传动精度要求按齿轮传动的作用特点,又可以分为传递运动的准确性、传递运动的平稳性和载荷分布的均匀性三个方面。因此,一般情况下,齿轮传动的使用要求可分为以下四个方面。

1) 传递运动准确性(运动精度)

要求齿轮在一转范围内传动比要恒定,即最大转角误差限制在一定范围内。换言之,即要求齿轮回转时,转角误差尽量小。由图 9-1 所示的齿轮转角误差可以看出,转角误差 $\Delta\phi$ 是转角 ϕ 的函数,它以齿轮一转为周期。要保证传递运动准确,就必须限制一转范围内转角误差的总幅度值 $\Delta\phi_{2\pi}$。

2) 传递运动平稳性(工作平稳性)

传动的平稳性是指齿轮在转过一个齿距角的范围内,其最大转角误差应限制在一定范围内,使齿轮副瞬时传动比变化小,以保证传递运动的平稳性。

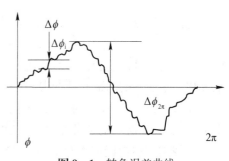

图 9-1 转角误差曲线

齿轮在传递运动过程中,由于受齿廓误差、齿距误差等影响,从一对轮齿过渡到另一对轮齿的齿距角的范围内,也存在着较小的转角误差,并且在齿轮一转中多次重复出现,导致一个齿距角内瞬时传动比也在变化。一个齿距角内瞬时传动比如果过大,将引起冲击、噪声和振动,严重时会损坏齿轮。可见为保证齿轮传动的平稳性,应限制齿轮副瞬时传动比的变动量,也就是要限制齿轮转过一个齿距角内转角误差的最大值。

3)载荷分布均匀性(接触精度)

载荷分布的均匀性是指在轮齿啮合过程中,工作齿面沿全齿高和全齿长上保持均匀接触,并且接触面积尽可能的大。齿轮在传递运动中,由于受各种误差的影响,齿轮的工作齿面不可能全部均匀接触。如载荷集中于局部齿面,将使齿面磨损加剧,甚至轮齿折断,严重影响齿轮使用寿命。可见为保证载荷分布的均匀性,齿轮工作面应有足够的精度,使啮合能沿全齿面(齿高、齿长)均匀接触。

4)传动侧隙

要求齿轮在啮合时非工作面间有一定的间隙。这个侧隙对于储藏、补偿齿轮传动受力后的弹性变形、热膨胀,以及补偿齿轮及齿轮传动装置其他元件的制造误差、装配误差都是必要的。否则,齿轮在传动过程中可能卡死或烧伤,以使齿轮副能够正常工作。

上述四项使用要求中,前三项是对齿轮的精度要求。不同用途的齿轮及齿轮副对三项精度要求的侧重点是不同的。例如,分度齿轮传动、读数齿轮传动的侧重点是传递运动的准确性,以保证主、从动齿轮的运动协调一致;机床和汽车变速箱中的变速齿轮传动的侧重点是传动平稳性和载荷分布均匀性,以降低振动和噪声,并保证承载能力;重型机械(如轧钢机、矿山机械、起重机械)中传递动力的低速重载齿轮传动的侧重点是载荷分布的均匀性,以保证承载能力;蜗轮机中的高速重载齿轮传动,由于传递功率大,圆周速度高,对三项精度都有较高的要求。因此,对不同用途的齿轮和不同侧重的精度要求应规定不同的精度等级,以适应不同的使用要求,获得最佳的技术经济效益。

侧隙与前三项使用要求有所不同,是独立于精度要求的另一类要求。齿轮副所要求的侧隙的大小主要取决于齿轮副的工作条件。对重载、高速齿轮传动,由于受力、受热变形较大,侧隙应大些,以补偿较大的变形和使润滑油畅通;而经常正转、逆转的齿轮,为了减小回程误差,应适当减小侧隙。

9.2 齿轮加工误差及其检测

机器和仪器中齿轮、轴、轴承和箱体等零部件的制造误差和安装误差都影响齿轮传动的四项使用要求,其中齿轮加工误差和齿轮副安装误差的影响极大。齿轮的加工误差主要来源于机床、刀具、夹具误差和齿坯的制造、定位误差等。齿轮副的安装误差主要来源于箱体、轴、轴承等相关零部件的制造和装配误差。

在机械制造中,齿轮的加工方法很多,不同的加工方法所产生的误差及其主要工艺影响因素也不相同,在齿轮精度设计中需要根据具体的加工方法来分析。齿轮的加工方法有切削加工和无屑加工(如压铸、热轧、冷挤等),其中切削加工按齿廓形成原理可分为:成形法和范成法。所谓的成形法,如铣齿、成形磨齿等,其切齿工具的刀刃形状(产形面齿廓)与被切齿轮的齿廓相同,是靠逐齿间断分度来完成整个齿轮的加工;而范成法是按齿轮啮合原理制定的加工方法,其齿廓的形成是刀具对齿坯周期地连续滚切的结果。

任何一种切齿加工方法都是靠切齿工具的切削运动来形成被切齿轮的齿廓,靠分齿运动来形成齿圈上等分的齿廓位置(齿距),靠控制沿轴线的进给运动来形成齿面方向(齿向),靠控制径向进刀运动来保证齿厚,而这些运动不可避免地都存在着误差,从而造成被切齿轮的各种误差。以滚齿为代表,产生加工误差的主要因素有:

1) 几何偏心 e_1

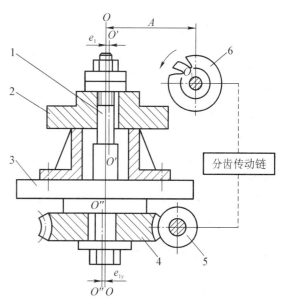

如图 9-2 在滚齿机上切齿示意图所示,滚齿过程是滚刀 6 与齿轮坯 2 强制啮合的过程。滚刀的纵向剖切面形状为标准齿条,滚刀每转过一转,该齿条移动一个齿距。齿轮坯安装在工作台 3 的心轴 1 上,通过分齿传动链,使得滚刀转过一转时,工作台恰好转过一个齿距角。滚刀和工作台连续回转,切出所有轮齿的齿廓。滚刀架沿滚齿机刀架导轨移动,使滚刀切出整个齿宽上的齿廓。滚刀切入齿轮坯的深度决定齿轮齿厚的大小。在滚齿过程中,由于齿轮齿圈的中心与齿轮工作时的旋转中心不重合,被切齿轮不可避免地存在几何偏心。

齿坯在滚齿机上安装时其基准轴线 $O'O'$ 与工作台回转轴线 OO 不重合而形成几何偏心 e_1。加工时,滚刀轴线与心轴 OO 之间的距离保持不变,但与齿坯的中心 $O'O'$ 之

图 9-2　在滚齿机上切齿示意图

1—心轴;2—齿轮坯;3—工作台;4—分度蜗轮;
5—分度蜗杆;6—滚刀;$O'O'$—滚刀轴线

间的距离不断变化(最大变化量为 $2e_1$)。加工完毕后的齿轮,其轮齿就必然形成长短宽窄的情况,该齿轮齿距在以 OO 为中心的圆周上均匀分布,而在以齿轮基准中心 $O'O'$ 为中心的圆周上,齿距呈不均匀分布(由小到大再由大到小变化)。这是基圆中心为 OO,而齿轮基准中心为 $O'O'$,从而形成基圆偏心,工作时产生以一转为周期的转角误差,使传动比不断变化。

2) 运动偏心 e_{1y}

这是由于滚齿机的分度蜗轮的加工误差和安装偏心引起的。滚齿时,分度蜗轮的安装偏心会复映给被加工齿轮,使齿轮产生运动偏心 e_{1y}。如图 9-2 所示,$O'O''$ 是分度蜗轮的几何中心,它与心轴中心 OO 不重合而形成安装偏心。这是尽管蜗杆匀速旋转且蜗杆与蜗轮啮合节点的线速度相同,但由于蜗轮上啮合节点半径的不断改变,从而使蜗轮和齿坯产生不均匀旋转,角速度在 $(\omega + \Delta\omega)$ 和 $(\omega - \Delta\omega)$ 之间以一转为周期变化。齿坯的不均匀回转使齿廓沿切向产生位移和变形,从而使齿距分布不均匀;同时齿坯的不均匀回转引起齿坯与滚刀啮合节点半径的不断变化,使基圆半径和齿廓曲线随之变化,这相当于基圆有了偏心。这种由于齿坯角速度变化引起的基圆偏心称之为运动偏心,其数值为基圆半径最大值与最小值之差的一半。

3) 机床传动链的高频误差

加工直齿轮时,主要受分度链误差的影响,尤其是分度蜗杆的径向跳动和轴向窜动的影响;加工斜齿轮时,除分度链外,还受差动链的误差的影响。

如果机床分度蜗杆存在径向跳动和轴向窜动,分度蜗轮乃至齿坯的回转角速度将不均匀。这时当滚刀回转一周时,齿坯因出现转角误差而不是正好转过一个齿距角,于是切出的齿距

(周节)就产生误差。当然,由分度蜗杆跳动引起的齿距误差明显受分度蜗轮和被切齿轮的齿数比影响,或较大,或较小,或等于零。与此同时,由于一个齿距角范围内齿坯回转角速度的不均匀,在一个齿面上由滚刀的各个刀刃切成的齿形也必然出现误差。分度蜗杆每转过一周,跳动重复一次,误差出现的频率将等于分度蜗轮的齿数,故误差属于高频分量,一般常称为短周期误差。

4) 滚刀的加工和安装误差

主要有滚刀的基节偏差、滚刀的齿形误差及滚刀的径向跳动和轴向窜动等。滚刀的基节偏差将直接复映到被切齿轮上而使其产生基节偏差;同样滚刀的齿形误差也直接映射到被切齿轮上,使齿形具有同样的齿形误差;而滚刀的径向跳动和轴向窜动也会引起被切齿轮的齿形误差。这种误差每转一齿距角就重复一次,属于短周期误差,其频率与齿轮齿数一致,故称为齿频误差。

上述四个方面中,前两种因素所产生的误差以齿轮一转为周期,称为长周期误差;而后两种因素所产生的误差,在齿轮一转中,多次重复出现,称为短周期误差。在齿轮精度分析中,为了便于分析齿轮各种误差对齿轮传动质量的影响,按误差相对于齿轮的方向,又可分为径向误差、切向误差和轴向误差。

9.3 单个齿轮误差及其评定指标

为了保证装配后齿轮传动的工作质量,必须控制单个齿轮的误差。齿轮的误差项目有综合误差和单项误差之别,根据齿轮各项误差对齿轮传动使用性能的主要影响,GB/T 10095.1—2008 规定的误差项目有以下四个方面。

9.3.1 影响传递运动准确性的误差

1) 切向综合误差 $\Delta F_i'$

$\Delta F_i'$ 是指被测齿轮与理想精确的测量齿轮(允许用齿条、蜗杆、测头等测量元件来代替)单面啮合时,在被测齿轮一转内,实际转角与公称转角之差的总幅度值,以分度圆弧长计值。如图 9-3 所示,在切向综合误差曲线上为最大变动幅值。

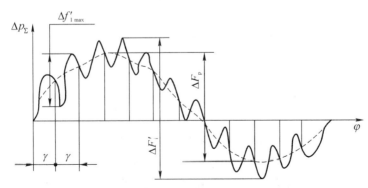

图 9-3　切向综合偏差曲线

φ—被测齿轮转角;Δp_Σ—被测齿轮实际圆周位移对理论
圆周位移的偏差;$\gamma = 360°/z$(z 为被测齿轮的齿数)

这项误差是在齿轮单面啮合综合检查仪(单啮仪)上测量的。被测齿轮装在仪器心轴上,在保持设计中心距的条件下,与测量齿轮作单面啮合转动,测出被测齿轮的转角误差。单面啮合的测量状态与齿轮的工作状态相近,反映齿轮一转的转角误差,故所得的误差曲线较全面、真实地反映了齿轮的误差情况。其中,$\Delta F_i'$ 主要反映了该齿轮的基圆偏心,并得到该齿轮传动运动准确性指标的最大误差值,它是几何偏心、运动偏心和各项短周期误差综合影响的结果。

2) 齿距累积误差 ΔF_P 和 K 个齿距累积误差 ΔF_{PK}

ΔF_P 是指在分度圆上任意两个同侧齿面间的实际弧长与公称弧长之差的最大绝对值,如图 9-4 所示。齿距累积误差允许在齿高中部测量,但仍按分度圆上计值。在生产现场,ΔF_P 通常用相对测量法来测量,测量所得的最大齿距累积误差 ΔF_{Pmax} 与最小齿距累积误差 ΔF_{Pmin} 之代数差即为 ΔF_P。对传动比较大的齿轮,必要时可测量 K 个齿距累积误差 ΔF_{PK}。ΔF_{PK} 是指在分度圆上 K 个齿距间的实际弧长与公称弧长之差的最大绝对值,K 为 2 到小于 $z/2$ 的整数,如图 9-4 所示。

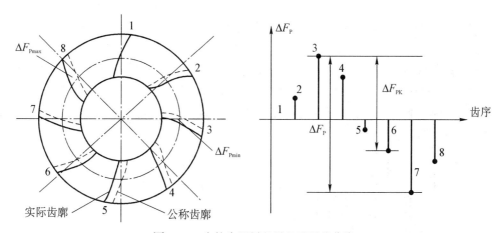

图 9-4　齿轮齿距累积误差及误差曲线

3) 齿圈径向跳动 ΔF_r

齿圈径向跳动是指在齿轮一转范围内,测头在齿槽内与齿高中部双面接触,测头相对于齿轮轴线的最大变动量。

径向跳动可用齿圈径向跳动测量仪测量,测头做成球形或圆锥形插入齿槽中,也可做成 V 形测头卡在轮齿上,如图 9-5 所示。与齿高中部双面接触,被测齿轮一转所测得的相对于轴线径向距离的总变动幅度值,即是齿轮的径向跳动,如图 9-6 所示。该图中,偏心量是径向跳动的一部分。

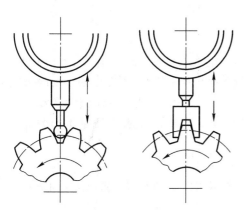

图 9-5　齿圈径向跳动测量仪测量

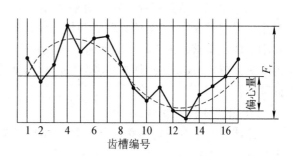

图 9-6　一个齿轮的径向跳动

由于径向跳动的测量是以齿轮孔的轴线为基准,只反映径向误差,齿轮一转中最大误差只出现一次,是长周期误差,它仅作为影响传递运动准确性中属于径向性质的单项性指标。因此,采用这一指标必须与能揭示切向误差的单项性指标组合,才能评定传递运动准确性。

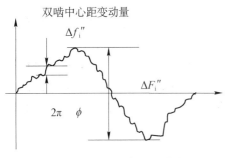

图 9 - 7　径向综合误差曲线

4) 径向综合误差 $\Delta F_i''$

径向综合误差是被测齿轮与理想精确的测量齿轮双面啮合时,在被测齿轮一转内,双啮中心距的最大变动量如图 9 - 7 所示。

径向综合总偏差是在齿轮双面啮合综合检查仪上进行测量的,该仪器如图 9 - 8 所示。将被测齿轮与基准齿轮分别安装在双面啮合检查仪的两平行心轴上,在弹簧作用下,两齿轮做紧密无侧隙的双面啮合。使被测齿轮回转一周,被测齿轮一转中指示表的最大读数差值(即双啮中心距的总变动量)即为被测齿轮的径向综合总偏差 $\Delta F_i''$。由于其中心距变动主要反映径向误差,也就是说径向综合总偏差 $\Delta F_i''$ 主要反映径向误差,它可代替径向跳动 ΔF_r,并且可综合反映齿形、齿厚均匀性等误差在径向上的影响。因此,径向综合总偏差 $\Delta F_i''$ 也是作为影响传递运动准确性指标中属于径向性质的单项性指标。

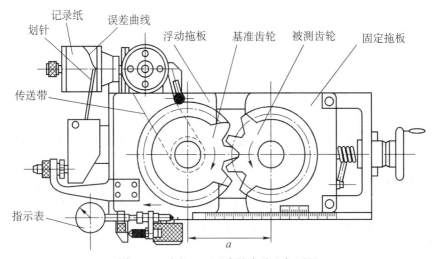

图 9 - 8　齿轮双面啮合综合检查仪测量

a—双啮中心距

用齿轮双面啮合综合检查仪测量径向综合总偏差,测量状态与齿轮的工作状态不一致时,测量结果同时受左、右两侧齿廓和测量齿轮的精度以及总重合度的影响,不能全面地反映齿轮运动准确性要求。由于仪器测量时的啮合状态与切齿时的状态相似,能够反映齿轮坯和刀具的安装误差,且仪器结构简单,环境适应性好,操作方便,测量效率高,故在大批量生产中常用此项指标。

5) 公法线长度变动 ΔF_w

公法线长度变动是指在齿轮一周范围内,实际公法线长度最大值与最小值之差,如图9 - 9所示。

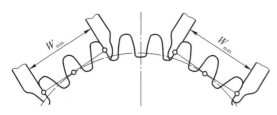

图 9-9　公法线长度变动

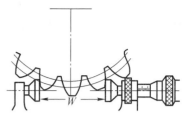

图 9-10　公法线长度变动的测量

公法线长度的变动说明齿廓沿基圆切线方向有误差,因此 ΔF_W 可以反映运动偏心。具有几何偏心的齿轮相对于切齿时的回转中心齿距是均匀分布的,由于测量公法线长度与齿轮基准轴线无关,因此 ΔF_W 不能反映几何偏心。ΔF_W 可以使用公法线千分尺、公法线卡规等进行测量,如图 9-10 所示。$\Delta F_W = W_{max} - W_{min}$。若被测齿轮轮齿分布疏密不均,则实际公法线的长度就会有变动。但公法线长度变动的测量不是以齿轮基准孔轴线为基准,它反映齿轮加工时的切向误差,不能反映齿轮的径向误差,可作为影响传递运动准确性指标中属于切向性质的单项性指标。

必须注意,测量时应使量具的量爪测量面与轮齿的齿高中部接触。为此,测量所跨的齿数 K 应按下式计算:

$$K = \frac{z}{9} + 0.5 \tag{9-1}$$

综上所述,影响传递运动准确性的误差为齿轮一转中出现一次的长周期误差,主要包括径向误差和切向误差。评定传递运动准确性的指标中,能同时反映径向误差和切向误差的综合性指标有:切向综合总偏差 $\Delta F_i'$、齿距累积总偏差 ΔF_P(齿距累积偏差 ΔF_{PK});只反映径向误差或切向误差两者之一的单项指标有:径向跳动 ΔF_r、径向综合总偏差 $\Delta F_i''$ 和公法线长度变动 ΔF_W。使用时,可选用一个综合性指标,也可选用两个单项性指标的组合(径向指标与切向指标各选一个)来评定,才能全面反映对传递运动准确性的影响。

9.3.2　影响传动平稳性的误差

从齿轮转角误差曲线可知,齿轮的运动误差是一条复杂的周期函数曲线,它既包含有长周期误差 $\Delta\phi_{2\pi}$,也包含有短周期误差 $\Delta\phi_i$,长周期误差主要影响传递运动的准确性,而短周期误差则主要影响传递运动的平稳性。

影响齿轮传动平稳性的误差有六项。

1) 一齿切向综合误差 $\Delta f_i'$

一齿切向综合误差是指被测齿轮与理想精确的测量齿轮单面啮合时,在被测齿轮一齿距角内,实际转角与理论转角之差的最大幅值,以分度圆弧长计值(图 9-3)。

$\Delta f_i'$ 反映齿轮一齿距角内的转角误差,它在齿轮一转中多次出现,影响传动的平稳性,是由刀具的制造和安装误差、机床传动链短周期误差引起的,是评定齿轮传动平稳性的最佳综合性指标。

2) 一齿径向综合误差 $\Delta f_i''$

一齿径向综合误差是被测齿轮与理论精确的测量齿轮双面啮合时,在被测齿轮一齿距角内,双啮中心距的最大变动量(图 9-8)。

$\Delta f_i''$ 综合反映了基节偏差和齿形误差等短周期误差,但因测量时受左右齿面的共同影响,

因而不如 $\Delta f'_i$ 反映得全面,故不宜用来检测高精度齿轮,但由于双面啮合综合检查仪结构简单、操作简便,所以在成批生产中仍广泛使用。

3) 齿形误差 Δf_f

齿形误差是指在齿轮端截面上,齿形工作部分内(齿顶倒棱部分除外),包容实际齿形且距离为最小的两条设计齿形之间的法向距离,如图 9-11 所示。设计齿形通常为理论渐开线,包括修缘齿形、凸齿形等。

齿形误差是由于刀具的制造误差(如刀具齿形角误差)和安装误差(如滚刀在刀杆上的安装偏心及倾斜)以及机床传动链误差所引起的,并且长周期误差对齿形精度也有影响。齿形误差使两齿轮啮合点偏离正常啮合线,使传动比瞬时波动,影响了传动平稳性,产生振动和噪声。

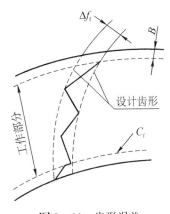

图 9-11 齿形误差

B—齿顶倒棱高度;
C_f—齿根工作起始圆

对于大批量生产的齿轮,Δf_f 通常使用单盘式渐开线检查仪进行测量;单件小批量生产是可用万能渐开线检查仪进行测量,即将齿轮的实际齿形与仪器形成的理论渐开线轨迹进行比较而得到 $\Delta f'_i$。

4) 基节偏差 ΔF_{Pb}

基节偏差是实际基节与公称基节之差,如图 9-12 所示。所谓的基节就是基圆的齿距,亦即基圆柱切平面所截两相邻同侧齿面交线的距离。

齿轮副正确啮合的基本条件之一是两齿轮的基圆齿距必须相等。而基圆齿距偏差的存在会引起传动比的瞬时变化,即从上一对轮齿换到下一对轮齿啮合的瞬间发生碰撞、冲击,影响传动的平稳性,如图 9-13 所示。

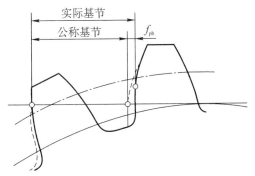

图 9-12 基节偏差

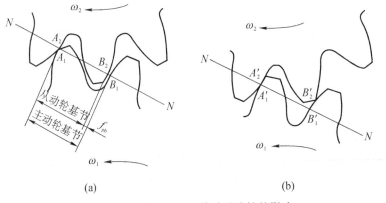

(a)   (b)

图 9-13 基节偏差对传动平稳性的影响

当主动轮基圆齿距大于从动轮基圆齿距时,如图 9-13a 所示,第一对齿 A_1、A_2 啮合终止时,第二对齿 B_1、B_2 尚未进入啮合。此时,A_1 的齿顶将沿着 A_2 的齿根"刮行"(称顶刃啮合),发生啮合线外的啮合,使从动轮突然降速,直到 B_1 和 B_2 齿进入啮合时,使从动轮又突然加速。因此,从一对齿啮合过渡到下一对齿啮合的过程中,瞬间传动比产生变化,引起冲击,产生振动和噪声。当主动轮基圆齿距小于从动轮基圆齿距时,如图 9 - 13b 所示,第一对齿 A_1'、A_2' 的啮合尚未结束,第二对齿 B_1'、B_2' 就已开始进入啮合。此时,B_2' 的齿顶反向撞向 B_1' 的齿腹,使从动轮突然加速,强迫 A_1' 和 A_2' 脱离啮合。B_2' 的齿顶在 B_1' 的齿腹上"刮行",同样产生顶刃啮合。直到 B_1' 和 B_2' 进入正常啮合,恢复正常转速时为止。这种情况比前一种更坏,因为冲击力与运动方向相反,故引起更大的振动和噪声。

上述两种情况都在轮齿替换啮合时发生,在齿轮一转中多次重复出现,影响传动平稳性。因此,基圆齿距偏差可作为评定齿轮传动平稳性中属于换齿性质的单项性指标。它必须与反映转齿性质的单项性指标组合,才能评定齿轮传动平稳性。

基节偏差通常使用基节仪或万能测齿仪将实际基节与公称基节做比较测量得出。

5) 齿距偏差 ΔF_{Pt}

齿距偏差是指在分度圆上,实际齿距与公称齿距之差,如图 9 - 14 所示。用相对法测量时,公称齿距是指所有实际齿距的平均值。

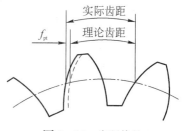

图 9 - 14 齿距偏差

齿距偏差与基节偏差的不同之处是:基节是沿啮合线方向测量,而齿距是在分度圆附加的圆周上测量。它们同属于短周期误差。在滚齿中,ΔF_{Pt} 是由机床传动链误差(主要是分度蜗杆跳动)引起的,所以 ΔF_{Pt} 的测量是用来揭露机床传动链的短周期误差或加工中的分度误差。齿距偏差常用周节仪或万能测齿仪将实际齿距与公称齿距进行比较测量求得。

图 9 - 15 螺旋线波度误差

6) 螺旋线波度误差 $\Delta f_{f\beta}$

螺旋线波度误差是指宽斜齿轮齿高中部实际齿向线(分度圆柱面与齿面的交线,即螺旋线)波纹的最大波幅,如图 9 - 15 所示,沿齿面法向计值。

$\Delta f_{f\beta}$ 用于评定轴向重合度 $\varepsilon_\beta > 1.25$ 的 6 级及高于 6 级精度的斜齿轮及人字齿轮的传动平稳性,它是宽斜齿轮、人字齿轮产生高频误差的主要原因。这种齿轮传递功率大、速度高,如汽轮机减速器中的齿轮,对传动平稳性要求特别高。

$\Delta f_{f\beta}$ 主要是由滚齿机的分度蜗杆和滚刀的进给丝杆的周期误差引起的,由于这两项误差使齿侧面螺旋线产生波浪形误差,从而使齿轮在传动过程中发生周期振动,严重影响了传动的平稳性。

在上述六项评定指标中,$\Delta f_i'$ 和 $\Delta f_i''$ 属于综合性指标,而 Δf_f、ΔF_{Pb} 和 ΔF_{Pt} 属于单项指标,$\Delta f_{f\beta}$ 也属于综合性指标。

9.3.3　影响载荷分布均匀性的误差项目

正确的齿轮传动中,各齿由齿顶到齿根(或由齿根到齿顶)在全齿宽上依次啮合。若不考虑齿面受力合的弹性变形,每一瞬间两齿面应为直线接触(对直齿轮),接触线平行于轴线;对斜齿轮,接触线在基圆柱的切平面上,并与基圆柱母线呈交角 β_b。

实际上由于齿轮的制造和安装误差,啮合齿在齿长方向上并不是沿全齿宽接触,而且在啮合过程出也并不是沿全齿高接触。对于直齿轮,影响接触长度的是齿向误差,影响接触高度的是齿形误差;对于宽斜齿轮,影响接触线长度的是轴向齿距误差,影响接触线高度的是齿形误差和基节误差。从评定齿轮承载能力的大小来看,主要应控制接触长度,而接触高度主要影响齿轮传动的平稳性。

1)齿向误差 ΔF_β

齿向误差是指在分度圆柱面上,齿宽有效部分范围内(端部倒角部分除外),包容实际齿线且距离为最小的两条设计齿线之间的端面距离,如图 9-16 所示。

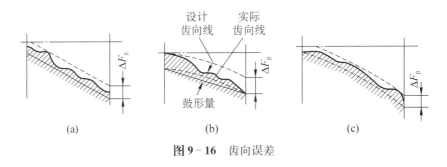

图 9-16 齿向误差

齿向误差包括齿向线的方向偏差和形状误差。为了改善齿面接触,提高齿轮承载能力,设计齿线常采用修正的圆柱螺旋线,包括鼓形线、齿端修薄及其他修正曲线。

齿向误差主要是由齿坯端面跳动和刀架导轨倾斜引起的。对于斜齿轮,还受机床差动传动链的调整误差影响。

2)接触线误差 ΔF_b

接触线误差是指在基圆柱切平面内,平行于公称接触线并包容实际接触线的两条直线间的法向距离,如图 9-17 所示。

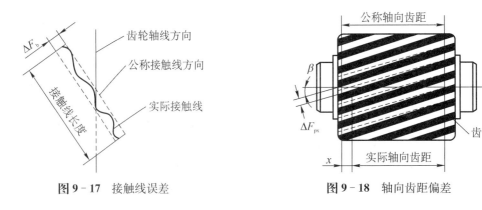

图 9-17 接触线误差　　　　　图 9-18 轴向齿距偏差

在滚齿中,接触线误差主要来源于滚刀误差。滚刀的安装误差(径向跳动、轴线倾斜)引起接触线形状误差,此项误差在端面上表现为齿形误差。滚刀齿形角误差引起接触线方向误差,此项误差也是产生基节偏差的原因。

3)轴向齿距偏差 ΔF_{Px}

轴向齿距偏差是指在与齿轮基准轴线平行而大约通过齿高中部的一条直线上,任意两个同侧齿面间的实际距离与公称距离之差,如图 9-18 所示。

轴向齿距偏差主要反映斜齿轮的螺旋角误差。在滚齿中,它是由滚齿机差动传动链的调整误差、刀具托板的倾斜、齿坯端面的跳动等引起的。此项误差影响斜齿轮齿宽方向上的接触长度,并使宽斜齿轮有效接触齿数减少,从而影响齿轮承载能力,故宽斜齿轮应控制此项误差。

9.3.4　影响齿侧间隙的偏差

具有公称齿厚的齿轮副在公称中心下啮合时是无侧隙的,为使齿轮副在传动中有必要的侧隙,通常采用减薄齿厚的方法,通过切齿是加深切齿刀的径向进给量而获得。国家标准中规定评定齿厚的参数有两项。

1) 齿厚偏差 ΔE_s

齿厚偏差指在分度圆柱面上,齿厚的实际值与公称值之差,如图 9 - 19 所示。该评定指标由 GB/Z 18620.2—2002 推荐。齿厚偏差是反映齿轮副侧隙要求的一项单项性指标。按照定义,齿厚是指分度圆弧齿厚,为了测量方便常以分度圆弦齿厚计值。图 9 - 20 是用齿厚游标卡尺测量分度圆弦齿厚的情况。测量时,以齿顶圆作为测量基准,通过调整纵向游标卡尺来确定分度圆的高度 h;再从横向游标尺上读出分度圆弦齿厚的实际值 $\overline{S}$。

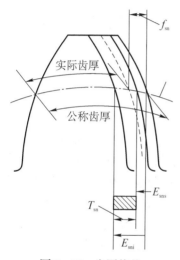

图 9 - 19　齿厚偏差

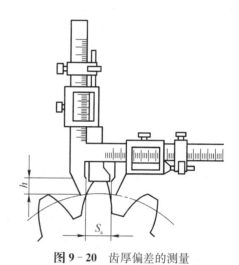

图 9 - 20　齿厚偏差的测量

对于斜齿轮是指法向齿厚。在分度圆柱面上的弧齿厚不便于测量,故通常以分度圆弧齿厚 $\overline{S}$ 来代替。

$$\overline{S} = mz \cdot \sin\frac{\pi}{2z} \qquad (9-2)$$

$$\overline{h} = h_a m + \frac{mz}{2}\left(1 - \cos\frac{\pi}{2z}\right) \qquad (9-3)$$

式中,$\overline{h}$ 为分度圆弧齿高;$h_a m$ 为齿顶高系数。

为满足齿侧间隙的不同要求,标准中规定了齿厚上偏差 E_{ss} 和下偏差 E_{si} 的 14 个代号(C~S),如图 9 - 21 所示。每种代号的齿厚极限偏差数值等于齿距极限偏差单向值 f_{pt} 的一定倍数。根据齿轮传动的不同用途和工作条件,可由计算法或经验法选择并组

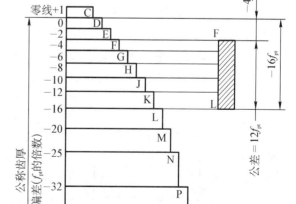

图 9 - 21　齿厚上偏差和下偏差

合。测量齿厚的量具一般读数精度较低。

2) 公法线平均长度偏差 ΔE_{wm}

公法线平均长度偏差是指在齿轮一周内,公法线长度平均值与公称值之差。即

$$\Delta E_{wm} = \frac{W_1 + W_2 + \cdots + W_z}{z} - W_{gongcgeng} = \frac{\Delta E_{w1} + \Delta E_{w2} + \cdots + \Delta E_{wz}}{z} \qquad (9-4)$$

式中,z 为齿轮齿数。

为满足传动侧隙要求,适应当减薄齿厚,相应公法线长度必然减小,其间关系为:$\Delta E_{wm} = \Delta E_s \cdot \cos \alpha (\alpha$ 为齿轮压力角),故可用 ΔE_{wm} 代替直接测量齿厚偏差 ΔE_s。因齿轮加工中存在运动偏心的周期性影响,致使齿轮一周上公法线长度不等,但它对齿厚无甚影响,与侧隙也无关,故取公法线长度平均值以减小或排除运动偏心的影响。另外,几何偏心对齿厚是有影响的,但测公法线反映不出来,为了排除几何偏心的影响,可适当压缩 E_{wm} 的公差带。为此,规定在由齿厚的上、下偏差(E_{ss} 和 E_{si})换算公法线平均长度的上、下偏差(E_{wms} 和 E_{wmi})时,按下两式计算:

$$E_{wms} = E_{ss} \cdot \cos \alpha - 0.72 F_r \cdot \sin \alpha \qquad (9-5)$$

$$E_{wmi} = E_{si} \cdot \cos \alpha + 0.72 F_r \cdot \sin \alpha \qquad (9-6)$$

式中,α 为齿轮压力角;$0.72 F_r$ 为反映几何偏心影响的统计值;F_r 为齿轮径向跳动公差。

实际生产中为了提高检验的效率,可在齿轮一周上等间隔的 3 或 6 处各测量一次,取其平均值作为 ΔE_{wm} 测量结果。测量 ΔE_{wm} 的器具较简单,操作也十分简便,故该项目应用较为普遍。

需要指出:公法线平均长度偏差 ΔE_{wm} 与公法线长度变动 ΔF_w 两项参数具有完全不同的含义和作用。ΔE_{wm} 影响齿轮传动侧隙大小,测量时需要与公法线公称长度比较;而 ΔF_w 影响齿轮传动准确性,测量时取 W_{max} 和 W_{min} 的差值,而无需知道公法线的公称长度。

9.4 齿轮副误差及其评定指标

上面所讨论的都是单个齿轮的加工误差,除此之外,齿轮副的安装误差同样影响齿轮传动的使用性能,因此对这类误差也应加以控制。

9.4.1 轴线的平行度误差

轴线的平行度误差的影响与向量的方向有关,有轴线平面内的平行度误差和垂直平面上的平行度误差。这是由 GB/Z 18620.3—2002 规定的,并推荐了误差的最大允许值。

1) 轴线平面内的平行度误差 $f_{\Sigma\delta}$

轴线平面内的平行度误差是指一对齿轮的轴线,在其基准平面上投影的平行度误差,如图 9-22 所示。

2) 垂直平面上的平行度误差 $f_{\Sigma\beta}$

垂直平面上的平行度误差是指一对齿轮的轴线,在垂直于基准平面且平行于基准轴线的平面上投影的平行度误差,如图 9-22 所示。基准平面是包含基准轴线,并通过由另一轴线与齿宽中间平面

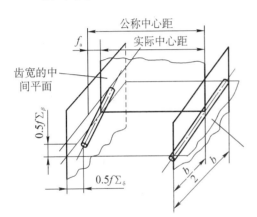

图 9-22 齿轮副的安装误差

相交的点所形成的平面。两条轴线中任何一条轴线都可作为基准轴线。$f_{\Sigma\delta}$、$f_{\Sigma\beta}$ 均在等于全齿宽的长度上测量。

由于齿轮轴要通过轴承安装在箱体或其他构件上，所以轴线的平行度误差与轴承的跨距 L 有关。一对齿轮副的轴线若产生平行度误差，必然会影响齿面的正常接触，使载荷分布不均匀，同时还会使侧隙在全齿宽上大小不等。为此，必须对齿轮副轴线的平行度误差进行控制。

9.4.2　中心距偏差 f_a

中心距偏差是指在齿轮副的齿宽中间平面内，实际中心距与公称中心距之差，如图 9 - 21 所示。该评定指标由 GB/Z 18620.3—2002 推荐。

中心距偏差会影响齿轮工作时的侧隙。当实际中心距小于公称（设计）中心距时，会使侧隙减小；反之，会使侧隙增大。为保证侧隙要求，要求用中心距允许偏差来控制中心距偏差。为了考核安装好的齿轮副的传动性能，对齿轮副的精度按下列四项指标进行评定。

1）齿轮副的切向综合总偏差 F'_{ic}

齿轮副的切向综合总偏差是指按设计中心距安装好的齿轮副，在啮合转动足够多的转数内，一个齿轮相对于另一个齿轮的实际转角与公称转角之差的总幅度值。以分度圆弧长计值。一对工作齿轮的切向综合总偏差等于两齿轮的切向综合总偏差 F'_i 之和，它是评定齿轮副的传递运动准确性的指标。对于分度传动链用的精密齿轮副，它是重要的评定指标。

2）齿轮副的一齿切向综合偏差 f_{ic}

齿轮副的一齿切向综合偏差是指安装好的齿轮副，在啮合转动足够多的转数内，一个齿轮相对于另一个齿轮，在一个齿距角内的实际转角与公称转角之差的最大幅度值。以分度圆弧长计值。也就是齿轮副的切向综合总偏差记录曲线上的小波纹的最大幅度值。齿轮副的一齿切向综合偏差是评定齿轮副传递平稳性的直接指标。对于高速传动用齿轮副，它是重要的评定指标，对动载系数、噪声、振动有着重要影响。

齿轮副啮合转动足够多转数的目的，在于使误差在齿轮相对位置变化全周期中充分显示出来。所谓"足够多的转数"通常是以小齿轮为基准，按大齿轮的转数 $2n$ 计算。计算公式如下：

$$n_2 = Z_1/x \qquad\qquad (9-7)$$

式中，x 为大、小齿轮齿数 Z_2 和 Z_1 的最大公因数。

3）接触斑点

接触斑点是指装配好的齿轮副，在轻微制动下，运转后齿面上分布的接触擦亮痕迹，如图 9 - 23 所示。

接触痕迹的大小在齿面展开图上用百分数计算。沿齿长方向：接触痕迹的长度 b''（扣除超过模数值的断开部分 c）与工作长度 b' 之比的百分数，即

$$接触痕迹 = \frac{b''-c}{b'} \times 100\% \qquad (9-8)$$

沿齿高方向：接触痕迹的平均高度 h'' 与工作高度 h' 之比的百分数，即

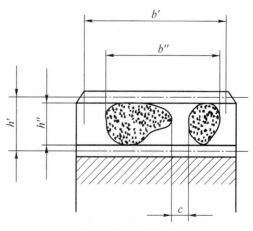

图 9 - 23　接触斑点

$$接触痕迹 = \frac{h''}{h'} \times 100\% \qquad (9-9)$$

所谓"轻微制动"是指不使轮齿脱离,又不使轮齿和传动装置发生较大变形的制动力时的制动状态。沿齿长方向的接触斑点主要影响齿轮副的承载能力,沿齿高方向的接触斑点主要影响工作平稳性。齿轮副的接触斑点综合反映了齿轮副的加工误差和安装误差,是齿面接触精度的综合评定指标。对接触斑点的要求应标注在齿轮传动装配图的技术要求中。

对较大的齿轮副,一般是在安装好的传动装置中检验;对成批生产的机床、汽车、拖拉机等中小齿轮,允许在啮合机上与精确齿轮啮合检验。目前,国内各生产单位普遍使用这一精度指标。若接触斑点检验合格,则此齿轮副中的单个齿轮的承载均匀性的评定指标可不予考核。

9.4.3 齿轮副的侧隙

齿轮副的侧隙可分为圆周侧隙 j_{wt} 和法向侧隙 j_{bn} 两种。圆周侧隙 j_{wt} 是指安装好的齿轮副,当其中一个齿轮固定时,另一齿轮圆周的晃动量,以分度圆上弧长计值,如图 9-23a 所示。法向侧隙 j_{bn} 是指安装好的齿轮副,当工作齿面接触时,非工作齿面之间的最小距离,如图 9-24b 所示。圆周侧隙可用指示表测量,法向侧隙可用塞尺测量。在生产中,常检验法向侧隙,但由于圆周侧隙比法向侧隙更便于检验,因此法向侧隙除直接测量得到外,也可用圆周侧隙计算得到。法向侧隙与圆周侧隙之间的关系为:

$$j_{bn} = j_{wt} \cos\beta_b \cos\alpha_n \qquad (9-10)$$

式中,β_b 为基圆螺旋角;α_n 为度圆法面压力角。

上述齿轮副的四项指标均能满足要求,则齿轮副即认为合格。

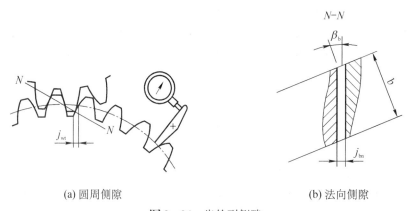

(a) 圆周侧隙   (b) 法向侧隙

图 9-24 齿轮副侧隙

9.5 渐开线圆柱齿轮精度标准

9.5.1 齿轮精度等级和等级确定

1) 精度等级

GB/T 10095.1、2—2008 对单个齿轮规定了 13 个精度等级(对于 F_i'' 和 f_i'',规定了 4~12 共 9 个精度等级),依次用阿拉伯数字 0、1、2、3、…、12 表示。其中,0 级精度最高,依次递减,12 级精度最低。0~2 级精度的齿轮对制造工艺与检测水平要求极高,目前加工工艺尚未达到,是为将来发展而规定的精度等级;一般将3～5级精度视为高精度等级;6～8级精度视为中等精度等级,使用最多;9～12级精度视为低精度等级。5级精度是确定齿轮各项允许值计算式的基础级。

2) 精度等级的选择

齿轮精度等级选择的主要依据是齿轮传动的用途、使用条件及对它的技术要求,即要考虑传递运动的精度、齿轮的圆周速度、传递的功率、工作持续时间、振动与噪声、润滑条件、使用寿命及生产成本等的要求,同时还要考虑工艺的可能性和经济性。

齿轮精度等级的选择方法主要有计算法和类比法两种。一般实际工作中,多采用类比法。计算法是根据运动精度要求,按误差传递规律,计算出齿轮一转中允许的最大转角误差,然后再根据工作条件或根据圆周速度或噪声强度要求确定齿轮的精度等级。

类比法是根据以往产品设计、性能试验以及使用过程中所累积的成熟经验,以及长期使用中已证实其可靠性的各种齿轮精度等级选择的技术资料,经过与所设计的齿轮在用途、工作条件及技术性能上作对比后,选定其精度等级。

部分机械的齿轮精度等级见表9-1,齿轮精度等级与速度的应用情况见表9-2,供选择齿轮精度等级时参考。

表9-1　齿轮精度等级与速度的应用

条件	圆周速度(m/s)		应 用 情 况	精度等级
	直齿	斜齿		
机床	>30	>50	高精度和精密的分度链端的齿轮	4
	>15～30	>30～50	一般精度分度链末端齿轮、高精度和精密的中间齿轮	5
	>10～15	>15～30	V级机床主传动的齿轮,一般精度齿轮的中间齿轮,Ⅲ级和Ⅲ级以上精度机床的进给齿轮、油泵齿轮	6
	>6～10	>8～15	Ⅳ级和Ⅳ级以上精度机床的进给齿轮	7
	<6	<8	一般精度机床齿轮	8
			没有传动要求的手动齿轮	9
动力传动		>70	用于很高速度的透平传动齿轮	4
		>30	用于很高速度的透平传动齿轮,重型机械进给机构,高速重载齿轮	5
		<30	高速传动齿轮、有高可靠性要求的工业齿轮、重型机械的功率传动齿轮、作业率很高的起重运输机械齿轮	6
	<15	<25	高速和适度功率或大功率和适度速度条件下的齿轮,冶金、矿山、林业、石油、轻工、工程机械和小型工业齿轮箱(通用减速器)有可靠性要求的齿轮	7
	<10	<15	中等速度较平稳传动的齿轮,冶金、矿山、林业、石油、轻工、工程机械和小型工业齿轮箱(通用减速器)的齿轮	8
	≤4	≤6	一般性工作和噪声要求不高的齿轮、受载低于计算载荷的齿轮、速度大于1m/s的开式齿轮传动和转盘的齿轮	9

（续表）

条件	圆周速度(m/s)		应用情况	精度等级
	直齿	斜齿		
航空船舶和车辆	>35	>70	需要很高的平稳性、低噪声的航空和船用齿轮	4
	>20	>35	需要高的平稳性、低噪声的航空和船用齿轮	5
	≤20	≤35	用于高速传动有平稳性低噪声要求的机车、航空、船舶和轿车的齿轮	6
	≤15	≤25	用于有平稳性和噪声要求的航空、船舶和轿车的齿轮	7
	≤10	≤15	用于中等速度较平稳传动的载重汽车和拖拉机的齿轮	8
	≤4	≤6	用于较低速和噪声要求不高的载重汽车第一挡与倒挡,拖拉机和联合收割机的齿轮	9
其他			检验7级精度齿轮的测量齿轮	4
			检验8~9级精度的测量齿轮、印刷机印刷辊子用的齿轮	5
			读数装置中特别精密传动的齿轮	6
			读数装置的传动及具有非直尺的速度传动齿轮、印刷机传动齿轮	7
			普通印刷机传动齿轮	8
单级传动功率			不低于0.99(包括轴承不低于0.985)	4~6
			不低于0.98(包括轴承不低于0.975)	7
			不低于0.97(包括轴承不低于0.965)	8
			不低于0.96(包括轴承不低于0.95)	9

3) 齿轮检验项目及其评定参数的确定

根据我国企业齿轮生产的技术和质量控制水平,建议供货方依据齿轮的使用要求和生产批量,在下述检验组中选取一个用于评定齿轮质量。经需方同意后,也可用于验收。在检验中,没有必要测量全部轮齿要素的偏差,因为有些要素对于特定齿轮的功能并没有明显的影响。另外,有些测量项目可以代替另一些项目,如切向综合总偏差检验能代替齿距累积总偏差检验,径向综合总偏差检验能代替径向跳动检验等。

(1) f_{pt}、F_p、F_a、F_β、F_r。

(2) f_{pt}、F_{pk}、F_p、F_a、F_β、F_r。

(3) F_i''、f_i''。

(4) f_{pt}、F_r(10~12级)。

(5) F_i'、f_i'(协议有要求时)。

各级精度齿轮及齿轮副所规定的各项公差或极限偏差可查阅标准手册,其表中的数值是用"齿轮精度的结构"中对5级精度规定的公式乘以级间公比计算出来的。两相邻精度等级的级间公比等于$\sqrt{2}$,本级数值除以(或乘以)$\sqrt{2}$即可得到相邻较高或较低等级的数值。对于没有提供数值表的参数偏差允许值,可通过计算得到,见表9-2。

表 9-2　5 级精度的齿轮偏差允许值的计算公式、部分公差关系式

齿 轮 精 度	计 算 公 式
单个齿距偏差的极限偏差 $\pm f_{pt}$	$\pm f_{pt} = 0.3(m_n + 0.4\sqrt{d} + 4)$
齿距累积偏差的极限偏差 $\pm F_{pk}$	$\pm F_{pk} = f_{pt} + 1.6\sqrt{(k-1)m_n}$
齿距累积总偏差 F_p	$F_p = 0.3m_n + 1.25\sqrt{d} + 7$
齿廓总偏差的公差 F_a	$F_a = 3.2\sqrt{m_n} + 0.22\sqrt{d} + 0.7$
螺旋线总偏差的公差 F_β	$F_\beta = 0.1\sqrt{d} + 0.63\sqrt{b} + 4.2$
一齿切向综合公差 f_i'	$f_i' = k(9 + 0.3m_n + 3.2\sqrt{m_n} + 0.34\sqrt{d})$ 当 $\varepsilon_r < 4$ 时,$k = 0.2\left(\dfrac{\varepsilon_r + 4}{\varepsilon_r}\right)$;当 $\varepsilon_r \geqslant 4$ 时,$k = 0.4$
切向综合总公差 F_i'	$F_i' = F_p + f_i'$
齿廓形状公差 f_{fa}	$f_{fa} = 2.5\sqrt{m_n} + 0.17\sqrt{d} + 0.5$
齿廓倾斜极限偏差 $\pm f_{Ha}$	$\pm f_{Ha} = 2\sqrt{m_n} + 0.14\sqrt{d} + 0.5$
螺旋线形状公差 $f_{f\beta}$	$f_{f\beta} = 0.07\sqrt{d} + 0.45\sqrt{b} + 3$
螺旋线倾斜极限偏差 $\pm f_{H\beta}$	$\pm f_{H\beta} = 0.07\sqrt{d} + 0.45\sqrt{b} + 3$
径向综合总公差 F_i''	$F_i'' = 3.2m_n + 1.01\sqrt{d} + 6.4$
一齿径向综合公差 f_i''	$f_i'' = 2.96m_n + 0.01\sqrt{d} + 0.8$
径向跳动公差 F_r	$F_r = 0.8F_p = 0.24m_n + 1.0\sqrt{d} + 5.6$
齿轮副的切向综合总偏差 F_{ic}'	F_{ic}' 等于两配对齿轮 F_i' 之和
齿轮副的一齿切向综合公差 f_{ic}'	f_{ic}' 等于两配对齿轮 f_i'' 之和
轴线平面内的平行度误差 $f_{\Sigma\delta}$	$f_{\Sigma\delta} = f_{px} = f_b$
垂直平面上的平行度误差 $f_{\Sigma\beta}$	$f_{\Sigma\beta} = \dfrac{1}{2}$

注:m_n 为法向模数(mm);d 为分度圆直径(mm);b 为齿宽(mm)。

m_n、d、b 均按参数范围和圆整规则中的规定,取各分段界限值的几何平均值。各齿轮偏差允许值计算后需圆整。如果计算值大于 $10~\mu m$,圆整到最接近的整数;如果小于 $10~\mu m$,圆整到最接近的尾数为 0.5 的小数或整数,如果小于 $5~\mu m$,圆整到最接近的 $0.1~\mu m$ 的小数或整数。

9.5.2　齿轮副侧隙

如前所述,齿轮副侧隙分为圆周侧隙 j_{wt} 和法向侧隙 j_{bn}。圆周侧隙便于测量,但法向侧隙是基本的,它可与法向齿厚、公法线长度、油膜厚度等建立函数关系。齿轮副侧隙应按工作条件,用最小法向侧隙来加以控制。

1) 最小法向极限侧隙 $j_{bn\,min}$ 的确定

最小法向极限侧隙的确定主要考虑齿轮副工作时的温度变化、润滑方式以及齿轮工作的圆周速度。

(1) 补偿温升而引起变形所需的最小法向侧隙 j_{bn1}:

$$j_{bn1} = \alpha(\alpha_1 \Delta t_1 - \alpha_2 \Delta t_2)2\sin\alpha_n(\text{mm}) \tag{9-11}$$

式中,α 为中心距;α_1、α_2 为齿轮和箱体材料的线膨胀系数($1/℃$);Δt_1、Δt_2 为齿轮和箱体在正常工作下对标准温度($20\ ℃$)的温差($℃$);α_n 为法向压力角($°$)。

（2）保证正常润滑所必需的最小法向侧隙 j_{bn2}。

j_{bn2} 取决于润滑方式和齿轮工作的圆周速度,具体数值见表 9 - 3。

表 9 - 3　j_{bn2} 的推荐值

润滑方式	圆周速度 v(m/s)			
	$v \leqslant 10$	$10 < v \leqslant 25$	$25 < v \leqslant 60$	$v > 60$
喷油润滑	$0.01m_n$	$0.02m_n$	$0.03m_n$	$(0.03\sim0.05)m_n$
油池润滑	$(0.005\sim0.01)m_n$			

注:m_n 为法向模数(mm)。

最小法向极限侧隙是补偿温升而引起变形所需的最小法向侧隙 j_{bn1} 与保证正常润滑所必需的最小法向侧隙 j_{bn2} 之和。

$$j_{bn\ min} = j_{bn1} + j_{bn2} \tag{9-12}$$

2）齿厚极限偏差的确定

（1）齿厚上偏差 E_{sns} 的确定。齿厚上偏差除保证齿轮副所需要的最小法向极限侧隙 $j_{bn\ min}$ 外,还应补偿由于齿轮副的加工误差和安装误差所引起的侧隙减小量 J_n。J_n 可按下式计算:

$$J_n = \sqrt{f_{pb1}^2 + f_{pb2}^2 + 2(F_\beta\cos\alpha_n)^2 + (f_{\Sigma\delta}\sin\alpha_n)^2 + (f_{\Sigma\beta}\cos\alpha_n)^2} \tag{9-13}$$

即侧隙减小量 J_n 与基节极限偏差 f_{pb}、螺旋线总偏差、轴线平面内的平行度偏差 $f_{\Sigma\delta}$、垂直平面上的平行度偏差 $f_{\Sigma\beta}$ 等因素有关。当 $\alpha_n = 20°$ 时,由表 9 - 2 可知 $f_{\Sigma\beta} = \dfrac{1}{2}$,化简后得:

$$J_n = \sqrt{f_{pb1}^2 + f_{pb2}^2 + 2.104F_\beta^2} \tag{9-14}$$

齿轮副的中心距偏差 f_a 也是影响齿轮副侧隙的一个因素。中心距偏差为负值时,将使侧隙减小,故最小法向极限侧隙 $j_{bn\ min}$ 与齿轮副中两齿轮的齿厚上偏差 E_{sns1}、E_{sns2}、中心距偏差 f_a、侧隙减小量 J_n 有如下关系:

$$j_{bn\ min} = |E_{sns1} + E_{sns2}|\cos\alpha_n - 2f_a\sin\alpha_n - J_n \tag{9-15}$$

为便于设计和计算,一般取 E_{sns1} 和 E_{sns2} 相等,即 $E_{sns1} = E_{sns2} = E_{sns}$,则齿轮的齿厚上偏差为:

$$E_{sns} = -f_a\tan\alpha_n - \frac{j_{bn\ min} + J_n}{2\cos\alpha_n} \tag{9-16}$$

（2）齿厚下偏差 E_{sni} 的确定。齿厚下偏差 E_{sni} 由齿厚上偏差 E_{sns} 与齿厚公差 T_{sn} 确定,即

$$E_{sni} = E_{sns} - T_{sn} \tag{9-17}$$

齿厚公差 T_{sn} 可由下式计算:

$$T_{sn} = \sqrt{F_r^2 + b_r^2} \times 2\tan\alpha_n \tag{9-18}$$

可见,齿厚公差与反映一周中各齿厚度变动的齿圈径向跳动公差 F_r 和切齿加工时的切齿径向进刀公差 b_r 有关。b_r 的数值与齿轮的精度等级关系见表 9-4。

表 9-4　切齿径向进刀公差值

切齿工艺	磨		滚插		铣	
齿轮的精度等级	4	5	6	7	8	9
b_r 值	1.26IT7	IT8	1.26IT8	IT9	1.26IT9	IT10

9.5.3　齿坯精度和齿轮表面粗糙度

由于齿坯的内孔、顶圆和端面通常作为齿轮的加工、测量和装配的基准,齿坯的加工精度对齿轮加工的精度、测量准确度和安装精度影响很大,在一定的条件下,用控制齿轮毛坯精度来保证和提高齿轮加工精度是一项积极措施。因此,标准对齿轮毛坯公差做了具体规定。

齿轮孔或轴颈的尺寸公差和形状公差以及齿顶圆柱面的尺寸公差见表 9-5。

表 9-5　齿坯公差

齿轮精度等级		1	2	3	4	5	6	7	8	9	10	8	12
孔	尺寸公差	IT4	IT4	IT4	IT4	IT5	IT6	IT7		IT8		IT8	
	形状公差	IT1	IT2	IT3									
轴	尺寸公差	IT4	IT4	IT4	IT4	IT5		IT6		IT7		IT8	
	形状公差	IT1	IT2	IT3									
顶圆直径公差		IT6			IT7			IT8			IT9	IT11	
基准面的径向跳动		见表 9-6											
基准面的端面跳动													

基准面径向和端面跳动公差见表 9-6。齿轮表面粗糙度要求见表 9-7。

表 9-6　齿坯基准面径向和端面跳动公差　　　　　　　　　　　　　　（μm）

分度圆直径(mm)		精 度 等 级				
大于	到	1 和 2	3 和 4	5 和 6	7 和 8	9 到 12
—	125	2.8	7	11	18	28
125	400	3.6	9	14	22	36
400	800	5.0	12	20	32	50

表 9-7　齿轮各主要表面的表面粗糙度推荐值 *Ra*　　　　　　　　　　　　（μm）

模数(mm)	精 度 等 级							
	5	6	7	8	9	10	11	12
$m < 6$	0.5	0.8	1.25	2.0	3.2	5.0	10	20
$6 \leq m \leq 60$	0.63	1.00	0.6	2.5	4	6.3	12.5	25
$m > 25$	0.8	1.25	2.0	3.2	5.0	8.0	16	32

9.5.4　齿轮精度的标注代号

国家标准规定：在技术文件需叙述齿轮精度要求时，应注明 GB/T 10095.1—2008 或 CB/T 10095.2—2008。

关于齿轮精度等级标注建议如下：

若齿轮的检验项目同为某一精度等级时，可标注精度等级和标准号。如齿轮检验项目同为 7 级，则标注为：7 GB/T 10095.1—2008 或 7 GB/T 10095.2—2008。

若齿轮检验项目的精度等级不同时，如齿廓总偏差 F_a 为 6 级，而齿距累积总偏差 F_p 和螺旋线总偏差 F_β 均为 7 级时，则标注为：$6(F_a)$、$7(F_p、F_\beta)$GB/T 10095.1—2008。

思考与练习

1. 齿轮传动有哪些使用要求？影响这些使用要求的偏差有哪些？

2. 评定齿轮运动准确性的偏差项目有哪些？

3. 评定齿轮传动平稳性的偏差项目有哪些？

4. 评定齿轮载荷分布均匀性的偏差项目有哪些？

5. 某通用减速器有一带孔的直齿圆柱齿轮，已知：模数 $m = 3\,\text{mm}$，齿数 $Z_1 = 32$，中心距 $a = 288\,\text{mm}$，孔径 $D = 40\,\text{mm}$，齿形角 $\alpha = 20°$，齿宽 $b = 20\,\text{mm}$，其传递的最大功率 $P = 7.5\,\text{kW}$，转速 $n = 1\,280\,\text{r/min}$，齿轮的材料为 45 钢，其线膨胀系数 $\alpha_1 = 11.5 \times 10^{-6}/℃$；减速器箱体的材料为铸铁，其线膨胀系数 $\alpha_2 = 10.5 \times 10^{-6}/℃$；齿轮的工作温度 $t_1 = 60\,℃$，减速器箱体的工作温度 $t_2 = 40\,℃$，该减速器为小批生产。试确定齿轮的精度等级、有关侧隙的指标、齿坯公差和表面粗糙度。

6. 已知直齿圆柱齿轮副，模数 $m = 5\,\text{mm}$，齿形角 $\alpha = 20°$，齿数 $Z_1 = 20$，$Z_2 = 100$，内孔 $d_1 = 25\,\text{mm}$，$d_2 = 80\,\text{mm}$。

（1）试确定两齿轮 f_{pt}、F_p、F_a、F_β、F_i''、f_i''、F_r 的允许值。

（2）试确定两齿轮内孔和齿顶圆的尺寸公差、齿顶圆的径向圆跳动公差以及端面跳动公差。

参考文献

[1] 甘永立. 几何量公差与检测[M]. 第 10 版. 上海:上海科学技术出版社,2013.

[2] 甘永立,何改云. 几何误差检测问答[M]. 上海:上海科学技术出版社,2009.

[3] 甘永立,吕林森. 新编公差原则与几何精度设计[M]. 北京:国防工业出版社,2007.

[4] 韩进宏,王长春. 互换性与测量技术基础[M]. 北京:北京大学出版社,2006.

[5] 周哲波,姜志明,戴雪晴,等. 互换性与技术测量[M]. 北京:北京大学出版社,2012.

[6] 傅成昌. 形位公差应用基础知识[M]. 北京:机械工业出版社,1988.

[7] 傅成昌,傅晓燕. 形位公差应用技术问答[M]. 北京:机械工业出版社,2009.

[8] 廖念钊,古莹菴,莫雨松,等. 互换性与技术测量[M]. 第 6 版. 北京:中国质检出版社,2012.

[9] 于雪梅. 互换性与技术测量[M]. 北京:机械工业出版社,2013.

[10] 周玉凤,杜向阳. 互换性与技术测量[M]. 北京:清华大学出版社,2008.

[11] GB/T 20000.1—2002　标准化工作指南 第 1 部分:标准化和相关活动的通用术语[S]. 北京:中国标准出版社,2003.

[12] GB/T 321—2005　优先数和优先数系[S]. 北京:中国标准出版社,2005.

[13] GB/T 6093—2001　几何量技术规范(GPS) 长度标准 量块[S]. 北京:中国标准出版社,2001.

[14] JJG 146—2011　量块检定规程[S]. 北京:中国计量出版社,2012.

[15] JJF 1001—2011　通用计量名词及定义[S]. 北京:中国计量出版社,2012.

[16] GB/T 1800.1—2009　产品几何技术规范(GPS) 极限与配合 第 1 部分:公差、偏差和配合的基础[S]. 北京:中国标准出版社,2009.

[17] GB/T 1800.2—2009　产品几何技术规范(GPS) 极限与配合 第 2 部分:标准公差等级和孔、轴极限偏差表[S]. 北京:中国标准出版社,2009.

[18] GB/T 1801—2009　产品几何技术规范(GPS) 极限与配合 公差带与配合的选择[S]. 北京:中国标准出版社,2009.

[19] GB/T 1804—2000　一般公差 未注公差的线性和角度尺寸的公差[S]. 北京:中国标准出版社,2000.

[20] GB/T 18780.1—2002　产品几何量技术规范(GPS) 几何要素 第 1 部分:基本术语和定义[S]. 北京:中国标准出版社,2003.

[21] GB/T 1182—2008　产品几何技术规范(GPS) 几何公差形状、方向、位置和跳动公差标注[S]. 北京:中国标准出版社,2008.

[22] GB/T 1184—1996　形状和位置公差未注公差值[S]. 北京:中国标准出版社,1997.

[23] GB/T 4249—2009　产品几何技术规范(GPS) 公差原则[S]. 北京:中国标准出版社,2009.

[24] GB/T 16671—2009　产品几何技术规范(GPS) 几何公差 最大实体要求、最小实体要求和可逆要求[S]. 北京:中国标准出版社,2009.

[25] GB/T 1958—2004　产品几何量技术规范(GPS) 形状和位置公差 检测规定[S]. 北京:中国标准出版社,2005.

［26］GB/T 3505—2009 产品几何技术规范(GPS) 表面结构 轮廓法 术语、定义及表面结构参数［S］. 北京:中国标准出版社,2009.

［27］GB/T 10610—2009 产品几何技术规范(GPS) 表面结构 轮廓法 评定表面结构的规则和方法［S］. 北京:中国标准出版社,2009.

［28］GB/T 131—2006 产品几何技术规范(GPS) 技术产品文件中表面结构的表示法［S］. 北京:中国标准出版社,2007.

［29］GB/T 1031—2009 产品几何技术规范(GPS) 表面结构 轮廓法 表面粗糙度参数及其数值［S］. 北京:中国标准出版社,2009.

［30］GB/T 275—1993 滚动轴承与轴和外壳孔的配合［S］. 北京:中国标准出版社,1993.

［31］GB/T 307.1—2005 滚动轴承 向心轴承 公差［S］. 北京:中国标准出版社,2005.

［32］GB/T 307.3—2005 滚动轴承 通用技术规则［S］. 北京:中国标准出版社,2005.

［33］GB/T 4604—2006 滚动轴承 径向游隙［S］. 北京:中国标准出版社,2006.

［34］GB/T 3177—2009 产品几何技术规范(GPS) 光滑工件尺寸的检验［S］. 北京:中国标准出版社,2009.

［35］JB/Z 181—1982 GB 3177—82《光滑工件尺寸的检验》使用指南［S］. 北京:中国标准出版社,1982.

［36］GB/T 1957—2006 光滑极限量规技术要求［S］. 北京:中国标准出版社,2006.

［37］GB/T 8069—1998 功能量规［S］. 北京:中国标准出版社,1998.

［38］CB/T 11334—2005 产品几何量技术规范(GPS) 圆锥公差［S］. 北京:中国标准出版社,2005.

［39］GB/T 12360—2005 产品几何量技术规范(GPS) 圆锥配合［S］. 北京:中国标准出版社,2005.

［40］几何公差演示［EB/OL］. http://www.iqiyi.com/w_19rvih6hvh.html,［2017-10-16］.

［41］直线度误差检测［EB/OL］. http://video.tudou.com/v/XMjA2MzI3NjU1Ng==.html,［2017-10-16］.

［42］平面度误差检测［EB/OL］. http://v.youku.com/v_show/id_XMTgzNDAyNTky.html?debug=flv,［2017-10-16］.

［43］圆度误差检测［EB/OL］. http://v.youku.com/v_show/id_XMTgzNDAyNzY0.html?spm=a2h0k.8191407.0.0&from=s1.8-1-1.2&debug=flv,［2014-10-16］.

［44］圆跳动误差检测［EB/OL］. http://v.youku.com/v_show/id_XMjIwNjcxNzM2.html?spm=a2h0k.8191407.0.0&from=s1.8-1-1.2,［2017-10-16］.

［45］光滑极限量规演示［EB/OL］. http://v.youku.com/v_show/id_XMTUxNzQzNDcxNg==.html?spm=a2h0k.8191407.0.0&from=s1.8-1-1.2&f=26945331&debug=flv,［2017-10-16］.

［46］螺纹检测［EB/OL］. http://v.youku.com/v_show/id_XMjIwNjc5NDU2.html?spm=a2h0k.8191407.0.0&from=s1.8-1-1.2,［2017-10-16］.